计算机科学与技术专业本科系列教材

微机原理与接口技术

主　编　陈光建

副主编　何华平　田永红　李随群
　　　　刘永春　张巍瀚

主　审　贾金玲

重庆大学出版社

内容提要

本书从微型计算机系统应用的角度出发,围绕 Intel 8086 微处理器,全面地阐述了微机系统的基本原理、汇编语言程序设计和接口技术。全书共分为 12 章,内容包括微型计算机概述、8086 微处理器、8086 的寻址方式和指令系统、8086 汇编语言程序设计、内存储器及其管理、总线与 I/O 接口、中断技术、并行接口、定时/计数技术及接口、数/模和模/数转换、人机接口技术、微机原理与接口技术实验。

本书内容丰富、系统全面、实用性强,既可作为高等学校电子类、计算机类各专业的本科教材,又可作为微机应用系统设计和开发技术人员的参考用书。

图书在版编目(CIP)数据

微机原理与接口技术 / 陈光建主编. -- 重庆:重庆大学出版社,2024. 8. --(计算机科学与技术专业本科系列教材). -- ISBN 978-7-5689-4692-6

Ⅰ. TP36

中国国家版本馆 CIP 数据核字第 2024ZH7742 号

微机原理与接口技术
WEIJI YUANLI YU JIEKOU JISHU

主　编　陈光建
副主编　何华平　田永红　李随群
　　　　刘永春　张巍瀚
主　审　贾金玲

责任编辑:秦旖旎　　版式设计:秦旖旎
责任校对:谢　芳　　责任印制:张　策

*

重庆大学出版社出版发行
出版人:陈晓阳
社址:重庆市沙坪坝区大学城西路 21 号
邮编:401331
电话:(023) 88617190　88617185(中小学)
传真:(023) 88617186　88617166
网址:http://www.cqup.com.cn
邮箱:fxk@ cqup.com.cn(营销中心)
全国新华书店经销
POD:重庆市圣立印刷有限公司

*

开本:787mm×1092mm　1/16　印张:16.5　字数:415 千
2024 年 8 月第 1 版　　2024 年 8 月第 1 次印刷
ISBN 978-7-5689-4692-6　　定价:48.00 元

前 言
Foreword

"微机原理与接口技术"是高等学校电气工程及其自动化、电子信息工程、自动化、通信工程、电子信息科学与技术、计算机科学与技术等专业的核心课程。学生通过本课程的学习,可从理论与实践上掌握微型计算机的组成、工作原理,汇编语言程序设计和微机常用接口芯片、接口电路的设计与编程方法,建立微机系统整体概念,了解微机的新技术和新理论,初步具备微机系统软、硬件开发的能力。为适应教学需要,编者总结了多年的教学科研实践经验,在对微型计算机系统相关技术资料进行提炼的基础上,编写了本书。

本书从微机应用的需求及教学实践出发,兼顾了微型计算机知识的系统性与先进性,特别注意了内容的选取与顺序安排,以 Intel 8086 微处理器为核心,全面地阐述了微机的基本原理、汇编语言程序设计和接口技术。同时,本书注重实验教学,读者通过实验形成对微型计算机的整体认识,掌握常用接口的设计与分析方法,从而具备初步的微机软、硬件开发能力。

根据课程内容,全书共分为 12 章,内容包括微型计算机概述、8086 微处理器、8086 的寻址方式和指令系统、8086 汇编语言程序设计、内存储器及其管理、总线与 I/O 接口、中断技术、并行接口、定时/计数技术及接口、数/模和模/数转换、人机接口技术、微机原理与接口技术实验。

本书具有如下特色:

①内容经典:本书以经典微处理器 Intel 8086 为主要对象来阐述微型计算机原理,重点突出,内容全面。

②突出实验环节:本书按照该课程的实验教学大纲,编写了相应的实验项目,提供的参考程序只要稍加修改,即可在不同的实验箱上调试运行。

③实用性强:本书从实际应用出发,在讲清基本原理的基础上,按难易程度讲解典型应用实例,强调实践动手能力的培养。

④适当引入一些新技术,如 USB 总线及接口技术。

⑤阐述了国产计算机的发展现状,重点介绍了国产 CPU 和操作系统。

本书由陈光建负责总体设计和统稿,由四川轻化工大学计算机科学与工程学院贾金玲教授负责审阅。本书的编写采用集体讨论、分工编写、交叉修改的方式进行,编写分工如下:第1—7 章由陈光建编写,第 8 章由何华平编写,第 9 章由田永红编写,第 10 章由刘永春编写,第 11 章由张巍瀚编写,第 12 章由李随群编写。

本书获得了四川轻化工大学产教融合项目教材出版资助,得到了四川轻化工大学贾金玲教授的大力支持和帮助。本书在编写过程中,还得到了青岛北斗一号电子科技有限公司吴为团的支持和帮助。在此,全体编者向所有对本书的编写、出版等工作给予大力支持的单位和领导表示由衷的感谢!

本书内容丰富、系统全面、实用性强,既可作为高等学校电子类、计算机类各专业的本科教材,又可作为微机应用系统设计和开发技术人员的参考用书。

由于编者水平有限,书中难免存在不足和错误之处,敬请广大读者批评指正。

编　者
2024 年 6 月

目 录
Contents

第1章
微型计算机概述

20世纪科学技术对人类的最大贡献之一就是电子计算机的发明。自1946年第一台电子计算机问世以来,经过几十年的发展与变革,计算机逻辑部件经历了电子管时代,晶体管时代,集成电路时代,大规模、超大规模集成电路时代,超大规模、超高速集成电路时代。同时,计算机内存的容量不断增加,软、硬件不断丰富,特别是多媒体、超媒体技术不断发展,在当今的信息化社会、网络时代,计算机已成为人们工作和生活中不可缺少的基本工具。计算机技术的发展,给人类社会带来了进步,使人们的生产、生活发生了翻天覆地的变化。计算机在现代科学技术的发展中起到重要的作用,如多媒体技术、人工智能、电子金融、机械设计等都离不开计算机。本书以16位微处理器Intel 8086为例,对微型计算机的组成、工作原理、接口技术及现代高档微型计算机的组成结构和相关技术等作了较为全面的介绍。

1.1 微型计算机系统的组成

1.1.1 微型计算机系统

微型计算机系统(简称"微机系统"),是指以微处理器为核心,配上内存储器、输入/输出(I/O)接口电路、总线、外围设备、电源和辅助电路(统称"硬件")以及指挥微型计算机工作的系统软件所构成的系统。

1)微机系统的硬件组成

微机系统的硬件组成如图1.1所示。图中,微处理器是微机的运算、控制核心,用来实现算数、逻辑运算,并对全机进行控制。存储器(简称"主存"或"内存")用来存储程序和数据。输入/输出接口是主机与外设之间的界面,协调二者的工作。

(1)微处理器

微处理器是指由一片或几片大规模集成电路组成的具有运算器和控制器功能的中央处理器部件,它是计算机的核心,用于完成对信息的控制和处理。在微机系统中,人们通常也把微处理器称为CPU(中央处理单元)。

(2)存储器

微机的存储器用于存放程序和数据。为了满足存储容量和存取速度的需要,微机系统中一般采用分级存储方式,用速度较高的半导体存储器作为主存(即内存储器),用速度相对较慢、容量较大的存储器作为辅助存储器(即外存储器)。

(3)总线

微机系统基本上都采用了总线结构。总线是芯片内部各单元电路之间、芯片与芯片之间、模块与模块之间、设备与设备之间,甚至系统与系统之间传输信息的公共通路,在物理上它是一组信号线的集合。通过总线将计算机各部件连接成一个有机的整体。

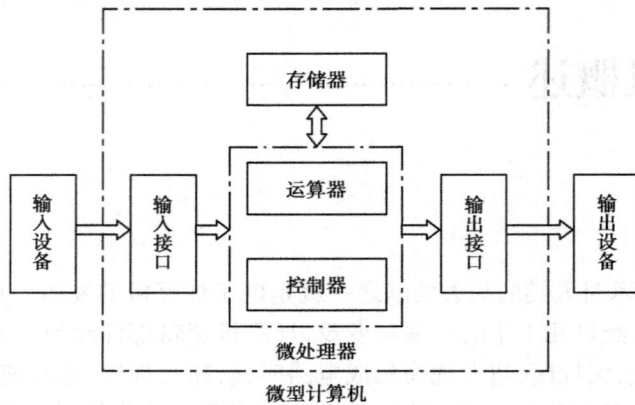

图 1.1 微机系统的硬件组成

(4)I/O 接口及 I/O 设备

"接口"是 CPU 与外界的连接部件(电路),是 CPU 与外界进行信息交换的中转站。一个微机系统的整体性能,与其 CPU、内存等密切相关,还受到它所带的外部设备影响。微机系统中,常用的 I/O 设备有鼠标、键盘、显示器、U 盘等。

2)微机系统的软件结构

只有硬件的计算机称为裸机,人们是通过软件使用计算机的,所以,当将其配上系统软件时才成为真正可以使用的计算机系统。

计算机软件通常分为两大类:系统软件和应用软件。系统软件是指不需要用户干预的能生成、准备和执行其他程序所需的一组程序。究竟应配置多少系统软件才能满足特定计算机系统的需要,这取决于具体的用途。微机系统软件的分级结构如图 1.2 所示。

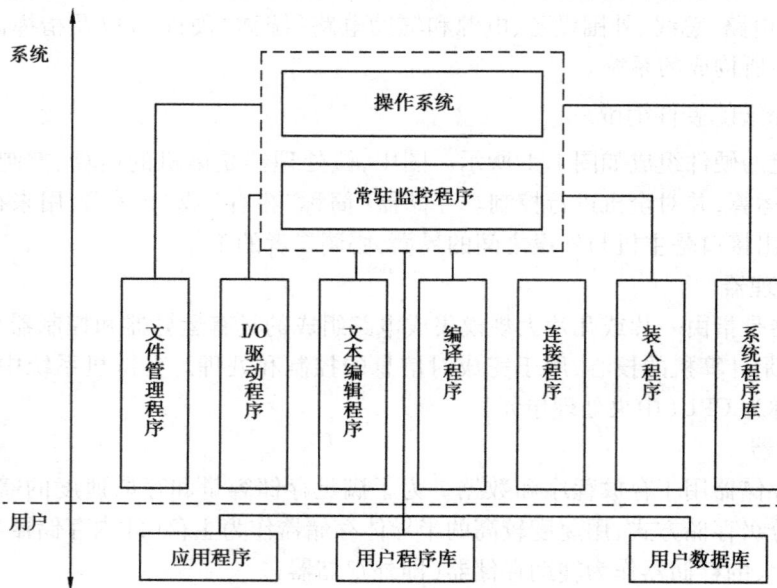

图 1.2 微机系统软件的分级结构

应当指出,微机系统的硬件和软件是相辅相成的,现代计算机的硬件系统和软件系统之间的分界线越来越不明显,总的趋势是两者统一融合,在发展上互相促进。一个具体的微机系统应包含多少软、硬件,要根据应用场合对系统功能的要求来确定。

1.1.2　微机系统的主要性能指标

一个微机系统的性能由它的字长、运算速度、存储容量、外围设备及软件的配置等多种因素决定,因此,应当用各项性能指标进行综合评价,其中 CPU 的性能是一个主要因素。最常用的性能指标有以下几项。

1)字长

微机字长主要取决于 CPU,字长就是计算机一次能直接处理的二进制数据的位数。字长越长,计算机的处理能力越强。字长标志着计算精度,字长越长,它能表示的数值范围越大,计算出的结果的有效数位就越多,精度也就越高。微机的字长都是 8 的倍数,有 8 bit、16 bit、32 bit、64 bit 等多种。

2)运算速度

微机的运算速度通常从 CPU 的主频和每秒百万条指令(Million Instructions Per Second,MIPS)两方面来描述。CPU 的主频也称时钟频率,其计量单位是 Hz(赫兹)。主频在一定程度上代表了 CPU 的实际运算速度,一般来说,主频越高,CPU 运算速度就越快。每秒百万条指令即每秒所能执行的指令条数,反映了微机的平均运算速度。

3)存储容量

存储容量包括内存储器容量、外存储器容量。

内存储器简称内存,也就是主存,是 CPU 可以直接访问的存储器。计算机需要执行的程序与需要处理的数据就是存放在内存储器中的。内存容量是指计算机系统的内部存储器能存储的二进制信息总量。微机内存以 8 位为一单元,称为一个字节(Byte)。通常以字节为单位来计算,例如,1 KB 内存为 2^{10} 个字节 = 1 024 个字节,1 MB 内存为 2^{20} 个字节 = 1 048 576 个字节等。内存容量的大小反映了计算机即时存储信息的能力。主存容量越大,系统功能越强大,能处理的数据量就越庞大。

外存储器简称外存,也就是辅存,外存容量通常指硬盘容量。外存储器容量越大,可存储的信息越多,可安装的应用软件就越丰富。

4)外围设备的配置及扩展能力

外围设备的配置及扩展能力主要指计算机系统连接各种外围设备的可能性、灵活性和适应性。

5)系统软件的配置

系统软件的配置主要是指微机系统配置了什么样的操作系统,以及其他系统软件和实用程序等,这决定了计算机能否发挥高效率。

1.2　进制及码元

计算机的重要基础之一是进制和码元的换算,因为计算机内采用的是二进制数值或编码,而在各种汇编语言中习惯使用十六进制,也可使用八进制、二进制和十进制,在 C 语言中同样可使用八进制、十六进制和十进制,特别是调试程序时更要与进制和码元换算打交道。所以掌握进制和码元换算的快速方法,对学好计算机课程特别是汇编语言、微机原理与接口技术非常重要。

1.2.1 进制转换及计算

1)进制

现实生活中除了最常用的十进制外,还有秒分之间的六十进制、月年之间的十二进制等,在计算机内主要采用的是二进制(后缀 B,Binary)、八进制(后缀 O 或 Q,Octal,O 易与 0 混淆,所以一般用 Q 替代 O)、十进制(后缀 D,Decimal,或不要后缀)和十六进制(后缀 H,Hex)。

N 进制的每个数据位取值范围为 $0 \sim N-1$,进制算术运算规则同十进制,只不过是逢 N 进 1、借 1 等于 N 而已。例如,二进制只有 0 和 1,逢 2 进 1,借 1 等于 2;十六进制有 $0 \sim 9$、$A \sim F$(分别代表 $10 \sim 15$)16 个数字,逢 16 进 1,借 1 等于 16。

2)进制转换的一般方法

进制转换的一般方法如图 1.3 所示。

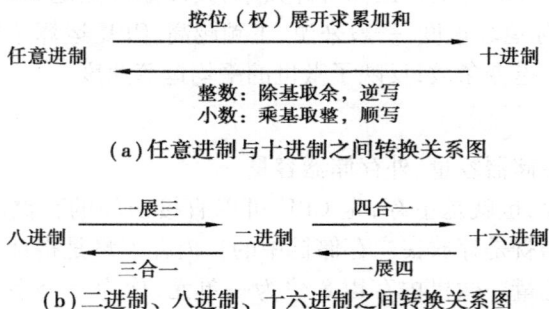

按位(权)展开求累加和

任意进制 ←————————————→ 十进制

整数:除基取余,逆写
小数:乘基取整,顺写

(a)任意进制与十进制之间转换关系图

一展三   四合一

八进制 ←———→ 二进制 ←———→ 十六进制

三合一   一展四

(b)二进制、八进制、十六进制之间转换关系图

图 1.3　进制之间转换关系

[例 1.1]　$(101100)_2 = 101100B = 1 \times 2^5 + 0 \times 2^4 + 1 \times 2^3 + 1 \times 2^2 + 0 \times 2^1 + 0 \times 2^0 = 44$

[例 1.2]　$116.5Q = 1 \times 8^2 + 1 \times 8^1 + 6 \times 8^0 + 5 \times 8^{-1} = 78.625$

[例 1.3]　$234 = 11101010B = 352Q = EAH$

3)进制计算

进制计算主要有加减乘除等算术运算和与或非等逻辑运算。其他进制加减乘除等算术运算的运算方法与十进制的运算方法类似,要点是逢 N 进 1、借 1 等于 N。与或非等逻辑运算一般是指二进制的逻辑运算,将 1 当成真,将 0 当成假。

4)二进制数据的表示范围

二进制数据的表示范围要分有符号数还是无符号数。无符号数的所有二进制位(bit)均作为数值位;有符号数的最高位代表符号位,1 代表负、0 代表正,其余位才是数值位。n 位二进制无符号数的表示范围为 $0 \sim (2^n-1)$。n 位二进制有符号数的表示范围还要再看其用的是什么编码方案,补码为 $-2^{n-1} \sim +(2^{n-1}-1)$;原码、反码的表示范围为 $-(2^{n-1}-1) \sim +(2^{n-1}-1)$。原码、反码、补码的概念在下一小节介绍。计算机中存储器容量以字节(B,Byte)

为单位,一个字节由 8 个二进制位构成(即 1 B = 8 bit)。8 位二进制数(1 字节)的无符号数表示范围为 0 ~ 255,有符号数补码表示范围为−128 ~ +127;16 位二进制(2 字节)的无符号数表示范围为 0 ~ 65 535,有符号数补码表示范围为−32 768 ~ +32 767。

1.2.2　码制及其转换

1)原码、反码和补码

原码、反码和补码用于将二进制有符号数的正、负号也用二进制编码来表示,它们所代表的实际数值称为"真值"。

原码是直接在真值的绝对值之前增加一个符号位,并取正数的符号为 0,负数的符号为 1。正数的反码、补码与原码相同;负数的反码为原码的符号位不变其他位变反而得,负数的补码为原码的符号位不变其他位变反加 1 而得。负数的 3 种编码之间的转换关系如图 1.4 所示。

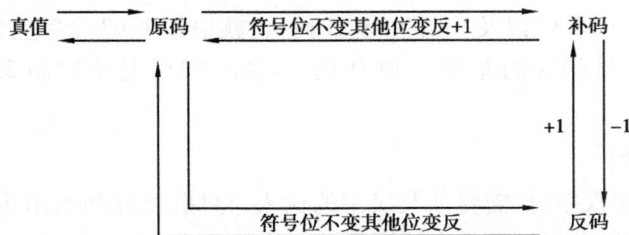

图 1.4　负数 3 种编码之间的转换关系

[例 1.4]　求 8 位二进制数的原码、反码和补码。

$+97 = +61H = +1100001B = (01100001)_{原码} = (01100001)_{反码} = (01100001)_{补码}$

$−97 = −61H = −1100001B = (11100001)_{原码} = (10011110)_{反码} = (10011111)_{补码}$

2)BCD 码

常见的 BCD 码有 8421 码、2421 码以及余 3 码等,一般使用 8421 码,它又分为压缩 BCD 码和非压缩 BCD 码。压缩 BCD 码是用 4 位二进制代码表示一位十进制数,一个字节可以表示两位十进制数(00 ~ 99);而非压缩 BCD 码是用 8 位二进制代码表示一位十进制数,高 4 位无效,一个字节只能表示一位十进制数(0 ~ 9),高 4 位为 0 时则称为标准非压缩 BCD 码。例如,十进制数 35 的压缩 BCD 码为 35H,其标准非压缩 BCD 码为 0305H。

值得注意的是,在计算机中,用 BCD 码可以表示十进制数,但其运算规则还是按二进制数进行的。因此,4 位二进制数相加要到 16 才会进位,而不是逢 10 进位。为了解决 BCD 码的运算问题,采取调整运算结果的措施,这就需要人为地干预进位。在汇编语言程序设计时,只要用一条指令就可实现,我们称之为十进制加法和减法调整指令。

3)ASCII 码

计算机通过键盘输入、显示器显示或打印的信息大多是西文字母、汉字或其他符号。任何信息在计算机内部都被转换成二进制编码。现在计算机中通常采用的字符编码是 ASCII 码(即美国标准信息交换码)。基本 ASCII 码使用 7 位二进制编码,占一个字节,最高位为 0,一共表示 128 个字符,包括大小写字母、数字、通用运算符、标点符号以及控制符。常用的 7 个字符的 ASCII 码值见表 1.1。

表 1.1　常用的 7 个字符的 ASCII 码值

字符	ASCII 码十进制值	ASCII 码十六进制值
LF（换行）	10	0AH
CR（回车）	13	0DH
SP（空格）	32	20H
'$'	36	24H
'0'	48	30H
'A'	65	41H
'a'	97	61H

'0' ~ '9' 的 ASCII 码依次加 1，'A' ~ 'Z' 的 ASCII 码依次加 1，'a' ~ 'z' 的 ASCII 码也是依次加 1，所以记住 '0''A' 以及 'a' 的 ASCII 码，也就记住了 62 个字符的 ASCII 码。'0' ~ '9' 的 ASCII 码是一种特殊的非压缩 BCD 码。例如，'35' 是十进制 35 的非压缩 BCD 码即 3335H。

4）汉字信息编码

在计算机中使用汉字时，需要涉及汉字的输入、存储、处理和输出等各方面的问题。输入汉字时，需要通过键盘上的西文字符按照一定的汉字输入码进行汉字的输入，并且为了不与西文字符编码冲突，需按相应的规则将汉字输入码变换成汉字机内码，才能在计算机内部对汉字进行存储和处理。输出汉字时，如果是送往终端设备或其他汉字系统，则需要把汉字机内码变换成标准汉字交换码，再进行传送；如果需要显示或打印，则要根据汉字机内码，按一定规则到汉字字形库中取出汉字字形码，送往显示器或打印机。

（1）汉字输入码

汉字输入码也叫作外码，是用来将汉字输入到计算机中的一组键盘符号，是对每个汉字用键盘上的按键进行的编码表示。汉字的输入方法主要有拼音码（如全拼输入法、智能 ABC 输入法）、笔形码（如五笔字型输入码）。

（2）汉字交换码

汉字交换码是用于不同汉字系统间交换汉字信息的汉字编码，也称国标码。在不同系统之间要交换汉字信息时，必须采用统一的标准规范。为此，我国制订并颁布了国家标准《信息交换用汉字编码字符集 基本集》（GB/T 2312—1980）。该字符集规定了 6 763 个常用汉字和 682 个其他字符（俄文字母、日语假名、拉丁字母、希腊字母、汉语拼音和一般图形字符）。6 763 个常用汉字分为两级，第一级 3 755 个汉字，第二级 3 008 个汉字。国标码规定每个字符都用两个字节进行编码，每个字节的低 7 位表示信息，最高位为 0。

（3）汉字机内码

汉字机内码是计算机内部存储和处理汉字信息时使用的编码。在汉字处理系统中，汉字机内码在编码时必须考虑其既能与 ASCII 码严格区分，又能与国标码有简单的对应关系。因此，汉字机内码的编码方案应能在国标码的基础上方便地得到。常用的方案是把国标码每个字节最高位的 0 变成 1，其他各位的信息保持不变。

汉字机内码与国标码之间的关系：机内码＝国标码+8080H。

（4）汉字字形码

汉字字形码用于记录汉字的外形，主要用于汉字的显示和打印。计算机中的汉字机内码是不能直接在屏幕上显示和打印的，必须把它转换成对应的汉字字形码。通常有两种表示方式：点阵和矢量。点阵法对应的字形编码称为点阵码，矢量法对应的字形编码称为矢量码。用点阵表示字形时，一般通过点阵图的形式产生，用 1 表示黑点，0 表示白点。根据输出汉字的要求不同，点阵的规模也不同。点阵的规模有 16×16 点阵、24×24 点阵、32×32 点阵或更高。16×16 点阵是最基础的汉字点阵，一个 16×16 点阵的汉字需要占用 32 个字节。矢量码使用一组数字矢量来记录汉字的字形轮廓，矢量码记录的字体称为矢量字体。这种字体能很容易地放大或缩小而不会出现锯齿状边缘，屏幕上看到的字形和打印输出的效果完全一致。

1.3 国产计算机的发展

在我国快速发展的过程中，很多技术都受制于人，特别是一些上游核心技术，受到国外同行的限制和打压，严重影响了我国高新技术的发展进程，让国内很多企业都面临不公平竞争。为了能够占据数字经济产业链的制高点，国家规划了数字经济建设，并提出了信息技术应用创新产业（简称"信创产业"）的概念。信创产业是国家战略，也是经济发展的新动能，其目标在于保证我国信息化基础的安全，并促进相关行业自主发展，不再受限于国外技术制约。信创产业主要包括 IT 基础设施建设，含有中央处理器（CPU）、服务器、存储设备、交换机、路由器等内容；基础软件研发，包括操作系统、数据库、中间件。在众多产品中，CPU 和操作系统是信息产业的根基，也是目前攻坚的主要方向。

1.3.1 国产 CPU

目前在全球个人计算机（PC）市场，Intel、AMD 称雄，占了 90% 左右的份额，国内的计算机也基本上都是使用 Intel、AMD 的 CPU。自 2002 年龙芯计划启动，国产 CPU 一直备受瞩目。随着中国科技的飞速发展，国产 CPU、操作系统等领域也取得了令人瞩目的进步。

目前国内有 6 大国产 CPU，分别是华为鲲鹏、飞腾、海光、兆芯、龙芯、申威。其中，龙芯、申威采用的是自研指令集；华为鲲鹏、飞腾采用了 ARM 架构；海光、兆芯采用了 X86 架构。

2023 年 11 月 28 日，我国自主研发的新一代通用 CPU 龙芯 3A6000 在北京正式发布，这标志着国产 CPU 在自主可控程度与产品性能上达到新高度，也证明我国有能力在自研 CPU 架构上做出一流产品。龙芯 3A6000 采用我国自主设计的指令系统和架构，无须依赖国外授权技术，是我国自主研发、自主可控的新一代通用处理器，可运行多种类的跨平台应用，满足多类大型复杂桌面应用场景。

一般而言，CPU 性能的提升主要有两条路径，一条是提升主频，另一条是优化内核设计。龙芯 3A6000 性能的提升主要通过设计优化来实现。其主频达到 2.5 GHz，集成 4 个最新研发的高性能 LA664 处理器核，支持同时多线程技术，全芯片共 8 个逻辑核。与上一代的龙芯 3A5000 相比，单线程通用处理性能提升 60%，多进程通用处理器性能提升 100%。中国电子技术标准化研究院赛西实验室测试结果显示，龙芯 3A6000 处理器总体性能与英特尔 2020 年上市的第 10 代酷睿四核处理器相当。

龙芯 3A6000 的龙架构，目前已建成与 X86、ARM 并列的 Linux 基础软件体系，得到与指令系统相关的主要国际软件开源社区的支持,得到国内统信、麒麟、欧拉、龙蜥、开源鸿蒙等操作系统,以及 WPS、微信、QQ、钉钉、腾讯会议等基础应用的支持。

1.3.2　国产操作系统

操作系统是计算机的基础组成部分之一,关系到计算机的使用、功能、软硬件之间的衔接。在信息技术应用创新产业的支持下,国产操作系统得到了快速发展。

我国操作系统产品以 Linux 技术路线为主,主要分为两大阵营:一是开源操作系统,主要由开放原子开源基金会等公益组织进行维护管理,企业及个人开发者贡献代码,为下游企业提供免费开源的操作系统产品和相关技术支持;二是商业操作系统,主要由各大厂商进行开发管理,并定期发布系统更新,为用户提供有偿的技术服务。

1)开源操作系统

近年来,国内操作系统社区不断涌现,尤其是以欧拉(openEuler)和开放麒麟(openKylin)为代表的国产操作系统根社区受到广泛关注。

openEuler 是华为技术有限公司开发的面向数字基础设施的开源操作系统,于 2021 年 11 月正式捐献给开放原子开源基金会,面向全球提供多样性、开源化的操作系统生态产品。系统支持 X86、ARM、RISC-V 多处理器架构,支持服务器、云计算、嵌入式等应用场景。当前,麒麟软件、统信软件、麒麟信安、普华软件等主流的操作系统厂商均基于 openEuler 上市了商业发行版。

openKylin 是由麒麟软件有限公司主导研发的开源桌面操作系统产品。openKylin 1.0 在 2023 操作系统产业大会上正式发布,标志着我国已经具备操作系统组件自主选型、操作系统独立构建的能力,降低了对上游操作系统社区的版本依赖,填补了我国长期以来在桌面操作系统根社区领域的空白。

2)商业操作系统

目前,国内主流的商业操作系统基本依托于国内开源操作系统技术路线,吸收广大开源产品特性,结合企业自身技术特长和产业发展需要,进行二次开发而成。代表产品主要有银河麒麟操作系统、普华操作系统、中科方德操作系统、统一操作系统等。

银河麒麟操作系统由麒麟软件有限公司发行,是我国发行较早的操作系统之一,在党政军、央企、国企等全业务领域具有广泛的市场化应用。银河麒麟操作系统包括桌面、服务器、嵌入式等一系列操作系统产品,按照 CMMI 5 级标准研发,同源支持主流国产芯片,通过公安部国家标准安全 4 级认证,是目前国内安全等级最高的操作系统产品。麒麟软件在操作系统领域的研发成果曾获得"国家科技进步一等奖""中国电力科学技术进步奖一等奖"等荣誉,其 2020 年发布的银河麒麟操作系统 V10 被国有资产监督管理委员会评为"2020 年度央企十大国之重器",相关新闻入选中央广播电视总台"2020 年度国内十大科技新闻"。作为拥有数十年历史的国产操作系统产品,银河麒麟连续 12 年位列中国 Linux 市场占有率第一名,是被国民寄予厚望的国产操作系统,是名副其实的"中国魂"。

习题与思考题

1. 什么是字长? 什么是内存容量?

2. 进制转换。

126 = _____ H = _____ B = _____ Q

1234 = _____ H = _____ B = _____ Q

4EH = _____ B = _____ Q = _____ D

345Q = _____ B = _____ H = _____ D

3. 进制计算。

101101B+1101001B = _____ B

3FC9H−0FFFH = _____ H

7 AND 8 = _____ D

7 OR 8 = _____ D

4. 数据表示范围。

一个字节的无符号数表示范围为_____,有符号数表示范围为_____。一个字的无符号数表示范围为_____,有符号数表示范围为_____。N 位二进制的无符号数表示范围为_____,有符号数表示范围为_____。

5. 30H 代表的 ASCII 字符为_____,代表十六进制数时等价的十进制值为_____,代表压缩 8421BCD 码等价的十进制值为_____,代表非压缩 8421BCD 码等价的十进制值为_____。

6. 0FFH 代表无符号数时等价的十进制值为_____,代表补码有符号数时等价的十进制值为_____,代表反码有符号数时等价的十进制值为_____,代表原码有符号数时等价的十进制值为_____。

7. −27 的 8 位二进制补码为_____,原码为_____,反码为_____。

+127 的 8 位二进制补码为_____,原码为_____,反码为_____。

第2章
8086 微处理器 ·······································○

英特尔(Intel)公司 1978 年推出 16 位微处理器 8086(Intel 8086 CPU,简称 8086),它优越的性能使其在当时销量居全球首位。以其为核心组成的微机系统,性能已达到中、高档小型计算机的水平。最早用于 IBM PC 中的微处理器 8088,其内部结构与 8086 基本相同,只是它的外部引脚只有 8 条数据总线,因此被称为准 16 位 CPU。8086 与后来不断推陈出新的80286、80386、80486、Pentium 系列保持向上兼容。选择 Intel 系列,并选择 16 位微处理器有很好的承上启下的作用。

8086 主要有以下特性:

- 8086 CPU 具有 40 个引脚,采用双列直插式封装,单一的+5 V 电源供电,时钟频率为5 MHz。内外部数据总线都为 16 位;地址总线为 20 位(其中低 16 位与数据总线分时复用),可直接寻址 1 MB 内存空间。
- 端口地址:16 位端口地址线可寻址 64 K 个 8 位 I/O 端口或 32 K 个 16 位 I/O 端口。
- 寻址方式:7 种基本的寻址方式(细分为 24 种),提供了灵活的操作数存取方法。
- 指令系统:100 条基本指令,能完成数据传送、算术运算、逻辑运算、控制转移和处理器控制功能等。
- 中断功能:可处理内部软、硬件和外部硬件中断,可管理的中断源多达 256 个。
- 工作模式:支持最小模式和最大模式。

2.1　8086 的编程结构

所谓编程结构,是指从程序员和使用者的角度看到的 CPU 结构,它与 CPU 内部的物理结构和实际布局是有区别的。如图 2.1 所示为 8086 的编程结构图,从图中可见,8086 分为两大功能单元(部件):总线接口单元(Bus Interface Unit,BIU)和执行单元(Execution Unit,EU)。

2.1.1　总线接口单元

总线接口单元 BIU 是负责与总线打交道的接口部件,具体负责从内存单元取指令装入指令队列,并根据 EU 的要求,从内存单元或 I/O 端口取数据参与运算,以及将运算或处理结果存入内存单元或从 I/O 端口输出。BIU 由以下几部分组成。

1)指令队列缓冲器

8086 的指令队列缓冲器由 6 个 8 位的寄存器组成,用来暂存指令代码,遵循"先进先出"原则,顺序存放,顺序地被取到 EU 中去执行。

2)指令指针(Instruction Pointer,IP)寄存器

IP 寄存器为一个 16 位的寄存器,其中总是存放着 EU 将要执行的下一条指令的偏移地址。

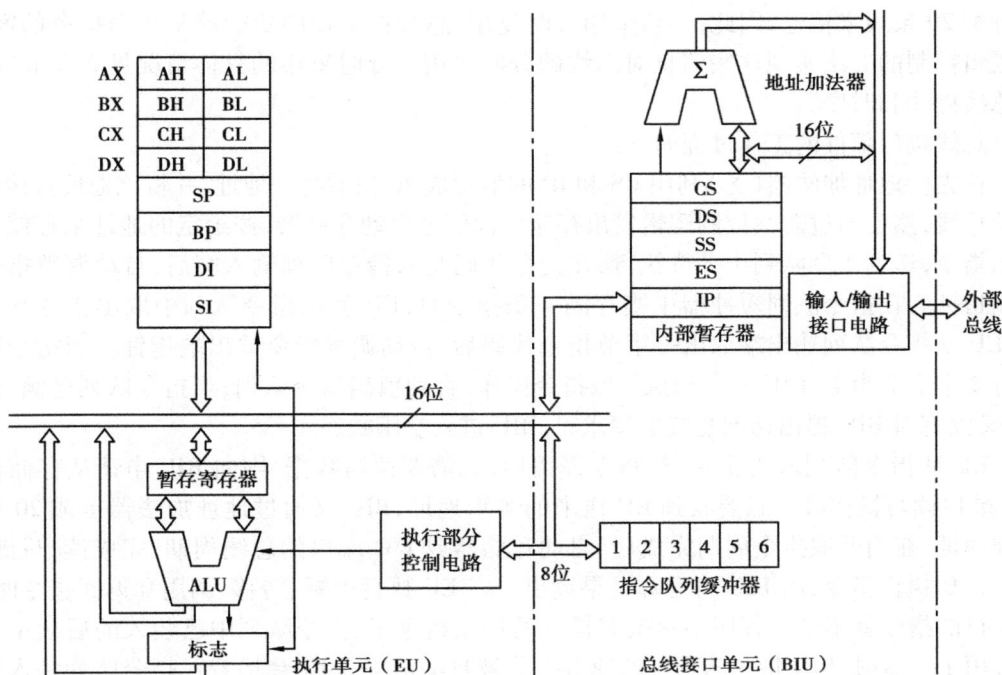

图2.1　8086的编程结构

IP寄存器不能由程序进行存取,但可以进行修改,其修改发生在以下情况:

- 程序运行中自动修改,使之指向要执行的下一条指令的偏移地址。
- 程序发生转移、调用、中断和返回时,改变IP的值。其中,转移是通过指令装入目的地址,其余3种情况通过堆栈操作改变IP的值。

3)地址加法器(Σ)和段寄存器

8086可直接寻址1M字节的存储空间,直接寻址需要20位地址编码,而其所有内部的寄存器均为16位,只能直接寻址64K字节,因此采用分段技术来解决。将1M字节的存储空间分为若干逻辑段,每段最长64K字节,每一个段首地址的高16位都存放在相应的段寄存器中。为了用16位寄存器寻址1M字节的内存空间就需要设置一个能产生20位物理地址(Physical Address,PA)的机构,8086采用了地址加法器。

段寄存器是用来存放每个段的首地址的高16位的,首地址的低4位均为0。8086有4个段寄存器:CS为代码段寄存器,DS为数据段寄存器,SS为堆栈段寄存器,ES为附加段寄存器。

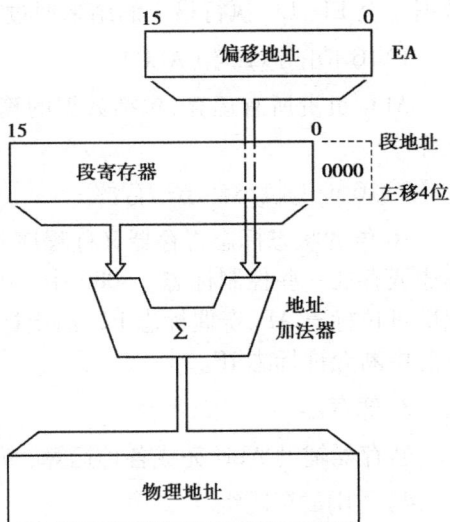

图2.2　20位物理地址的产生过程

内存单元的20位物理地址的产生过程如图2.2所示。

4)总线控制逻辑

由于8086的引脚线比较紧张,20位地址信息、16位(或8位)数据信息和4位状态信息只分配 20 条线来传送,因此,必须采用分时复用,总线控制器的功能就是根据指令的操作,用逻辑控制的方法实现这些信息对总线的分时复用。分时复用的具体情况见 2.3 节"8086 的总线操作和时序"。

总线接口部件的工作过程如下:

首先由地址加法器(Σ)利用 CS 和 IP 的值形成 20 位的物理地址,并将该地址直接送往地址总线,然后通过总线控制逻辑发出存储器读信号启动存储器,按给定的地址从存储器中取出指令,送到指令队列中等待执行,在指令代码装入指令队列输入端后,自动调整指令输入端指针。在指令队列缓冲器中当存满一条指令时,EU 就从指令队列中取出指令开始执行;EU 从指令队列输出端取出一字节指令代码后,自动调整指令输出端指针。当指令队列中有 2 个字节为空,BIU 便自动执行取指令操作,直到填满指令队列;当指令队列已满,而且 EU 又没有对 BIU 提出访问总线的请求时,BIU 进入空闲状态。

EU 从指令队列取走指令,经指令译码后,如需要读写数据,则向 BIU 申请从存储器或 I/O 端口读写操作数。只要收到 EU 送来的逻辑地址,BIU 又通过地址加法器形成 20 位的物理地址,在当前取指令周期完成后,启动存储器或 I/O 端口的总线周期,完成读/写操作。最后,EU 执行指令,由 BIU 将运算结果读出。当 EU 执行中断、转移、调用和返回指令时,将要执行的指令就不是在程序中紧接着排列的那条指令了,指令队列中已装入的后续字节就没有用了。这时,BIU 指令队列中的原有字节被自动清除,BIU 会接着往指令队列装入另一个程序段的指令。

2.1.2 执行单元

EU 负责指令的译码和执行。它从 BIU 的指令队列中顺序取得指令并执行,执行过程中若需要操作数,则由 EU 向 BIU 发出请求,由 BIU 通过总线操作从内存单元或 I/O 端口读取数据送至 EU,EU 执行指令的结果通过 BIU 送至存储器或 I/O 端口。EU 包括以下 5 部分。

1)16 位的运算器(ALU)

ALU 负责所有运算,包括数据的算术/逻辑运算和偏移地址的运算,通用寄存器协助其工作。

2)16 位的状态标志寄存器

16 位的状态标志寄存器又称程序状态字(PSW),PSW 用来存放 ALU 运算结果的状态标志或存放一些控制标志。8086 中一共定义了 9 个标志,分别为零标志 ZF、进位标志 CF、辅助进位标志 AF、奇偶标志 PF、溢出标志 OF、符号标志 SF、方向标志 DF、单步跟踪标志 TF 以及中断允许标志 IF。

3)暂存器

暂存器辅助 ALU 完成各种运算,暂存参与运算的数据。

4)通用寄存器组

通用寄存器组包括 8 个 16 位的寄存器,其中 AX、BX、CX、DX 为数据寄存器,它们又可分为 8 个 8 位的寄存器:AH、AL、BH、BL、CH、CL、DH、DL。SP 为 16 位的堆栈指针,堆栈操作时,用它存放栈顶偏移量。BP 为 16 位的基址指针,用于存放堆栈段中一个数据区的基址偏移量。SI 和 DI 均为 16 位变址寄存器,在串操作指令中 SI 用于存放源操作数的地址偏移量,DI 用于存放目的操作数的地址偏移量。

5）控制电路

控制电路接收从 BIU 指令队列来的指令码,经过译码,形成完成该指令所需的各种控制信号,控制 EU 的各个部件,使它们在规定时间内完成规定动作。

指令执行部件工作过程如下:

EU 从 BIU 的指令队列输出端取得指令,进行译码,若执行指令需要访问存储器（或 I/O 端口）去取操作数,则 EU 将操作数的偏移地址通过内部 16 位的总线送给 BIU,与段地址（I/O 端口不涉及段地址）一起,通过地址加法器形成 20 位的物理地址,申请访问存储器（或 I/O 端口）,取得操作数送给 EU,根据指令要求由 EU 控制电路向 EU 内部各个部件发出控制命令,完成执行指令的功能。

需要指出的是,传统的计算机在执行指令时,总是相继地进行提取指令和执行指令的动作,即指令的提取和执行是串行进行的。而 8086 中指令的提取和执行是分别由总线接口部件 BIU 和执行部件 EU 完成的,它们的控制逻辑和指令执行逻辑之间既相互配合又相对独立。正是这种紧密配合但又非同步的工作方式,使得 CPU 在执行指令的同时进行后续指令的提取,这样的并行工作方式提高了工作效率,这是 8086 成功的原因之一,这种设计思想被用于更高档的 CPU 设计中。

2.1.3　寄存器

寄存器在计算机中有很重要的作用,它的存取速度比存储器快得多,相当于高速存储单元,用来存放运算过程中所需要的操作数地址、操作数及中间结果。8086 微处理器中共有 14 个 16 位寄存器。

1）通用寄存器

8086 CPU 在指令执行单元中有 8 个 16 位的通用寄存器,分为通用数据寄存器和通用地址寄存器。

通用数据寄存器分别是 AX、BX、CX 和 DX,它们通常可以用来存放 16 位的数据。这 4 个寄存器又可分为 8 个 8 位寄存器来使用,分别是 AH、AL、BH、BL、CH、CL、DH 和 DL,用来存放 8 位数据。虽然 AX、BX、CX 和 DX 具有通用性,但有时也有专门用途。例如,CX 寄存器主要用于循环计数、串操作计数和移位计数（CL）等,故它也被称为计数器。同样 AX、BX、DX 也因为其特殊用途被分别称为累加器、基址寄存器及数据寄存器。

通用地址寄存器分别是 BP、SP、SI 和 DI,也因为其特殊用途被分别称为基址指针、堆栈指针、源变址寄存器、目的变址寄存器。这组寄存器主要存放的内容是某一段内偏移量,通常用来形成操作数地址。BP 和 SP 与 SS 联用,为访问当前堆栈段提供方便。通常 BP 在间接寻址中使用,操作数在堆栈段中,由堆栈段寄存器 SS 与 BP 组合形成操作数地址。SP 寄存器在堆栈段中使用,用于指向堆栈段的栈顶,PUSH 和 POP 指令则是从 SP 寄存器中得到当前堆栈段的段内偏移量。SI 和 DI 通常与 DS 联用,为访问当前数据段提供段内偏移量。在串操作指令中,源操作数在当前数据段（DS）中的偏移量存放在 SI 中,目的操作数在当前附加段（ES）中的偏移量存放在 DI 中,这时, SI 和 DI 的作用不能互换。

表 2.1 列出了 8086 通用寄存器的特殊用途。

表 2.1　8086 通用寄存器的特殊用途

寄存器名	特殊用途	隐含性质
AX,AL	在 I/O 指令中作数据寄存器	不能隐含
	在乘法指令中存放被乘数或乘积,在除法指令中存放被除数或商	隐含
AH	在 LAHF 指令中,作目的操作数寄存器	隐含
AL	在 XLAT 指令中作累加器	隐含
BX	在间接寻址中作基址寄存器	不能隐含
	在 XLAT 指令中作基址寄存器	隐含
CX	在循环指令和串操作指令中作计数器	隐含
CL	在移位指令中作移位次数寄存器	不能隐含
DX	在字乘法/除法指令中存放乘积高位/被除数高位或余数	隐含
	在 I/O 指令中作间接寻址寄存器	不能隐含
SI	在间接寻址中作变址寄存器	不能隐含
	在串操作指令中作源变址寄存器	隐含
DI	在间接寻址中作变址寄存器	不能隐含
	在串操作指令中作目的变址寄存器	隐含
BP	在间接寻址中作基址指针	不能隐含
SP	在堆栈操作中作堆栈指针	隐含

2)段寄存器

CS:代码段寄存器,用于存放正在或正待处理的一般代码段的起始地址的高 16 位,即一般代码段的段基址。

DS:数据段寄存器,用于存放正在或正待处理的一般数据段的起始地址的高 16 位,即一般数据段的段基址。

ES:附加数据段寄存器,用于存放正在或正待处理的附加数据段的起始地址的高 16 位,即附加数据段的段基址。

SS:堆栈数据段寄存器,用于存放正在或正待处理的堆栈数据段的起始地址的高 16 位,即堆栈数据段的段基址。

段基址与段内偏移量通过 CPU 内部的地址加法器组合形成内存单元的 20 位物理地址。

3)指令指针寄存器

指令指针寄存器(IP)的内容始终是下一条待执行指令的起始偏移地址,与 CS 一起形成下一条待执行指令的起始物理地址。"CS:IP"的作用是控制程序的执行流程。IP 一般会自动加 1(逻辑加 1、实际随指令长度变化)移向下一条指令实现顺序执行;若通过指令修改 CS 或 IP 的值,则可实现程序的转移执行。

4）16 位的状态标志寄存器（程序状态字 PSW）

16 位的状态标志寄存器又称程序状态字（PSW），它有 3 个控制标志（IF、DF、TF）和 6 个状态标志（SF、PF、ZF、OF、CF、AF）。控制标志是用于控制 CPU 某方面操作的标志，状态标志是部分指令执行结果的标志。PSW 的具体格式如图 2.3 所示。

15				11	10	9	8	7	6		4		2		0
				OF	DF	IF	TF	SF	ZF		AF		PF		CF

图 2.3　16 位的状态标志寄存器格式

IF：中断允许标志，用于控制 CPU 能否响应可屏蔽中断请求，IF＝1 即能够响应，IF＝0 即不能响应。

DF：方向标志，用于指示串操作时变址寄存器是增量变化还是减量变化，DF＝1 即向地址减小的方向变化，DF＝0 即向地址增加的方向变化。

TF：单步中断标志，TF＝1 即程序执行当前指令后暂停，TF＝0 即程序执行当前指令后不暂停。

SF：符号标志，根据指令执行结果的最高二进制位是 0 还是 1 来判断，若为 0，则 SF＝0，代表正数；为 1，则 SF＝1，代表负数。

PF：奇偶校验标志，用来表示指令执行结果的低 8 位中 1 的个数是奇数还是偶数，若为奇数个 1 则 PF＝0，若为偶数个 1 则 PF＝1。

ZF：零标志，用来表示指令执行结果是否为 0，若为 0 则 ZF＝1，否则 ZF＝0。

OF：有符号数的溢出标志，用来表示指令执行结果是否超出有符号数的表示范围，若超出则 OF＝1，否则 OF＝0。可通过是否出现以下情况来判断溢出：正加正得负，正减负得负，负加负得正，负减正得正。若出现以上任意一种情况则 OF＝1，否则 OF＝0。

CF：进位/借位标志（无符号数的溢出标志），用来表示指令执行结果的最高位是否有向更高位进位或借位，若有则 CF＝1，同时也代表无符号数溢出；若无则 CF＝0，也代表无符号数无溢出。

AF：辅助进位/借位标志，表示低 4 位二进制是否有向高位进位或借位，若有则 AF＝1，否则 AF＝0，其主要用于 BCD 码修正运算。

［例 2.1］　58H+3CH＝94H　　　　　　SF＝1，PF＝0，ZF＝0，OF＝1，CF＝0，AF＝1

［例 2.2］　0039H−FCE8＝0351H　　　SF＝0，PF＝0，ZF＝0，OF＝0，CF＝1，AF＝0

［例 2.3］　35H+CBH＝00H　　　　　　SF＝0，PF＝1，ZF＝1，OF＝0，CF＝1，AF＝1

在调试程序 DEBUG 中，提供了测试标志位的方法，它用符号来表示标识位的值。表 2.2 说明了各标志位在 DEBUG 中的符号表示。（TF 在 DEBUG 中不提供符号）

表 2.2　PSW 中标志位的符号表示

标志位	标志名	表示 1	表示 0
CF	进位/借位标志	CY	NC
PF	奇偶校验标志	PE	PO
AF	辅助进位/借位标志	AC	NA
ZF	零标志	ZR	NZ
SF	符号标志	NG	PL

续表

标志位	标志名	表示 1	表示 0
IF	中断允许标志	EI	DI
DF	方向标志	DN	UP
OF	溢出标志	OV	NV

2.2　8086 的工作模式和引脚功能

2.2.1　8086 的工作模式

为了尽可能适应各种应用场合,英特尔公司为 8086 设计了两种工作模式(也称为"工作方式"),即最大模式和最小模式。

最小模式是指系统中只有 8086 一个微处理器,所有总线控制信号均由 CPU 直接产生,因此,系统的总线控制逻辑被减到最少。最小模式用在规模较小的 8086 系统中。最大模式是指系统中包含两个或多个微处理器,其中主处理器是 8086,其余处理器称为协处理器,系统的总线控制信号主要由总线控制器产生,系统的总线控制逻辑相对复杂一些,最大模式用于中、大型的 8086 系统。

所谓协处理器就是协助主处理器工作的微处理器。通常与 8086 配合的协处理器有两个,一个是数值运算协处理器 8087,一个是输入/输出协处理器 8089。8087 能实现多种类型的数值操作,如高精度的整数和浮点运算、超越函数的计算等。系统中使用 8087 会大幅度提高数值运算速度。8089 有一套专用于输入/输出操作的指令系统,可直接为输入/输出设备服务,使 8086 不再承担这类工作。所以,系统中使用 8089 会显著地提高主处理器的工作效率,尤其是在输入/输出频繁的场合。

究竟应使 8086 工作在最大模式还是最小模式,要根据应用场合由硬件决定。

2.2.2　8086 的引脚功能

8086 的引脚图如图 2.4 所示。

8086 可以工作在最小模式和最大模式,值得注意的是,8086 有 8 个引脚(24 ~ 31),在不同模式下具有不同的功能,图中括号里表示 8086 工作在最大模式下该引脚的功能,反之,括号外则表示最小模式下的功能。

8086 是 40 引脚双列直插式(DIP)封装,其引脚可分为 5 类。

①地址线(20 位):$AD_{15} \sim AD_0$,$A_{19} \sim A_{16}$。其中,$AD_{15} \sim AD_0$ 为地址/数据复用引脚,故为双向、三态;$A_{19} \sim A_{16}$ 为地址/状态复用引脚,输出、三态。

此外,AD_0 还作为低 8 位数据选通信号使用。

②数据线(16 位):$AD_{15} \sim AD_0$,与低 16 位地址分时复用,双向、三态。

③状态线:

● $S_6 \sim S_3$:地址/状态复用引脚,输出。

其中,S_6 用于表示当前 8086 是否与总线相连,$S_6 = 0$ 表示当前 8086 连在总线上,由于在

8086 总线操作期间,它总是与总线相连的,故在每个总线周期的 T_2、T_3、T_W 和 T_4 状态 $S_6=0$。S_5 表明中断允许标志的当前设置,若 $S_5=0$,表示当前禁止响应可屏蔽中断请求,若 $S_5=1$,表示当前允许响应可屏蔽中断请求。S_4、S_3 的组合指出当前正在使用哪个段寄存器,具体规定见表 2.3。

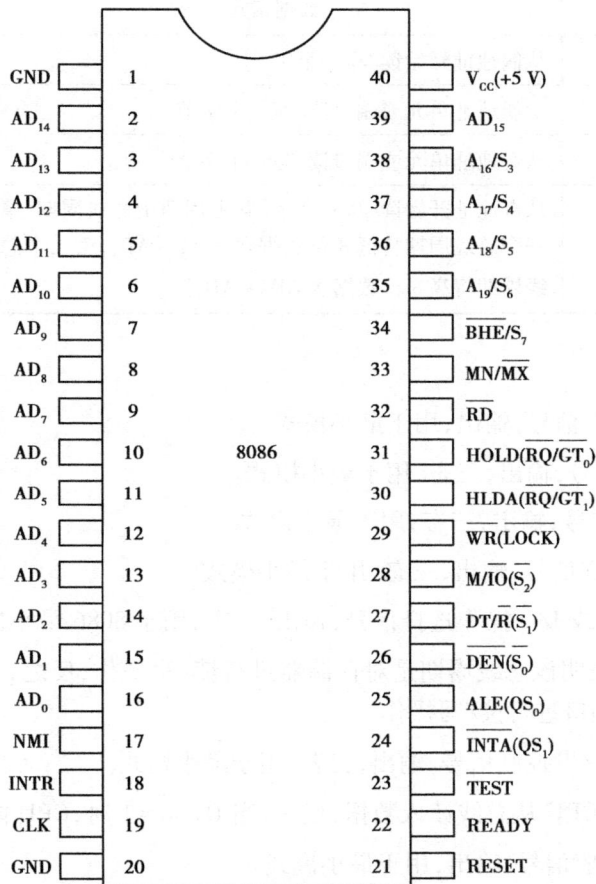

GND	1	40	V_{CC}(+5 V)
AD_{14}	2	39	AD_{15}
AD_{13}	3	38	A_{16}/S_3
AD_{12}	4	37	A_{17}/S_4
AD_{11}	5	36	A_{18}/S_5
AD_{10}	6	35	A_{19}/S_6
AD_9	7	34	$\overline{BHE}/S_7$
AD_8	8	33	$MN/\overline{MX}$
AD_7	9	32	$\overline{RD}$
AD_6	10	31	$HOLD(\overline{RQ/GT_0})$
AD_5	11	30	$HLDA(\overline{RQ/GT_1})$
AD_4	12	29	$\overline{WR}(\overline{LOCK})$
AD_3	13	28	$M/\overline{IO}(\overline{S_2})$
AD_2	14	27	$DT/\overline{R}(\overline{S_1})$
AD_1	15	26	$\overline{DEN}(\overline{S_0})$
AD_0	16	25	$ALE(QS_0)$
NMI	17	24	$\overline{INTA}(QS_1)$
INTR	18	23	$\overline{TEST}$
CLK	19	22	READY
GND	20	21	RESET

（中间标注 8086）

图 2.4　8086 的引脚图

表 2.3　S_4、S_3 的代码组合及对应的含义

S_4	S_3	含　义
0	0	当前正在使用 ES
0	1	当前正在使用 SS
1	0	当前正在使用 CS 或未使用任何段寄存器
1	1	当前正在使用 DS

- $\overline{BHE}/S_7$:高 8 位数据总线允许/状态复用引脚,输出。

在总线的 T_1 状态,该引脚为 $\overline{BHE}$ 功能,$\overline{BHE}=0$ 表示数据总线上高 8 位数据有效,$\overline{BHE}=1$ 表示数据总线上高 8 位数据无效。在 T_2、T_3、T_W 和 T_4 状态该引脚为状态信号 S_7,不过,在 8086 的设计中,S_7 未被赋予任何实际意义,属于保留的状态引脚。

$\overline{\text{BHE}}$ 信号和 AD_0 组合起来指出当前数据总线上的数据将以何种格式出现,这两个信号的代码组合及对应的数据格式见表 2.4。

表 2.4　$\overline{\text{BHE}}$ 和 AD_0 的代码组合及对应的数据格式

$\overline{\text{BHE}}$	AD_0	数据格式	所用数据线
0	0	从偶地址开始读/写一个字	$AD_{15} \sim AD_0$
1	0	从偶地址单元或端口读/写一个字节	$AD_7 \sim AD_0$
0	1	从奇地址单元或端口读/写一个字节	$AD_{15} \sim AD_8$
0 1	1 0	从奇地址开始读/写一个字(共占用两个总线周期,第一个总线周期将低 8 位数据送 $AD_{15} \sim AD_8$,第二个总线周期将高 8 位数据送 $AD_7 \sim AD_0$)	$AD_{15} \sim AD_0$ $AD_7 \sim AD_0$

④控制线:

- ALE:地址锁存信号,输出,用于最小模式。
- $\overline{\text{RD}}$:读控制信号,输出,三态,用于最小模式。
- $\overline{\text{WR}}$:写控制信号,输出,三态,用于最小模式。
- $\overline{\text{DEN}}$:数据允许信号,输出,三态,用于最小模式。
- $M/\overline{IO}$:存储器或 I/O 操作选择信号,输出,三态,用于 8086 最小模式。

当 $M/\overline{IO}=1$ 时表明该总线周期是对存储器进行读/写操作,反之,当 $M/\overline{IO}=0$ 时表明该总线周期是对 I/O 端口进行读/写操作。

- $DT/\overline{R}$:数据收/发控制信号,输出,三态,用于最小模式。

当 $DT/\overline{R}=0$ 时,CPU 从总线读入数据,反之,当 $DT/\overline{R}=1$ 时,CPU 向总线写出数据。

- $\overline{\text{INTA}}$:中断响应信号,输出,用于最小模式。
- RESET:复位信号,输入。
- READY:准备好信号,输入。
- NMI:非屏蔽中断请求信号,输入。
- INTR:可屏蔽中断请求信号,输入。
- $MN/\overline{MX}$:工作模式选择信号,输入。若使 8086 工作在最小模式,则 $MN/\overline{MX}$ 应接 1,否则,$MN/\overline{MX}$ 接 0。
- CLK:时钟信号,输入。
- $\overline{\text{TEST}}$:测试信号,输入,用于多处理器系统。

该信号与 WAIT 指令配合使用,当 CPU 执行 WAIT 指令时,处于空转状态,并检测 $\overline{\text{TEST}}$ 引脚,只要 $\overline{\text{TEST}}=0$ 则立即结束等待,继续执行后续指令。

- HOLD:总线请求信号,输入,用于最小模式。
- HLDA:总线响应信号,输出,用于最小模式。

HOLD 和 HLDA 信号总是配对使用,当其他总线主设备要占用总线时,通过 HOLD 向

8086 发出一个高电平的总线请求信号,若这时总线未被封锁,则 8086 通过 HLDA 输出一个高电平表示响应,然后,把总线控制权交予该设备。当该设备使用完总线时,将 HOLD 变为低电平,表示撤销总线请求信号,则 8086 也将 HLDA 变为低电平,收回总线控制权。

⑤供电线:

- V_{CC}:+5 V 直流工作电压。
- GND:接地端。

8086 工作在最大模式下,第 24~31 引脚的功能定义:

- QS_1、QS_0:指令队列状态信息(用于最大模式),输出。

这 2 个信号的不同组合指出了本总线周期的前一个时钟周期中指令队列的状态,以便外部对 CPU 内部指令队列动作的跟踪。QS_1、QS_0 的代码组合及对应的含义见表 2.5。

表 2.5　QS_1、QS_0 的代码组合及对应的含义

QS_1	QS_0	含　义
0	0	无操作
0	1	从指令队列的第一个字节取走代码
1	0	队列空
1	1	除第一字节外,还取走了后续字节的代码

- $\overline{S_2}$、$\overline{S_1}$、$\overline{S_0}$:总线周期状态信息(用于最大模式),输出。

这 3 个信号的不同组合指出了本总线周期所进行的数据传输过程的类型。最大模式系统中的总线控制器就是利用这 3 个状态信号来产生对存储器和 I/O 端口的控制信号的。$\overline{S_2}$、$\overline{S_1}$、$\overline{S_0}$ 的代码组合及对应的总线操作类型见表 2.6。

表 2.6　$\overline{S_2}$、$\overline{S_1}$、$\overline{S_0}$ 的代码组合及对应的总线操作类型

$\overline{S_2}$	$\overline{S_1}$	$\overline{S_0}$	总线操作类型
0	0	0	发中断响应信号
0	0	1	读 I/O 端口
0	1	0	写 I/O 端口
0	1	1	暂停
1	0	0	取指令
1	0	1	读内存
1	1	0	写内存
1	1	1	无源状态

- LOCK:总线锁定信号,输出,三态,用于最大模式。

该信号由 LOCK 前缀指令产生,有效时其他设备不能占用总线。

- $\overline{RQ}/\overline{GT_1}$:总线请求/总线允许信号,双向,三态,用于最大模式。
- $\overline{RQ}/\overline{GT_0}$:总线请求/总线允许信号,双向,三态,用于最大模式。

这 2 个信号的作用完全相同,其中每一个信号都相当于最小模式下的 HOLD 和 HLDA

一对信号的作用,即外部设备请求时为输入,CPU 响应时为输出。

2.2.3 8086 的最小模式

当 8086 的第 33 引脚 MN/$\overline{\text{MX}}$ 接高电平时,系统工作于最小模式,即单处理器模式,它适用于较小规模的应用。8086 最小模式的典型系统结构如图 2.5 所示。

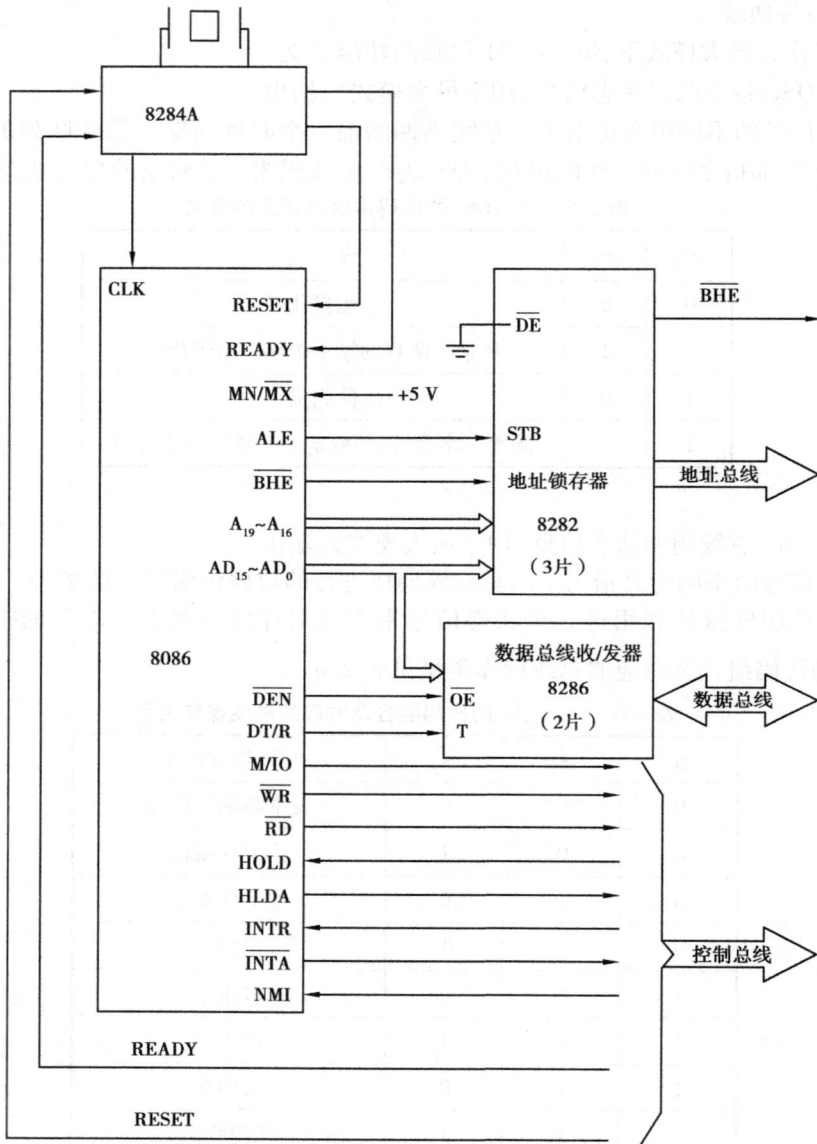

图 2.5 8086 最小模式的典型系统结构

图中 8284A 为时钟发生器,8282 为地址锁存器,8286 为数据总线收/发器。

其工作原理如下所述:该 CPU 系统以 8086 为核心,外部晶体振荡器产生的振荡信号经 8284 分频后,作为主频信号 CLK 提供给 8086,同时,外部来的 READY 信号和 RESET 信号也经 8284A 整理后送往 8086。8086 的 20 位地址信号 $A_{19} \sim A_{16}$,$AD_{15} \sim AD_0$,以及高位字节允许信号 $\overline{\text{BHE}}$,在地址锁存信号 ALE 控制下经 8282 锁存后输出,即为地址总线。8086 的 16

位数据线 $AD_{15} \sim AD_0$ 在 8286 的控制下可进行双向数据传送,即为数据总线。传送方向由数据收/发控制信号 $DT/\overline{R}$ 来选择,是否允许传送由数据允许信号 $\overline{DEN}$ 控制。其他控制信号均由 8086 直接输出,即为控制总线。如此,就形成了以 8086 为核心的三总线结构的 CPU 系统。时钟发生器 8284A 的引脚及其与 8086 的连接如图 2.6 所示。

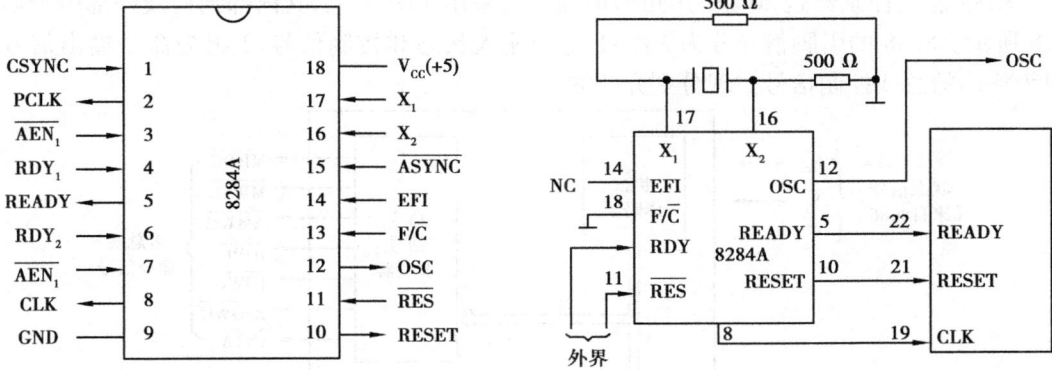

图 2.6 8284A 的引脚及其与 8086 的连接

2.2.4 8086 的最大模式

当 8086 的第 33 引脚 $MN/\overline{MX}$ 接低电平时,系统工作于最大模式,即多处理器模式,它适用于中、大型规模的应用。8086 最大模式的典型系统结构如图 2.7 所示。

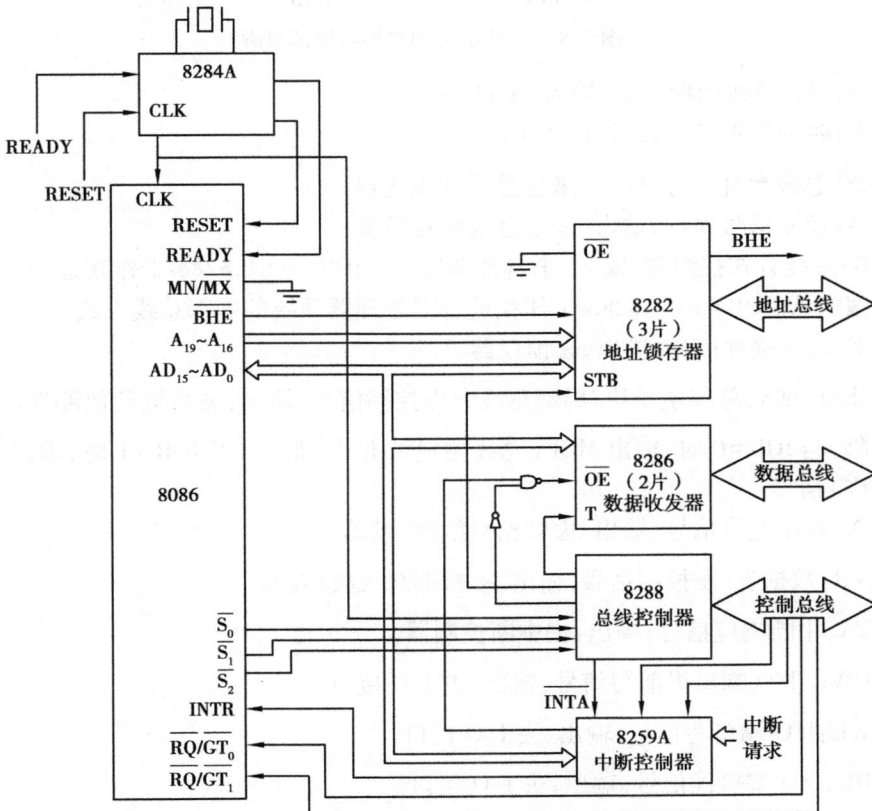

图 2.7 8086 最大模式的典型系统结构

其工作原理如下所述:为了给系统的应用留有余地,有时即使暂时只用了一个处理器也将其接成最大模式。最小模式和最大模式的主要区别在于控制信号的产生,由图2.5和图2.7可知,最小模式下的控制信号是由CPU直接产生的,而在最大模式,控制信号由总线控制器8288产生。引脚上,第24~31引脚的功能在两种模式下是不同的。

8288总线控制器是20条引脚的DIP芯片,采用TTL工艺,其内部结构及外部引脚如图2.8所示。8288的引脚信号分为3组:1组为输入状态和控制信号,2组为命令输出信号,3组为输出的总线控制信号。现分别介绍如下。

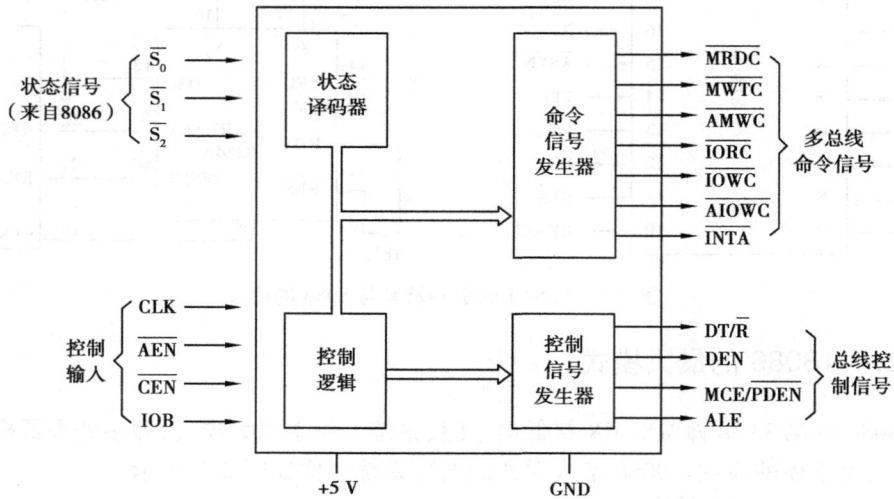

图2.8 8288的内部结构与外部引脚

- $\overline{S_2}$、$\overline{S_1}$、$\overline{S_0}$:总线周期状态,输入,来自CPU。
- CLK:时钟信号,输入,来自8284A。
- $\overline{AEN}$:总线允许信号,输入,来自总线仲裁逻辑。
- $\overline{CEN}$:控制信号允许,输入,来自总线仲裁逻辑。
- IOB:总线方式控制端,输入,来自外部硬件。IOB=0时,8288工作在适合于单处理器的系统总线方式;IOB=1时,8288工作在适合多处理器系统的局部总线方式。
- ALE:地址锁存信号,输出,去锁存器。
- MCE/$\overline{PDEN}$:总线主模块/局部总线允许控制信号,输出,去系统其他部件。这是一个双功能引脚,当IOB=0时,输出MCE(总线主模块允许)信号;当IOB=1时,输出$\overline{PDEN}$(局部总线允许)信号。
- DEN:数据允许信号,输出,去数据总线收/发器。
- DT/$\overline{R}$:数据收/发控制信号,输出,去数据总线收/发器。
- $\overline{INTA}$:中断响应信号,输出,去中断控制器。
- $\overline{AIOWC}$:I/O端口提前写信号,输出,去I/O接口。
- $\overline{IOWC}$:I/O端口写信号,输出,去I/O接口。
- $\overline{IORC}$:I/O端口读信号,输出,去I/O接口。
- $\overline{AMWC}$:存储器提前写信号,输出,去存储器。

- $\overline{\text{MWTC}}$：存储器写信号，输出，去存储器。
- $\overline{\text{MRDC}}$：存储器读信号，输出，去存储器。

8288与8086的连接关系如图2.7所示。

2.3 8086的总线操作和时序

2.3.1 8086总线周期的概念

计算机是数字电子设备，所有工作都是在时钟的控制下通过一步一步顺序执行指令来完成的。因此，时钟周期是CPU执行指令的最小时间刻度。执行指令过程中凡需访问总线时就交由总线接口部件BIU完成，每次访问称为一个总线周期，若执行数据输出，则称为写总线周期，若执行数据输入，则称为读总线周期。8086中一个基本的总线周期由4个时钟周期组成，每一个时钟周期称为一个T状态。若存储器或外部设备跟不上CPU的速度，则在第3个时钟周期(称为T_3)之后插入等待状态T_W，直到数据传送完毕，才退出等待状态，结束总线周期。

典型的总线周期波形如图2.9所示。

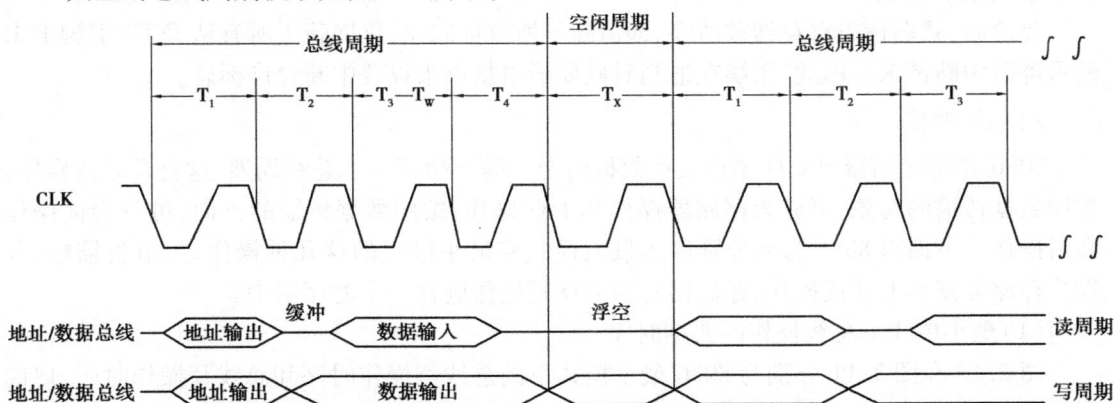

图2.9 典型的总线周期波形图

2.3.2 8086的典型操作和时序

一个微机系统在运行过程中，CPU需要执行的操作有许多种，其中比较典型的操作如下所述。

1) 系统的复位和启动操作

8086的复位和启动是由引脚上的RESET信号触发的，触发时要求该信号至少维持4个时钟周期的高电平，如果是上电复位，则要求该信号至少维持50 μs的高电平。无论何时，只要RESET一进入高电平，CPU就会结束现行操作，开始复位，并且，只要RESET停留在高电平状态，CPU就维持在复位状态。复位时，各内部寄存器被设置为如下初值(表2.7)。

表 2.7　复位时各内部寄存器的初值

寄存器名称	初值
状态标志寄存器（PSW）	清零
指令指针寄存器（IP）	0000H
代码段寄存器（CS）	FFFFH
数据段寄存器（DS）	0000H
堆栈码寄存器（SS）	0000H
附加段寄存器（ES）	0000H
其他寄存器	0000H
指令队列	空

由表 2.7 可见，复位时，代码段寄存器（CS）和指令指针寄存器（IP）的值分别被初始化成 FFFFH 和 0000H。因此，8086 启动后从内存的 FFFF0H 处开始执行指令。一般在 FFFF0H 处放一条无条件转移指令，转移到系统程序的入口处，这样，系统一旦被启动，就会自动进入系统程序。

复位时，状态标志寄存器被清零，即清除了所有标志位，这屏蔽了所有从 INTR 引脚上来的可屏蔽中断请求。因此，系统在适当时候要通过指令来设置中断允许标志。

2）总线操作

8086 在与存储器或 I/O 端口交换数据时至少需要执行一个总线周期，这就是总线操作。按照数据传输的对象，可分为存储器操作和 I/O 操作；按照数据传输的方向，可分为读操作和写操作。下面以 8086 为例分别讲述最大模式和最小模式的这几种操作，为节省篇幅，分别将存储器读和 I/O 读操作、存储器写和 I/O 写操作画在一个时序图中。

（1）最小模式下总线操作的典型时序

图 2.10 和图 2.11 分别为 8086 最小模式下的总线读操作时序和总线写操作时序，现说明如下。

前面已经说过，一个基本的总线周期包含 4 个 T 状态，分别称为 T_1、T_2、T_3、T_4，在存储器和外设速度较慢时，要在 T_3 之后插入一个或几个等待状态 T_W。

图中，若是对存储器操作，$M/\overline{IO}$ 为高电平，若是对 I/O 端口操作则 $M/\overline{IO}$ 为低电平，$M/\overline{IO}$ 在整个总线周期一直维持有效电平。

T_1 状态：CPU 输出存储器单元或 I/O 端口的地址信息，并且从 ALE 引脚输出地址锁存信号，在 ALE 的下降沿将 20 位地址锁存到地址锁存器的输出端。$\overline{BHE}$ 信号也在 T_1 状态有效，表示高 8 位数据总线上的信息可以使用，该信号与地址一起被锁存。$DT/\overline{R}$ 输出低电平，表示本总线周期为读周期。

T_2 状态：地址信号消失，$AD_{15} \sim AD_0$ 变为高阻状态（也称为"浮空"），为读入数据作准备；$A_{19}/S_6 \sim A_{16}/S_3$ 以及 $\overline{BHE}/S_7$ 切换为状态信息；$\overline{DEN}$ 引脚输出有效的低电平，使数据线选通；$\overline{RD}$ 引脚输出低电平的读信号，送到被地址信息选中的存储器或 I/O 接口芯片。

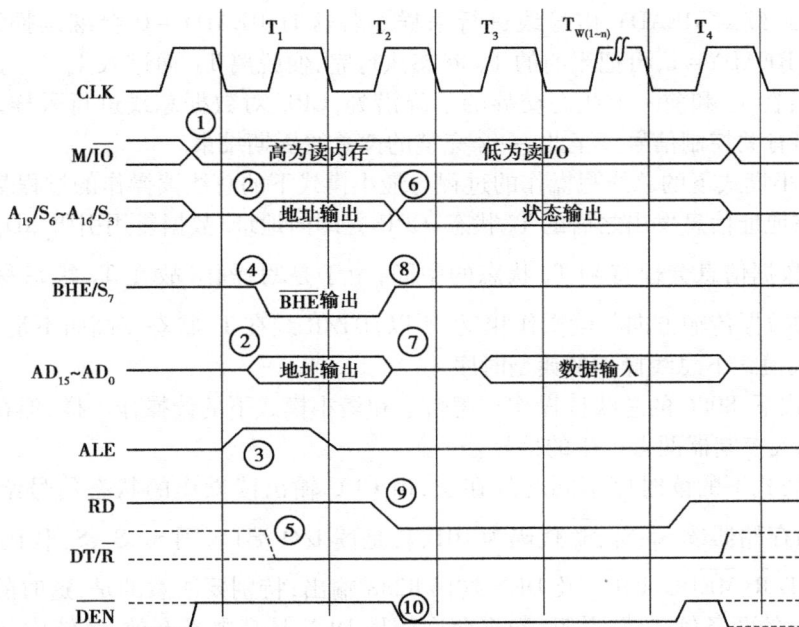

图 2.10　8086 最小模式下的总线读周期时序

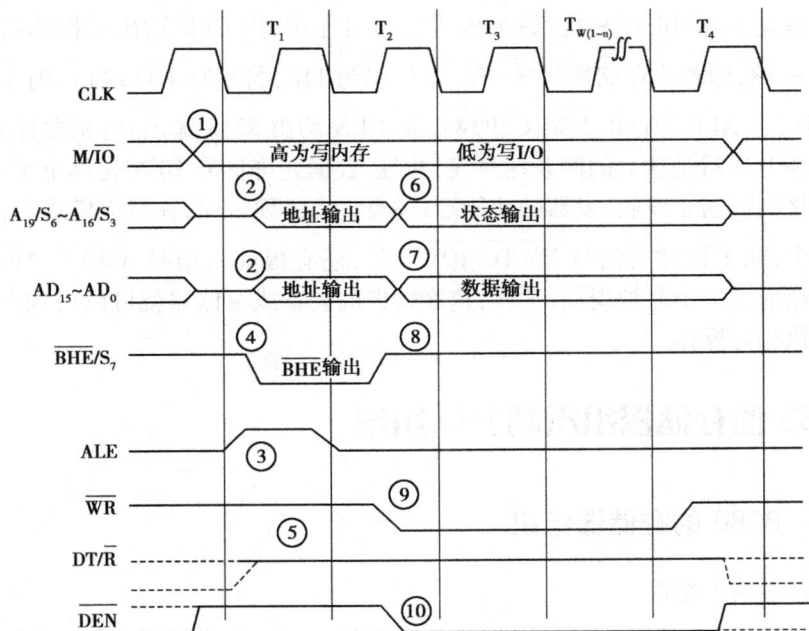

图 2.11　8086 最小模式下的总线写周期时序

T_3 状态:被选中的内存单元或 I/O 端口将数据送到数据总线上,CPU 通过 $AD_{15} \sim AD_0$ 接收数据。

T_W 状态:当存储器或外设的工作速度较慢,从而不能用基本的总线周期完成读操作时,系统自动插入等待状态。具体实现方法为,系统用一个等待电路来产生 READY 信号,该信号通过时钟发生器 8284A 传送给 CPU。CPU 在 T_3 状态的前沿(下降沿处)对 READY 信号线进行采样,若这时 READY = 0 就会自动在 T_3 之后插入 T_W。CPU 在每个 T_W 状态的前沿

（下降沿处）继续对 READY 信号线进行采样。若这时 READY = 0 会继续插入 T_W。直到 CPU 采样到 READY = 1，再把当前的 T_W 状态执行完，便脱离 T_W 而进入 T_4。

T_4 状态：在 T_4 和前一个状态交界的下降沿处，CPU 对数据总线进行采样，从而读入数据，同时撤销有关控制信号。至此，一个完整的读总线周期结束。

8086 最小模式下的总线写操作的过程与最小模式下的总线读操作的过程基本相同。所不同的是，在地址信息发出之后的 T_2 状态，CPU 立即向地址/数据复用引脚 $AD_{15} \sim AD_0$ 输出数据，并且，数据信息会保持到 T_4 状态的中间；由于是写操作，故在 T_2 状态写信号 $\overline{WR}$ 有效；写操作的数据传输方向与读操作相反，所以，$DT/\overline{R}$ 线在 T_1 状态变高而不是变低。

（2）最大模式下总线操作的典型时序

最大模式下，8086 的总线读操作在逻辑上和最小模式下的读操作一样，但在时序上要考虑 CPU 与总线控制器两者产生的信号。

与最小模式下的读时序不同之处在于，由 CPU 输出读操作的状态信号给总线控制器 8288，即若为存储器读 $\overline{S_2}$、$\overline{S_1}$、$\overline{S_0}$ 代码为 101，若是读 I/O 端口，则 $\overline{S_2}$、$\overline{S_1}$、$\overline{S_0}$ 代码为 001；控制信号 ALE、$DT/\overline{R}$、$\overline{MEDC}$、$\overline{IORC}$ 及 DEN 均由 8288 输出；特别要注意的是，这时的存储器读和 I/O 读是独立的两条信号线，并且，数据允许信号 DEN 是高电平有效，系统中需经反相后接到数据总线收/发器的使能端。

与最小模式下的写时序相比，最大模式的写时序中，由 CPU 输出写操作的状态信号给总线控制器 8288，即若为存储器写 $\overline{S_2}$、$\overline{S_1}$、$\overline{S_0}$ 代码为 110，若是写 I/O 端口，则 $\overline{S_2}$、$\overline{S_1}$、$\overline{S_0}$ 代码为 010；控制信号 ALE、$DT/\overline{R}$、$\overline{MWTC}$、$\overline{IOWC}$ 及 DEN 均由 8288 输出；特别要注意的是，这时的存储器写和 I/O 写是独立的两条信号线，并且，数据允许信号 DEN 是高电平有效，系统中需经反相后接到数据总线收/发器的使能端；还有一点需要说明，在最大模式下，8288 输出的写信号有 4 个，除了正常写信号 $\overline{MWTC}$、$\overline{IOWC}$ 外，还有提前写信号 $\overline{AMWC}$、$\overline{AIOWC}$，它比普通的写信号超前了一个时钟周期，这样，速度较慢的设备或存储器就可以得到一个额外的时钟周期提前执行写操作。

2.4　8086 的存储器组织和 I/O 组织

2.4.1　8086 的存储器组织

1）存储器的标准结构

8086 有 20 条地址线，可直接寻址 1 MB 的存储空间。微机的存储器通常按字节组织排列成一个个单元，每个单元有一个唯一的地址码，这称为存储器的标准结构。那么，内存是如何存放数据的呢？如图 2.12 所示，若存放一个 8 位的数据（称为一个字节），则可放在偶地址单元，也可放在奇地址单元；若存放一个 16 位的数据（称为一个字），需要两个字节的存储单元，每个字节都有一个地址，其中这个字的低 8 位存放在地址较小的字节单元，高 8 位存放在地址较大的字节单元，并且用这两个字节地址中较小的一个（即存放字的低 8 位单元地址）作为该字的地址，这时有两种情况，低位字节放在偶地址单元，高位字节放在奇地址单元，称为规则字；相反，若将低位字节放在奇地址单元，高位字节放在偶地址单元，则称为非规则字。对于 8086 而言,存取一个规则字,只需要一个总线周期,而存取一个非规则字,就需要两个总线周期才能完成。

8086 系统中,1 MB 的存储空间实际上被分成两个 512 KB 的存储体(或称为存储库),分别叫作高位库和低位库。高位库的数据线与 8086 CPU 系统的高 8 位数据总线 AD_{15} ~ AD_8 相连,库中每个单元的地址均为奇数;低位库的数据线与 8086 CPU 系统的低 8 位数据总线 AD_7 ~ AD_0 相连,库中每个单元的地址均为偶数。$\overline{BHE}$ 信号作为高位库的选择信号接到高位库的选择端 $\overline{SEL}$;地址线 A_0 作为低位库的选择信号接到低位库的选择端 $\overline{SEL}$。如图 2.12 所示。所以,高 8 位数据总是对应奇地址,而低 8 位数据总是对应偶地址。

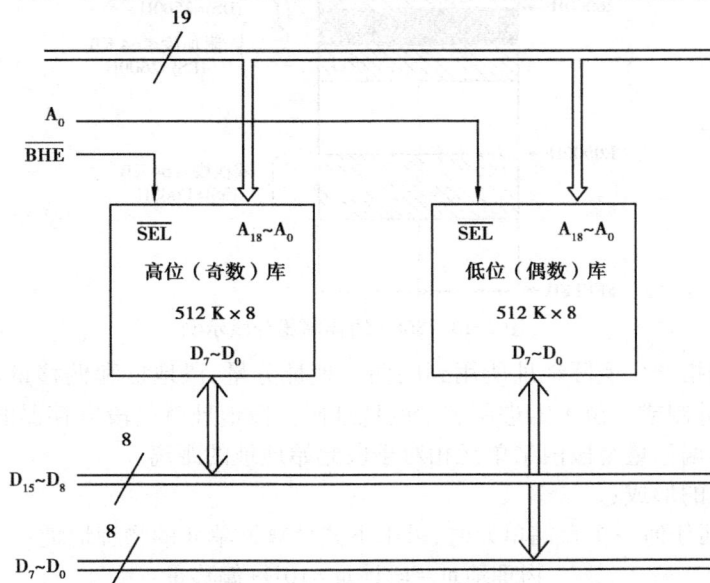

图 2.12　8086 存储器与总线的连接

2)存储器的分段

8086 系统中 1 MB 的存储单元按照 00000H ~ FFFFFH 来编址。但 CPU 的内部寄存器都是 16 位的,显然用寄存器不能直接对 1 M 字节的内存空间进行寻址,为此引入了分段、物理地址和逻辑地址的概念。

①分段的实现:

8086 中将 1 MB 内存分为若干个段(称为逻辑段),每个段最多包含 64 KB。段与段之间是相互独立的,可以分别寻址。规定每个段的首地址是一个可以被 16 整除的数(即段起始地址的低 4 位为 0)。因此,可以取 20 位地址码中的高 16 位来表示段地址。前面已指出,8086 设置了 4 个段寄存器(CS、DS、SS、ES)。在给定的程序中可以访问 4 个段中的任意一个单元。段的位置不受任何限制,段与段之间可以是连续的,可以是间断的,也可以是部分重叠的,甚至可以是完全重叠的。一个具体的存储单元可以只属于一个逻辑段,也可以同时属于几个逻辑段。只要给出它的段基址和段内的偏移地址就可以对它进行访问。如图 2.13 所示是这种分段的一个示例。

②物理地址和逻辑地址:

物理地址(也称"实际地址")是指 CPU 和存储器进行数据交换时所用的地址,对 8086

来说,是用 20 位二进制或 5 位十六进制表示的地址码,是唯一能代表存储空间每个单元的地址。

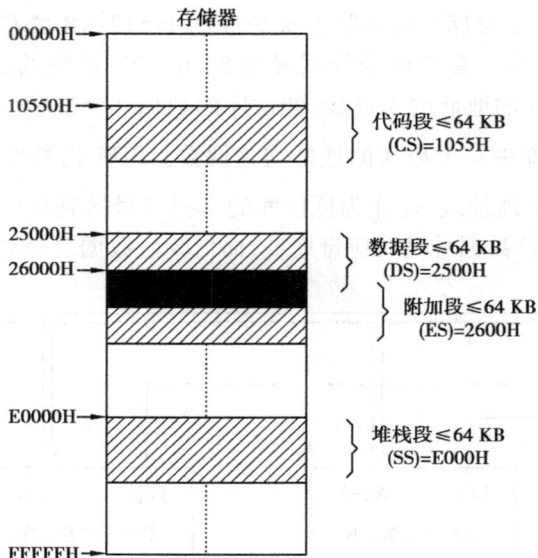

图 2.13 8086 的存储器分段示例

逻辑地址是指产生实际地址所用到的两个地址分量:段地址和偏移量。它们都是用无符号的 16 位二进制或 4 位十六进制表示的地址码。段地址就是段寄存器的内容,即段起始地址的高 16 位;偏移量是段内某单元相对于段起始地址的距离。

③物理地址的形成:

当 CPU 访问任何一个存储单元时,可由下式计算该单元的物理地址:

$$物理地址 = 段地址 \times 10H + 偏移量$$

这个地址的计算工作由 CPU 内部总线接口部件中的 20 位地址加法器来完成,如图 2.2 所示。例如,某存储单元的段寄存器内容为 2400H,段内偏移量为 0053H,则其物理地址为 $2400H \times 10H + 0053H = 24053H$。

2.4.2 8086 的 I/O 组织

CPU 与外部设备之间是通过 I/O 接口电路或接口芯片进行联络从而传递信息的。每个接口芯片上都有一个或几个用于寄存信息的寄存器,称为端口,这些寄存器和存储单元一样都有唯一确定的地址,称为端口地址。

对 I/O 端口有两种编址方式:

● 统一编址:将 I/O 端口地址置于存储器空间中,和存储单元统一编址。其特点是可使用的指令多、寻址方式灵活,凡适用于存储单元的寻址方式都适用于 I/O 端口;但要占用存储空间,凡已编为 I/O 端口的地址,存储单元就不能再使用。

● 覆盖编址:也称单独编址或独立编址。指将 I/O 端口单独编为一个地址空间,指令系统中设置专门的输入/输出指令。其特点是不占用存储空间,但寻址方式不如统一编址灵活。

8086 的 I/O 端口就是采用覆盖编址方式,它使用 20 位地址中的低 16 位地址 $A_{15} \sim A_0$ 对 I/O 端口进行寻址,因此,最多可访问 64 K 个 8 位 I/O 端口或 32 K 个 16 位 I/O 端口,任何两个相邻的 8 位端口可组成一个 16 位的端口。

I/O 端口的寻址方式包括直接寻址和 DX 间接寻址方式,详见第 3 章指令系统部分。

习题与思考题

1. 8086 有哪些主要特性?

2. 8086 在编程结构上分为哪两个功能单元? 它们的主要任务分别是什么?

3. 8086 有哪两种工作模式? 当它工作在不同模式时,有哪些引脚的功能会发生改变?

4. 什么是时钟周期(状态周期)、总线周期(机器周期)和指令周期? 8086 的一个基本的总线周期包含几个状态周期? 以存储器读操作为例,说明在每一个状态周期分别完成什么操作?

5. 8086 的地址线有多少位? 据此它们的直接访存空间有多大?

6. 在什么情况下 8086 的总线周期中需要插入等待状态 T_W? 在哪插入?

7. 8086 的启动地址为多少? CPU 启动时有哪些特征?

8. 8086 是怎样解决地址线和数据线的分时复用问题的?

9. 在 8086 系统中怎样用 16 位寄存器实现对 20 位物理地址存储单元的寻址?

10. 什么是物理地址? 什么是逻辑地址? 有一个由 20 个字组成的数据区,其起始地址为 610AH:1CE7H,试写出该数据区首末字单元的物理地址。

11. 8086 寻址 I/O 端口时,使用多少条地址总线? 可寻址多少个字端口或多少个字节端口? 在 IBM PC/XT 系统中实际使用多少条地址线对 I/O 端口进行寻址?

12. 怎样用 $\overline{BHE}$ 信号和 A_0 信号读/写存储器和 I/O 端口的奇/偶地址的数据? 存储器偶地址体和奇地址体之间应该用什么信号区分? 怎样区分?

第3章
8086 的寻址方式和指令系统 ·······································○

计算机通过执行指令序列来解决问题,每种计算机都有一组指令集提供给用户使用,这组指令集就称为计算机的指令系统。一般微型计算机的指令系统包含几十条或者上百条指令。对于计算机,我们知道它只能识别二进制代码,所以机器指令是由二进制代码组成的。用机器指令编写程序,就是从所使用的 CPU 的指令系统中挑选合适的指令,组成一个指令序列。这种程序虽然可以被机器直接理解和执行,却由于它们不直观,难记、难认、难理解,不易查错,只能被少数专业人员掌握。为便于使用,故而采用汇编语言来编写程序。汇编语言是一种符号语言,它用助记符来表示操作码,用符号或符号地址来表示操作数或操作数地址,与机器指令是一一对应的。

计算机中指令由操作码字段和操作数字段两部分组成。操作码字段指示计算机要执行的操作。操作数字段用来指出在指令执行操作过程中所需要的操作数,它可以是操作数本身,也可以是操作数地址或是地址的一部分,还可以是指向操作数地址的指针等。操作数字段可以有 1 个、2 个,当然还可以没有操作数。当指令中没有操作数时,称为无操作数指令,如 NOP(空操作指令);当指令中只有一个操作数时,称为单操作数指令,如 INC CX(加 1 指令);当指令中有 2 个操作数时,称为双操作数指令,此时分别称 2 个操作数为源操作数和目的操作数,如 ADD AX,BX(加法指令,AX 为目的操作数,BX 为源操作数)。

8086 的指令中,某些操作数是显示规定的,有些是指令中隐含的,虽然如此,操作数在计算机中的存放也就不外乎以下 4 种情况。

①操作数包含在指令中:即指令的操作数字段包含操作数本身。这种操作数为立即操作数(简称立即数),如:MOV AL,08H。

②操作数包含在 CPU 的一个内部寄存器中:指令中的操作数字段是 CPU 内部寄存器的一个编码,如:INC CX。

③操作数存放在 I/O 端口中:I/O 端口可以用立即操作数或在 DX 寄存器中的值寻址。用立即数寻址,只能用 8 位立即数,可寻址 I/O 地址空间的前 256 个端口;用 DX 寄存器间接寻址,可寻址全部 I/O 地址空间,如:IN AL,21H。

④操作数在内存中:即操作数字段包含着此操作数的地址,如:MOV AL,[21H]。

3.1 8086 的寻址方式

实际上在计算机中有两种情况涉及寻址方式:一种是用来对操作数进行寻址(可简称为"与数据有关的寻址方式");另一种是对转移地址和调用地址进行寻址(可简称为"与地址有关的寻址方式")。故所谓寻址方式就是指寻找操作数或者操作地址的各种方法。下面首先要讨论的是针对操作数的寻址方式。

3.1.1　与数据有关的寻址方式

1）立即数寻址

定义:操作数直接存放在指令中,作为指令的一部分存放在代码段里,这种操作数称为立即操作数,这种寻址方式就是立即数寻址方式。

说明:

①立即数可以是 8 位或 16 位的。如果是 16 位立即数,则高 8 位放在高地址,低 8 位放在低地址。

②使用场合:由于立即数用来表示常数,所以立即数寻址方式经常用于给寄存器赋初值。

③它只能用于源操作数字段,不能用于目的操作数字段。

④由于立即数可以从指令中直接取得,因此 CPU 不需要另外占用总线周期去取操作数,故立即数寻址方式显著的特点就是速度快。

[例 3.1]

> MOV　AX,1234H

指令执行后,(AX)= 1234H,可用如图 3.1 所示表示指令的执行情况。图中指令存放在代码段中,OP 表示操作码部分,1234H 为操作数部分(立即数)。

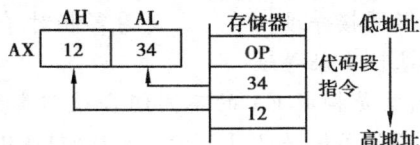

图 3.1　例 3.1 的执行情况

2）寄存器寻址

定义:操作数在指定的寄存器中,指令中指定寄存器号。

说明:

①对于 16 位操作数,可用字寄存器,如 AX、BX、CX、DX、SI、DI、SP、BP 以及段寄存器;

②对于 8 位操作数,可用字节寄存器,如 AH、BH、CH、DH、AL、BL、CL、DL;

③这种寻址方式因为操作数在寄存器中,不需要访问存储器,所以运算速度较高。

[例 3.2]

> MOV　CX,DX

假设指令执行前(CX)= 5678H,(DX)= 1234H,则指令执行后(CX)= 1234H,(DX)保持不变。指令的执行情况如图 3.2 所示。

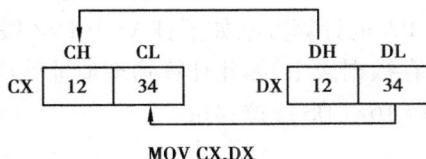

图 3.2　例 3.2 的执行情况

＊＊＊＊＊＊＊＊＊＊＊＊＊＊＊＊＊＊＊＊＊＊＊＊＊＊＊＊＊＊＊＊＊＊

以下各种寻址方式,操作数都在内存中,因此下面首先讨论如何确定存储器操作数的地址。在指令中,表达任何一个内存单元的地址都是采用逻辑地址形式,即:

段基址:段内偏移量

其中段基址是指某内存单元所在段的起始地址。对于内存操作数,一般都默认存放在数据段,所以段基址一般都默认由 DS 提供(当然要除去一些特殊情况,如允许添加段跨越前缀等);段内偏移量是指某内存单元在段内相对于段基址的偏移值,也称为有效地址(Effective Address,EA),通常由以下 3 个地址分量构成:

①位移量:它是指令中的一个 8 位或 16 位数,在源程序中,它可能以符号的形式出现,也可能直接以常数的形式出现;

②基地址:它由基址寄存器 BX 或基址指针 BP 提供;

③变地址:它由源变址寄存器 SI 或目的变址寄存器 DI 提供。

有效地址 EA 通常可能由以上 3 个地址分量构成,但并不代表它必须同时包含 3 个地址分量,即它可以只包含其中某 1 个地址分量,也可以包含其中某 2 个地址分量,也可以同时包含 3 个地址分量。用排列组合的方式,构成有效地址 EA 的组合有以下 7 种:

①、②、③、①+②、①+③、②+③、①+②+③

EA 构成的不同就造成内存操作数寻址方式的不同,既然 EA 有 7 种不同的构成方式,那么操作数在内存数据区中时,至少也应该有 7 种不同的寻址方式,而实际上只有以下 5 种:

直接寻址　　　　寄存器间接寻址　　　　寄存器相对寻址

基址变址寻址　　相对基址变址寻址

出现这种不一致的原因,就是构成 EA 的不同组合被归类为了同一种寻址方式(即 EA 由②或③构成时都统称为寄存器间接寻址;EA 由①+②或①+③构成时都统称为寄存器相对寻址),当然对应组合就少了 2 种寻址方式。

＊＊＊＊＊＊＊＊＊＊＊＊＊＊＊＊＊＊＊＊＊＊＊＊＊＊＊＊＊＊＊＊＊＊

3)直接寻址

定义:在指令中直接给出位移量,它存放在代码段中指令操作码之后,可能是一个数值地址,也可能是符号地址。寻址方式如图 3.3 所示。

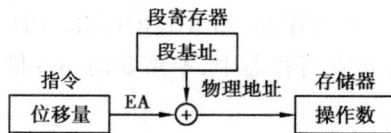

图 3.3　直接寻址

说明:

①当操作数在内存中,必须先求出操作数的物理地址,然后再根据物理地址访问存储器从而取得操作数。物理地址 PA 的计算方法如下:PA = 16D×(段寄存器)+EA。

②操作数一般存放在内存数据段中,因此计算物理地址就应把 DS 的值作为段基址,即:物理地址 PA = 16×(DS)+EA = 16×(DS)+位移量。

[例 3.3]

MOV　　AX,[1000H]

假设指令执行前$(DS)=2000H$，那么 $PA=16\times(DS)+EA=20000H+1000H=21000H$，执行情况如图3.4所示，则指令执行后$(AX)=1234H$。

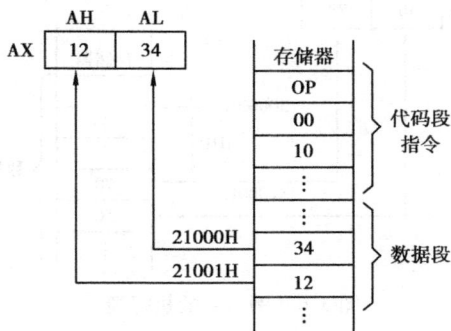

图3.4　例3.3的执行情况

③汇编语言中可以用变量名（符号地址）代替数值地址，但要注意变量的属性，在计算其物理地址时也默认以 DS 来提供段基值。当用变量名时，有以下两种格式（注意其中的 VAR 是任意字节变量名）：

```
MOV   AH,VAR
```

或

```
MOV   AH,[VAR]
```

④IBM PC 机允许数据存放在数据段以外的其他段中（可以是 CS,SS,ES），但必须在指令中指定段跨越前缀。如在附加段中，物理地址 $PA=16D\times(ES)+EA$，则指定的段跨越前缀是 ES；假设上述变量 VAR 在附加段中，则上述指令应当改为：

```
MOV   AH,ES:VAR
```

4)寄存器间接寻址

定义：操作数的有效地址 EA 在基址寄存器（BX/BP）或变址寄存器（SI/DI）中，而操作数在内存中。寻址方式如图3.5所示。

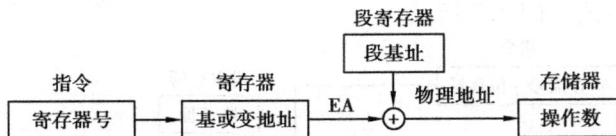

图3.5　寄存器间接寻址

说明：

①若选择 BX、SI 或 DI 寄存器提供地址分量，则操作数一般在数据段区域中，用 DS 提供段基址，即操作数的物理地址为：

$$物理地址\ PA=16\times(DS)+EA$$
$$=16\times(DS)+(BX)或(SI)或(DI)$$

[例3.4]

```
MOV   AX,[DI]
```

假设指令执行前$(DS)=3000H,(DI)=2000H$，则物理地址 $PA=16\times(DS)+(DI)=$

30000H+2000H＝32000H,指令执行情况如图 3.6 所示,指令执行后(AX)＝5678H。

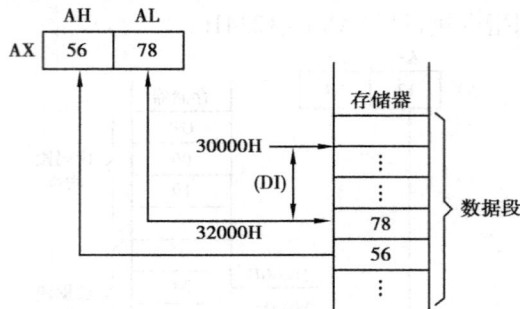

图 3.6 例 3.4 的执行情况

②若选择 BP 寄存器提供地址分量,则操作数在堆栈段区域中,用 SS 提供段基址,即操作数的物理地址为:

$$物理地址 PA = 16×(SS) + EA$$
$$= 16×(SS)+(BP)$$

[例 3.5]

| MOV [BP],AX |

假设指令执行前(SS)＝1000H,(BP)＝3000H,(AX)＝1234H,(13000H)＝5678H,则目的操作数的物理地址 PA＝16D×(SS)+(BP)＝10000H+3000H＝13000H,指令执行后(13000H)＝1234H。

③用 SI、DI、BX、BP 作为间接寻址时允许使用段跨越前缀,从而实现对其他段中数据的存取,如:

| MOV   AX,ES:[SI] |

④用途:这种寻址方法适用于数组、字符串、表格的处理。

5)寄存器相对寻址

定义:操作数的有效地址是一个基址或变址寄存器的内容和指令中指定的 8 位或 16 位位移量之和。寻址方式如图 3.7 所示。

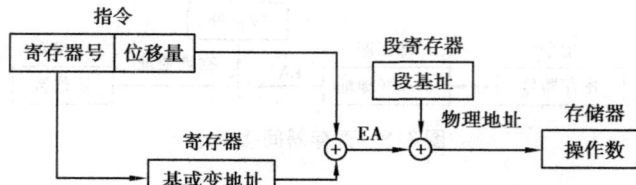

图 3.7 寄存器相对寻址方式

说明:

①若选择 BX、SI 或 DI 寄存器提供的基地址或变地址,则操作数一般在数据段区域中,用 DS 提供段基址,即操作数的物理地址为:

$$物理地址 PA = 16×(DS) + EA$$
$$= 16×(DS)+位移量+(BX)或(SI)或(DI)$$

[例 3.6]

MOV   AX,VAR[DI]

或写成

MOV   AX,[VAR+DI]

假设指令执行前(DS)=3000H,(DI)=2000H,VAR 代表 16 位符号地址 1000H,则物理地址 PA=16×(DS)+位移量+(DI)=30000H+2000H+1000H=33000H,指令执行情况如图3.8 所示,指令执行后(AX)=5678H。

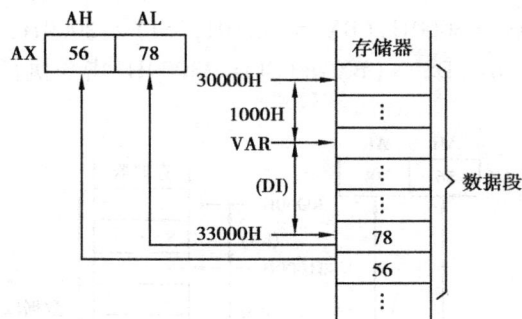

图3.8 例3.6的执行情况

②若选择 BP 寄存器提供的基地址,则操作数在堆栈段区域中,用 SS 提供段基址,即操作数的物理地址为:

$$物理地址 PA=16D×(SS)+EA$$
$$=16D×(SS)+位移量+(BP)$$

[例 3.7]

MOV   AX,VAR[BP]

假设指令执行前(SS)=1000H,(BP)=3000H,(AX)=1234H,(15000H)=5678H,VAR代表 16 位符号地址 2000H,则源操作数的物理地址 PA=16D×(SS)+位移量+(BP)=15000H,指令执行后(AX)=5678H。

③寄存器相对寻址方式允许使用段跨越前缀,如 MOV   AX,ES:VAR[DI]。

④用途:这种寻址方式也适用于数组、字符串、表格的处理。

6)基址变址寻址

定义:操作数的有效地址是一个基址寄存器和一个变址寄存器的内容之和,基址寄存器名和变址寄存器名均由指令指定。寻址方式如图3.9 所示。

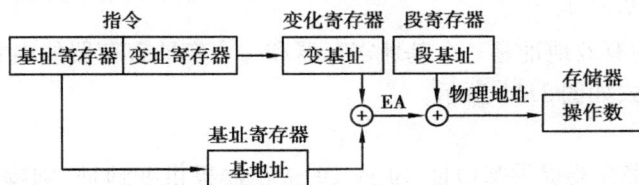

图3.9 基址变址寻址

说明:

①若选择 BX 寄存器提供基地址,SI 或 DI 寄存器提供变地址,则操作数一般在数据段

区域中,用 DS 提供段基址,即操作数的物理地址为:

$$物理地址\ PA = 16 \times (DS) + EA$$
$$= 16 \times (DS) + (BX) + (SI)或(DI)$$

[例 3.8]

MOV AX,[BX][SI]

或写成

MOV AX,[BX+SI]

假设执行指令前(DS) = 3000H,(BX) = 1000H,(SI) = 2000H,(33000H) = 5678H,则源操作数的物理地址 PA = 16×(DS)+(BX)+(SI) = 33000H,指令执行情况如图 3.10 所示,执行指令后(AX) = 5678H。

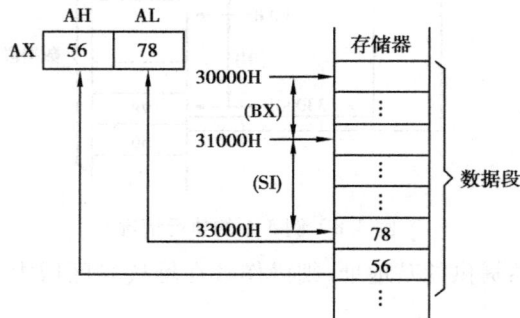

图 3.10　例 3.8 的执行情况

②若选择 BP 寄存器提供基址,SI 或 DI 寄存器提供变地址,则操作数在堆栈段区域中,用 SS 提供段基址,即操作数的物理地址为:

$$物理地址\ PA = 16 \times (SS) + EA$$
$$= 16 \times (SS) + (BP) + (SI)或(DI)$$

[例 3.9]

MOV AX,[BP][SI]

假设指令执行前(SS) = 1000H,(BP) = 3000H,(15000H) = 5678H,(SI) = 2000H,则源操作数的物理地址 PA = 16×(SS)+(BP)+(SI) = 15000H,指令执行后(AX) = 5678H。

③必须是一个基址寄存器和一个变址寄存器的组合。

④这种寻址方式允许使用段跨越前缀,适用于数组、字符串、表格的处理。

7)相对基址变址寻址

定义:操作数的有效地址是一个基址寄存器和一个变址寄存器的内容和 8 位或 16 位位移量之和。寻址方式如图 3.11 所示。

说明:

①若选择 BX 寄存器提供基址,SI 或 DI 寄存器提供变地址,则操作数一般在数据段区域中,用 DS 提供段基址,即操作数的物理地址为:

$$物理地址\ PA = 16 \times (DS) + EA$$
$$= 16 \times (DS) + 位移量 + (BX) + (SI)或(DI)$$

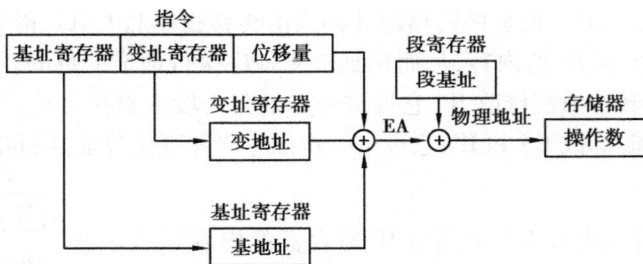

图 3.11 相对基址变址寻址

[例 3.10]

> MOV AX,VAR[BX+DI]

或写成

> MOV AX,VAR[BX][DI]

或写成

> MOV AX,[VAR+BX+DI]

假设指令执行前(DS)=3000H,(BX)=1000H,(DI)=2000H,VAR代表16位符号地址 1000H,(34000H)=5678H,则源操作数的物理地址 PA=16×(DS)+位移量+(BX)+(DI)= 34000H,指令执行情况如图3.12所示,执行指令后(AX)=5678H。

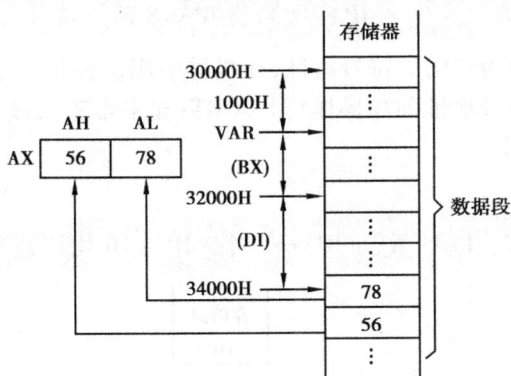

图 3.12 例 3.10 的执行情况

②若选择 BP 寄存器提供基地址,SI 或 DI 寄存器提供变址地址,则操作数在堆栈段区域中,用 SS 提供段基址,即操作数的物理地址为:

$$物理地址 PA =16×(SS)+EA$$
$$=16×(SS)+位移量+(BP)+(SI)或(DI)$$

③这种寻址方式为处理堆栈中的数组提供方便:用 BP 可指向栈顶,位移量表示数组第一个元素到栈顶的距离,变址寄存器指向数组元素。

3.1.2 与转移地址有关的寻址方式

这类寻址方式用于确定条件转移指令、无条件转移指令及 CALL 指令的转向地址。程序的执行顺序由代码段寄存器 CS 和指令指针寄存器 IP 的内容决定。顺序执行的指令地址是由 IP 自动增量形成的。而程序转移地址必须由转移指令和 CALL 指令指出,执行这两类指令后自动改变 CS 和 IP 的内容,从而达到改变程序执行地址的目的。它可分为段内和段间转移。对于段内转移只需修改 IP,它可进一步细分为段内直接寻址、段内间接寻址;而对于段间转移则需同时修改 CS 和 IP,它可进一步细分段间直接寻址、段间间接寻址。

1)段内直接寻址

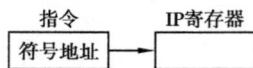

图 3.13 段内直接寻址

定义:转向的有效地址 EA 是当前 IP 寄存器的内容和指令中指定的 8 位或 16 位位移量之和。寻址方式如图 3.13 所示。

说明:

①在机器指令中,转向的有效地址 EA 用相对于当前 IP 值的位移量来表示,指令中的位移量是转向的有效地址与当前 IP 值之差,即:

$$位移量 = 转向有效地址 - (当前 IP)$$

②对于 16 位的位移量,它可正可负,取值范围是 $-32\ 768 \sim +32\ 767$;对于 8 位的位移量,它也可正可负,取值范围是 $-128 \sim +127$。

③这种寻址方式适用于条件转移、无条件转移指令及调用指令 CALL。对于条件转移指令,只能用段内直接转移,并且位移量只允许 8 位;对于无条件转移指令,当位移量为 8 位时称为短跳转,当位移量为 16 位时称为近跳转。

④指令汇编语言格式:

```
JMP   NEAR  PTR  LL1    ;(IP)←(当前 IP)+16 位位移量
JMP   SHORT    LL2        ;(IP)←(当前 IP)+8 位位移量
```

其中,LL1 和 LL2 均为转向的符号地址,在机器中用位移量表示。在汇编指令中如果希望位移量为 8 位,则在符号地址前加操作符 SHORT;如果希望位移量为 16 位,则在符号地址前加操作符 NEAR PTR。

[例 3.11]

```
JMP   NEAR   PTR   LL1   ;  (IP)←(当前 IP)+16 位位移量
```

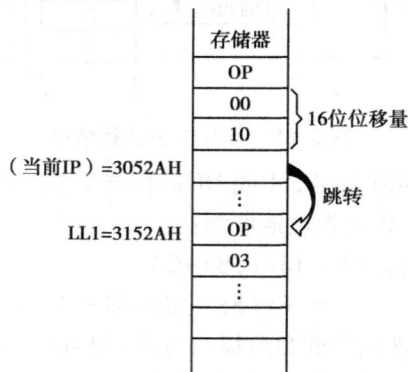

图 3.14 例 3.11 的执行情况

2)段内间接寻址

定义:转向的有效地址是一个寄存器或一个存储单元的内容,可用数据寻址方式中除立即数以外的任何一种寻址方式取得,然后用得到的转向有效地址来取代 IP 寄存器的内容。

寻址方式如图3.15所示。

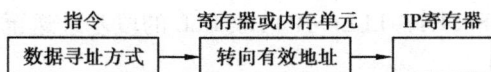

图3.15 段内间接寻址

说明：

①这种寻址方式和以下2种段间寻址方式都不能用于条件转移指令（即条件转移指令只能使用段内直接寻址的8位位移量），而无条件转移指令JMP和调用指令CALL则可用4种寻址方式中的任意一种。

②汇编格式：

```
JMP    BX
JMP    WORD  PTR  [BX]
```

其中，WORD PTR用以指出[BX]寻址所取得的转向地址是一个字的有效地址。

③以上2种寻址方式都是段内转移，所以直接把求得的有效地址送到IP寄存器即可。如需要计算转移的物理地址，计算公式为：

$$物理地址 PA = 16×(CS) + EA$$

或

$$物理地址 PA = 16×(CS)+(IP)$$

[例3.12] 假设指令执行前(CS)=2000H，(DS)=1000H，(BX)=0100H，(10100H)=0200H，下列转移指令转移的有效地址以及物理地址为：

- JMP BX

指令执行后：

$$转移的有效地址 EA=(IP)=0100H$$
$$转移的物理地址 PA=16×(CS)+(IP)=20000H+0100H=20100H$$

- JMP WORD PTR [BX]

指令执行后：因为[BX]的物理地址 PA =16×(DS)+(BX)=10100H，所以有：

$$转移的有效地址 EA=(IP)=(10100H)=0200H$$
$$转移的物理地址 PA=16×(CS)+(IP)=20000H+0200H=20200H$$

3）段间直接寻址

定义：指令中直接提供转向段基址和偏移地址，从而实现从一段转移到另一段的操作。寻址方式如图3.16所示。

图3.16 段间直接寻址

说明：

①用指令中指定的偏移地址送至IP，用指令中指定的段基址送至CS。

②指令的汇编语言格式：

```
JMP    FAR  PTR  LLL
```

其中,LLL 是转向的符号地址,FAR PTR 是段间转移操作符,执行的操作如下:取 LLL 的偏移地址送至 IP(即 OFFSET LLL→IP);取 LLL 的段基址送至 CS(即 SEG LLL→CS)。

[例 3.13]

> JMP FAR PTR CCC

该指令执行过程如图 3.17 所示。

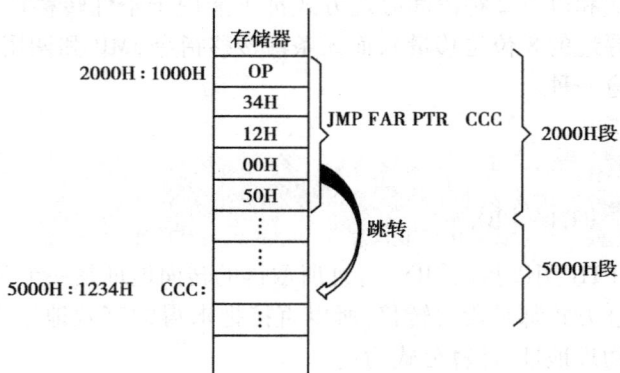

图 3.17 例 3.13 的执行情况

4)段间间接寻址

定义:用内存中两个相继字的内容取代 IP、CS 以达到段间转移目的。内存单元的地址是由紧跟在操作码之后除立即数方式和寄存器方式外的任何一种寻址方式取得的。寻址方式如图 3.18 所示。

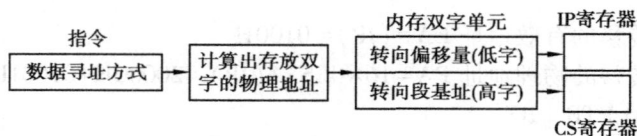

图 3.18 段间间接寻址

说明:

①用内存中两个相继字(即双字)的低字取代 IP,高字取代 CS。

②指令汇编语言格式:

> JMP DWORD PTR [BX]

其中,DWORD PTR 是双字操作符,转向地址双字(段间转移),[BX]是数据寻址方式的寄存器间接寻址。

[例 3.14]

> JMP DWORD PTR [BX]

假设指令执行前:(DS)=4000H,(BX)=1212H,(41212H)=1000H,(41214H)=4A00H;指令执行后:(IP)=1000H,(CS)=4A00H。

3.2　8086 的指令系统

8086 的指令系统(Instruction Set)包含 133 条指令,按照指令的功能可划分为 6 大类:
- 数据传送指令(Data Transfer Instruction)
- 算术运算指令(Arithmetic Instuction)
- 逻辑运算和移位指令(Logic & Shift Instruction)
- 串操作指令(String Manipulation Instruction)
- 控制转移指令(Control Transfer Instruction)
- 处理器控制指令(Processor Control Instruction)

按照指令格式划分,通常分为 3 种:
- 无操作数指令:OPR
- 单操作数指令:OPR　　dest
- 双操作数指令:OPR　　dest,src

其中,OPR 代表指令的操作码字段,表示指令的功能。对于无操作数指令,该类指令本身并未指出操作数在哪里,但该指令却规定了隐含操作数所在的地方;对于单操作数指令,它既不是源操作数,又不是目的操作数;对于双操作数指令,该类指令要指定两个操作数,一个是源操作数 src,一个是目的操作数 dest,它们的位置不能交换。IBM PC 机规定双操作数指令除立即数寻址外必须有一个操作数使用寄存器寻址。

3.2.1　数据传送指令(Data Transfer Instuction)

8086 数据传送指令用于实现 CPU 的寄存器之间、CPU 与存储器之间、CPU 与 I/O 端口之间的数据传送。在实际中,它使用的频率是最高的,所以数据传送是否灵活,速度是否快,是编程时要考虑的重要问题。数据传送指令又可分为以下 4 种:
- 通用传送指令　　　　　　　　　● 累加器专用传送指令
- 地址传送指令　　　　　　　　　● 标志传送指令

1)通用传送指令

8086 提供方便灵活的通用的传送操作,适用于大多数操作数。通用传送指令(除 XCHG 外)是唯一允许以段寄存器为操作数的指令。

(1)MOV 传送指令

格式:MOV　　dest,src

执行的操作:(dest)←(src)

即把源操作数的内容传送给目的操作数,目的操作数原有的内容消失。它对标志位没有影响;它可以完成字节(或字)之间的传送,不过源操作数和目的操作数之间的长度要匹配。

MOV 指令的数据传送方向如图 3.19 所示。

具体来说,MOV 指令能实现以下操作:

①CPU 内部寄存器之间的数据的任意传送(除代码段寄存器 CS 和指令指针寄存器 IP 外),段寄存器之间不能直接传送,如:

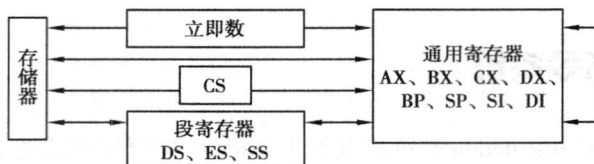

图 3.19　MOV 指令数据传送方向

```
MOV    DL,CH          ;8 位寄存器→8 位寄存器
MOV    AX,DX          ;16 位寄存器→16 位寄存器
MOV    DS,BX          ;通用寄存器→段寄存器
MOV    AX,CS          ;段寄存器→通用寄存器
```

②立即数传送至 CPU 内部通用寄存器组(AX、BX、CX、DX、BP、SP、SI、DI),用于给寄存器赋初值,不能直接给段寄存器赋值;立即数也可传送给存储器,如:

```
MOV    CL,04H                    ;立即数→8 位寄存器
MOV    AX,03FFH                  ;立即数→16 位寄存器
MOV    WORD PTR [SI],057BH       ;立即数→存储器字单元
```

③CPU 内部寄存器(除 CS 和 IP 外)与存储器之间的数据传送,可以实现一个字节或一个字的传送,存储单元之间不能直接传送,如:

```
MOV    MEM,AX          ;寄存器→存储器
MOV    MEM,DS          ;段寄存器→存储器
MOV    DISP[BX],CX     ;寄存器→存储器
MOV    AX,DISP[SI]     ;存储器→寄存器
MOV    DS,MEM          ;存储器→段寄存器
```

对于 MOV 指令使用,应注意以下几点:

①两个存储单元之间不能直接传送数据。如果要把一个存储单元(如 MEM1)的内容传送给另一个存储单元(如 MEM2),可通过如下两条指令:

```
MOV    AX,MEM1
MOV    MEM2,AX
```

②立即数不能直接传送给段寄存器。如果要把立即数传送给段寄存器(如 DS),可通过如下两条指令:

```
MOV    AX,2000H
MOV    DS,AX
```

③段寄存器之间不能直接传送数据。如果要把段寄存器(如 DS)传送给另一个段寄存器(如 ES),可通过如下两条指令:

```
MOV    AX,DS
MOV    ES,AX
```

④CS 和 IP 不能作为目的操作数:

MOV　CS,AX　;(非法)

＊＊＊＊＊＊＊＊＊＊＊＊＊＊＊＊＊＊＊＊＊＊＊＊＊＊＊＊＊＊＊＊＊＊＊＊

在介绍堆栈操作指令(PUSH进栈指令、POP出栈指令)之前,首先要了解堆栈的以下相关知识。

1)堆栈的构造

现在通常采用软件堆栈,由程序设计人员在存储器中划出一块存储区作为堆栈。该存储区的一端是固定的,另一端是浮动的,所有信息的存取都在浮动的一端进行。

堆栈——按照先进后出原则组织的一个特定的内存区域。

● 栈底(Bottom):这个存储区最大地址的字存储单元,栈底是固定不变的,它是固定端头。在堆栈中存放数据或断点信息从这里开始,逐渐向地址小的方向堆积。

● 栈顶(Top):在任何时候,存放最后一个信息的存储单元(即已存放信息的最小地址单元)。栈顶是随着存放信息的多少而改变的,它是堆栈的浮动端头。

● 堆栈指针:由于堆栈顶部是浮动的,堆栈指针是为了指示现在堆栈中存放数据的位置所设置的指针。这样堆栈中的数据的进出都由SP来指挥。

● 先进后出(First—In Last—Out,FILO):它是在堆栈中存取数据的规则,即最先进入堆栈的数据(在堆栈的底部),最后才能取出来;相反最后送入堆栈的数据(在堆栈的顶部),最先取出。

一般堆栈构造如图3.20所示。

2)8086堆栈的组织

在8086系列微机中,堆栈是由堆栈段寄存器SS指定的一段存储区域(图3.21)。

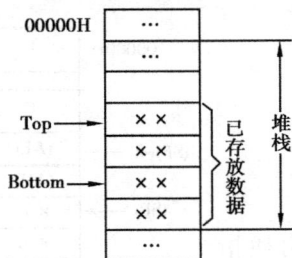

图3.20　堆栈构造图　　　图3.21　8086堆栈构造图

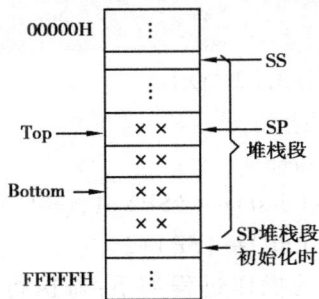

● 堆栈深度:即堆栈的长度,指堆栈段中所包含的存储单元的字节数。

● 堆栈底部:是堆栈段的最大字单元地址。

● 堆栈顶部:(栈顶)由堆栈指针SP指向,SP始终包含段基址与栈顶之间的字节距离;当SP初始化时,它的值就是堆栈深度(即栈底+2单元)。由于SP是16位的寄存器,因此堆栈深度最大为64K个字节,至多存放32K个字数据。

在8086系列微机中,堆栈是按字组织,即每次在堆栈中存取数据均是2个字节,数据在堆栈中存放的格式如下:高地址存放高8位,低地址存放低8位。

3)堆栈操作

(1)设置堆栈:主要是对堆栈段寄存器SS和堆栈指针SP赋初值。在用户源程序中通常安排一个段为堆栈段,如:

```
STACK1 SEGMENT PARA STACK
         DB   100   DUP(0)
STACK1 ENDS
```

当程序经过汇编、连接、装入内存,系统自动分配一个存储区为堆栈段,并把这个段的段基址的高16位送入SS中,段的深度100(即64H)赋值给SP,作为SP的初值。

(2)进栈:PUSH指令把数据压入堆栈,可以将通用寄存器、段寄存器、字存储单元的内容压入堆栈的顶部。

(3)出栈:通过POP指令从堆栈顶部弹出一个字送回通用寄存器、段寄存器或字存储单元。

4)堆栈用途

(1)存放CPU寄存器或存储器中暂时不使用的数据,使用数据时将其弹出。

(2)调用子程序或发生中断时保护断点地址,子程序或中断返回时恢复断点地址。

****

(2)PUSH进栈指令

格式:PUSH   src

执行的操作:$(SP) \leftarrow (SP) - 2$

$\qquad\qquad ((SP)+1,(SP)) \leftarrow (src)$

即压入堆栈的操作过程如下:每执行一条进栈指令,堆栈指针SP先减2,然后将src(字寄存器或字存储单元)的内容送入SP指向的字单元中。

[例3.15]

```
PUSH   AX
```

执行过程如图3.22所示。

(3)POP出栈指令

格式:POP   dest

执行的操作:$(dest) \leftarrow ((SP)+1,(SP))$

$\qquad\qquad (SP) \leftarrow (SP)+2$

即弹出堆栈的操作过程如下:每执行一条出栈指令,就先把SP指向的栈顶字单元内容取出送回给dest(字寄存器/字存储单元),然后将堆栈指针SP加2。

[例3.16]

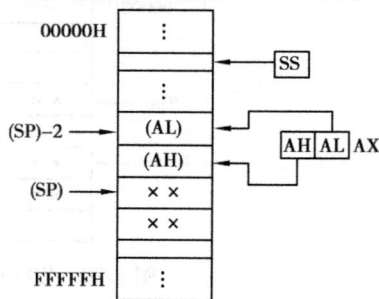

图3.22 例3.15的执行情况

```
POP   AX
```

执行过程如图3.23所示。

使用堆栈操作指令需注意以下几点:

①堆栈操作都按字操作,(PUSH   AL非法、POP   AL非法)。

②PUSH,POP指令的操作数可能有3种:通用寄存器(数据寄存器,地址指针,变址寄存器)、段寄存器(CS除外,PUSH   CS合法,POP   CS非法)、存储器。

③当字数据进栈时,将它的低字节放到低地址,将它的高字节放到高地址;当字数据出栈时,注意它的低字节在低地址,它的高字节在高地址。

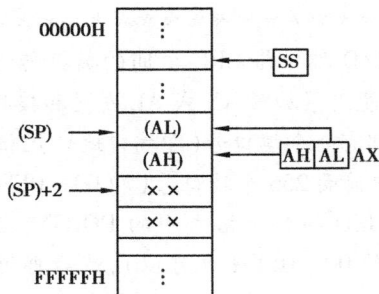

图 3.23　例 3.16 的执行情况

④堆栈的最大容量就是 SP 的初始化值。

⑤堆栈工作原则是"后进先出"。因此,保存和恢复字数据时,PUSH、POP 指令应成对使用,以保证数据的正确性和保持堆栈原有状态。如:

```
……
PUSH    AX;进栈保存(AX)
PUSH    BX;进栈保存(BX)
……
POP    BX;出栈恢复(BX)
POP    AX;出栈恢复(AX)
……
```

(4)XCHG 交换指令

格式:XCHG   dest,src

执行的操作:(dest)⟷(src)

即源操作数与目的操作数相交换。它可实现字节交换,也可实现字交换。交换的过程可在通用寄存器之间,也可在通用寄存器与存储器之间,如:

```
XCHG    BL,DL
XCHG    AX,SI
XCHG    COUNT[DI],AX
```

使用交换指令,注意以下两点:

①两个存储单元之间不能直接交换,两个操作数中必须有一个在寄存器中,如:

```
XCHG    [BX],[DI];(非法)
```

②段寄存器(CS、DS、SS、ES)和指令指针 IP 不能作为它的源操作数,也不能作为它的目的操作数,如:

```
XCHG    DS,AX        ;(非法)
```

2)累加器专用传送指令

8086 和其他微处理器一样,累加器 AX 或 AL 仍然是数据传送的核心。8086 的指令系统中,有 3 条指令是专门通过累加器来执行的。

* *

在 IBM PC 机里,所有的 I/O 端口与 CPU 之间的数据传送都是由输入指令 IN 和输出指令 OUT 来完成的。而 CPU 只能用累加器 AX 或 AL 发送和接收数据。外部设备最多有 65 536 个 I/O 端口,由于每一个端口都有一个端口号(即端口地址),相应的也就应该有 65 536 个端口号(即 0000H ~ 0FFFFH)。其中前面 256 个端口号(即 00 ~ 0FFH)可直接在 I/O 指令中使用,称为直接的 I/O 指令,也就是 I/O 指令长格式中的 PORT8;当端口号≥256 时,就必须先把端口号放到 DX 寄存器中(当然 00 ~ 0FFH 也可以),然后再用 I/O 指令传送数据。所以 DX 中的内容是端口地址,而传送的是该端口地址中的数据。

对于外设端口,连续两个字节端口可以构成一个字端口,并且用低字节端口的地址作为这个字端口的端口地址(即字端口号)。所以,当传送字端口的数据时,应采用 AX;当传送字节端口的数据时,应采用 AL。注意 I/O 指令不影响标志位。

* *

(1)IN 输入指令

长格式:IN   AL,port(字节端口)

          IN   AX,port(字端口)

执行的操作:(AL)←(port)

             (AX)←(port+1,port)

短格式:IN   AL,DX(字节端口)

          IN   AX,DX(字端口)

执行的操作:(AL)←((DX))

             (AX)←((DX)+1,(DX))

例如,从端口 16H 读入一个字节,并将它送到存储单元 VAR_BYTE 中:

```
IN    AL,16H
MOV    VAR_BYTE,AL
```

(2)OUT 输出指令

长格式:OUT   port,AL(字节端口)

           OUT   port,AX(字端口)

执行的操作:(port)←(AL)

             (port+1,port)←(AX)

短格式:OUT   DX,AL(字节端口)

           OUT   DX,AX(字端口)

执行的操作:((DX))←(AL)

             ((DX)+1,(DX))←(AX)

例如,将立即数 16AH 的送到字端口 16AH 中:

```
MOV    AX,16AH
MOV    DX,16AH
OUT    DX,AX
```

（3）XLAT 换码指令

格式：XLAT　str_table　　或　　XLAT

str_table——表格符号地址（首地址），只是为了提高可读性而设置，是可有可无的，而指令执行时只会使用预先已经存入 BX 中的表格首地址。该指令不影响标志位。

执行的操作：（AL）←（（BX）+（AL））

XLAT 指令使用方法：

①先建立一个字节表格，表格的内容即所要换取的代码；

②然后将表格首地址存入 BX；

③再将需要换取的代码的序号（即相对于表格首地址的位移量）存入 AL；

④最后再使用 XLAT，执行指令后，转换后的代码即在 AL 中。

3）地址传送指令

8086 提供 3 条将地址指针写入指定寄存器或寄存器的指令，如下所述。

（1）LEA 有效地址送寄存器指令

格式：LEA　reg16，mem16

执行的操作：（reg16）← EA

该指令把源操作数的有效地址装入指定的寄存器。通常用于加载有效地址，写进地址指针。

使用 LEA 指令，注意以下 2 点：

①LEA 指令中的目标寄存器必须是 16 位的通用寄存器，源操作数必须是一个存储器操作数。

［例3.17］

> LEA　　SI，[BX+DI+2H]

假设（BX）= 0400H，（DI）= 0030H，则源操作数有效地址 EA =（BX）+（DI）+ 2H = 0400H+0030H+2H = 0432H。

执行指令后（SI）= 0432H。

②LEA 指令与 MOV 指令注意比较使用。

［例3.18］　假设 BUFFER 的位移量是 0040H，内容是 1000H，则：

> LEA　　BX，BUFFER　　　　　　;执行后（BX）= 0040H
> MOV　　BX，BUFFER　　　　　　;执行后（BX）= 1000H

可用 MOV 指令实现 LEA 指令的功能，即：

> LEA　　BX，BUFFER　　　　　　　;执行后（BX）= 0040H
> MOV　　BX，OFFSET BUFFER　　;执行后（BX）= 0040H

（2）LDS 地址指针送寄存器和 DS 指令

格式：LDS　reg16，mem32

执行的操作：（reg16）←（EA）

　　　　　　　（DS）←（EA+2）

该指令是将源操作数 4 个相继的字节分别送给指令指定的寄存器和 DS。即将指令指定 mem32 单元的前 2 个字节单元内容（16 位偏移量）装入指定通用寄存器，把后 2 个字节单元内容(段地址)装入到 DS 段寄存器。它用于写远地址指针。

[例 3.19]

> LDS　SI,[1000H]

假设(DS)=1000H,(11000H)=0100H,(11002H)=2000H,则源操作数的物理地址 PA=10000H+1000H=11000H。

执行指令后(SI)=(11000H)=0100H,(DS)=(11002H)=2000H。

(3)LES 地址指针送寄存器和 ES 指令

格式:LES　reg16,mem32

执行的操作:(reg16)←(EA)

(ES)←(EA+2)

该指令是将源操作数 4 个相继的字节分别送给指令指定的寄存器和 ES。即将指令指定 mem32 单元的前 2 个字节单元内容(16 位偏移量)装入指定通用寄存器,把后 2 个字节单元内容(段地址)装入到 ES 段寄存器。它用于写远地址指针。

4)标志寄存器传送指令

8086 指令系统中提供了对标志寄存器的传送指令,通过这些指令可读出当前标志寄存器的内容,也可对标志寄存器重新设置新值。8086 指令系统中有以下 4 条标志传送指令。

(1)LAHF 标志位送 AH

格式:LAHF

执行的操作:(AH)←(标志寄存器 PSW 的低字节)

(2)SAHF AH 送标志寄存器

格式:SAHF

执行的操作:(标志寄存器 PSW 的低字节)←(AH)

(3)PUSHF 标志寄存器进栈指令

格式:PUSHF

执行的操作:(SP)←(SP)−2

((SP)+1,(SP))←(PSW)

(4)POPF 标志寄存器出栈指令

格式:POPF

执行的操作:(PSW)←((SP)+1,(SP))

(SP)←(SP)+2

使用标志位传送指令,注意以下两点:

①LAHF、PUSHF 不影响标志位,SAHF、POPF 由装入的值确定标志位的值,即影响标志位。

②PUSHF 和 POPF 一般分别用于子程序或中断服务程序的首尾,起保护主程序标志和恢复主程序标志的作用。

3.2.2　算术运算指令(Arithmetic Instruction)

8086 指令系统提供了加、减、乘、除 4 种基本算术操作。这些操作都可用于字节或字的运算,也都可用于带符号数与无符号数的运算,若是带符号数,则用补码表示。

算术运算指令又可分为以下 5 种：
- 加法指令　　　　　　　　• 减法指令　　　　　　　　• 乘法指令
- 除法指令　　　　　　　　• 十进制调整指令

1）加法指令

8086 具有 3 种加法操作指令。

（1）ADD 加法指令

格式：ADD　dest,src

执行的操作：(dest)←(dest)+(src)

如：

```
ADD    CL,10                ;寄存器操作数+立即数
ADD    VAR,30H              ;存储器操作数+立即数
ADD    DX,SI                ;寄存器操作数+寄存器操作数
ADD    AX,VAR               ;寄存器操作数+存储器操作数
ADD    VAR[BX],AL           ;存储器操作数+寄存器操作数
```

使用 ADD 指令，注意以下 3 点：

①它可以进行 8 位、16 位的无符号数和带符号数的加法运算；

②它的源操作数和目标操作数不能同时为存储器操作数；

③该指令影响标志位 SF、ZF、AF、PF、OF、CF。

如：

```
ADD      AL,BL
```

假设(AL)=7EH,(BL)=5BH,则(AL)=7EH+5BH=0D9H,标志位的情况如下：

SF=1（结果最高位=1）；

ZF=0（结果不等于 0）；

AF=1（D3 位向 D4 有进位）；

PF=0（1 的个数为奇数）；

CF=0（无进位）；

OF=1（相加和超过+127,即 2 个正数相加,结果为负,溢出）。

（2）ADC(Add with carry)带进位加法指令

格式：ADC　dest,src

执行的操作：(dest)←(dest)+(src)+CF

其中,CF 为进位标志位的现行值,如：

```
ADC    CX,300               ;寄存器操作数+立即数+CF
```

使用 ADC 指令,注意以下 2 点：

①它与 ADD 指令相似,只是在 2 个操作数相加时,要把进位标志 CF 的现行值加上去,结果送给目的操作数。

②主要用于多字节运算中。

（3）INC 加 1 指令

格式：INC　dest

执行的操作：(dest)←(dest)+1

使操作数的内容加1，然后再送回该操作数。该操作数可以是寄存器操作数、存储器操作数，如：

INC	DL	;8 位寄存器+1
INC	SI	;16 位寄存器+1
INC	BYTE PTR 〔BX〕〔SI〕	;存储器操作数+1（字节操作）
INC	WORD PTR 〔DI〕	;存储器操作数+1（字操作）

使用 INC 指令，注意以下 2 点：

①标志位影响情况：它影响 SF，ZF，AF，PF，OF，不影响 CF；

②主要用于在循环程序中修改地址指针和循环次数。

以上 3 条指令，都可以完成字节加法和字加法，而且对状态标志位都有影响（除 INC 指令对 CF 没有影响外）。对于状态标志位 SF，ZF，AF，PF，OF，CF，在前面都已经作过介绍，而由于 CF，OF 两个标志位的设置相对比较复杂，在这里我们再进一步给大家分析一下它们设置情况。

执行加法指令时，CF 的设置根据最高有效位是否向前有进位，如果有进位，则 CF＝1，反之 CF＝0。OF 是根据操作数的符号及其变化情况来设置的：如果两个操作数的符号相同，而结果的符号与之相反，则 OF＝1，反之 OF＝0。显然 OF 是用来表示带符号数的补码溢出的。那么，用什么来表示无符号数的溢出呢？答案就是可以用 CF 来表示。由于无符号数的最高有效位只有数值意义而无符号意义，所以从该位产生的进位应是结果的实际进位值，但是在有限数位的范围内则就说明了结果溢出的情况。

2）减法指令

8086 有 5 条减法指令，如下所述。

（1）SUB 减法指令

格式：SUB dest,src

执行的操作：(dest)←(dest)-(src)

如：

SUB AL,37H	;寄存器操作数-立即数
SUB VAR,512H	;存储器操作数-立即数

使用 SUB 指令，注意以下 3 点：

①它可以进行 8 位、16 位的无符号数和带符号数的减法运算；

②它的源操作数和目标操作数不能同时为存储器操作数；

③该指令影响标志位 SF，ZF，AF，PF，OF，CF。

（2）SBB 带借位减法指令

格式：SBB dest,src

执行的操作：(dest)←(dest)-(src)-CF

其中，CF 表示借位标志位的现行值，如：

SBB BX,100H	;寄存器操作数-立即数-CF

使用 SBB 指令，注意以下两点：

①它与 SUB 指令相似,只是在两个操作数相减时,要把借位标志 CF 的现行值减出去,结果送给目的操作数。

②主要用于多字节运算中。

(3)DEC 减 1 指令

格式:DEC　dest

执行的操作:(dest)←(dest)-1

使操作数的内容减 1,然后再送回该操作数。该操作数可以是寄存器操作数、存储器操作数。

使用 DEC 指令,注意以下 2 点:

①标志位影响情况:它影响 SF,ZF,AF,PF,OF,不影响 CF;

②主要用于在循环程序中修改地址指针和循环次数。

(4)NEG 求补指令

格式:NEG　dest

执行的操作:(dest)←0-(dest)

即把操作数按位求反后末位+1,因此该操作也可表示为:

$$(dest)←0FFFFH-(dest)+1$$

该指令会影响标志位 SF,ZF,AF,PF,OF,CF,特别要注意 CF 和 OF:

● CF:只有操作数为 0 时求补,CF=0;否则 CF=1。

● OF:只有对操作数-128 或-32768 求补,OF=1;否则 OF=0。

(5)CMP 比较指令

格式:CMP　dest,src

执行的操作:(dest)-(src)

CMP 比较指令是执行两个数的相减操作,但不送回相减的结果,只是使结果影响标志位 SF,ZF,AF,PF,OF,CF。

如:

```
CMP   AL,0AH            ;寄存器操作数与立即数比较
CMP   VAR1,100H         ;存储器操作数与立即数比较
```

CMP 比较指令,主要通过比较来设置状态标志位,然后再通过状态标志位来判断比较的结果。具体分以下 3 种情况讨论:

①根据 ZF 标志,判断两个数据是否相等。

[例3.20]

```
CMP   AX , BX
```

如果 ZF=1,则表示(AX)=(BX),即两者相等;

如果 ZF=0,则表示(AX)≠(BX),即两者不相等。

结论:即两个数相减后,如果 ZF=1,则表示比较的两个操作数相等;如果 ZF=0,则表示比较的两个操作数不相等。

②根据 CF 标志,判断两个无符号数的大小。

[例3.21]

```
CMP    AX,BX
```

假设 AX、BX 存放的都是无符号数,则有:

当 CF=0,则表示(AX)≥(BX);

当 CF=1,则表示(AX)<(BX)。

结论:即两个无符号数相减后,如果 CF=1,则表示被减数小,减数大;如果 CF=0,则表示被减数大,减数小。

③根据 SF、OF 标志,判断两个带符号数的大小。

对于有符号数的比较操作,如果得到溢出标志位 OF 和符号标志位 SF 的值相同(均为0或者均为1),则说明被减数比减数大;如果得到溢出标志位 OF 和符号标志位 SF 的值不同(一个为0另一个为1),则说明被减数比减数小。

3)乘法指令

(1)MUL 无符号数乘法

格式:MUL   src

执行的操作:

(src)为字节操作数:(AX)←(AL)×(src)

(src)为字操作数:(DX,AX)←(AX)×(src)

如:

```
MUL    BL
MUL    CX
MUL    VAR_BYTE[SI]
```

(2)IMUL 带符号数乘法

格式:IMUL   src

执行的操作:

(src)为字节操作数:(AX)←(AL)×(src)

(src)为字操作数:(DX,AX)←(AX)×(src)

如:

```
IMUL    CL
```

MUL 和 IMUL 指令执行的操作是一样的,只不过 MUL 的运算对象是无符号数,而 IMUL 的运算对象是带符号数。显然 MUL 和 IMUL 指令的使用条件是由数的格式来决定的。

在乘法指令里面,目的操作数必须是累加器,字运算时为 AX,字节运算时为 AL。当进行字节乘法时,两个8位数相乘得到的16位乘积保存在 AX 中;当进行字乘法时,两个16位数相乘得到的32位乘积存放在 DX、AX 寄存器对中,其中 DX 存放高位字,AX 存放低位字。该指令的源操作数可使用除立即数寻址外的任何一种寻址方式。

乘法指令只影响 CF 和 OF,而对 AF、SF、ZF、PF 未定义。对于 MUL 指令,如果乘积的高一半为0(即字节操作时的(AH)或字操作时的(DX)为0),则 CF 和 OF 均为0;否则 CF 和 OF 均为1。这样的状态标志位设置可以用来检查字节相乘的结果是字还是字节,或者可以用来检查字相乘的结果是字还是双字。对于 IMUL 指令,如果乘积的高一半是低一半的符号扩展则 CF 和 OF 均为 0,否则 CF 和 OF 均为 1。

4)除法指令

8086 中有两条除法指令,另外还有两条符号扩展指令,以支持带符号数的除法运算。

(1)DIV 无符号数除法指令

格式:DIV　src

执行的操作:

(src)为字节操作数:(AL)←(AX)/(src)的商

　　　　　　　　　　(AH)←(AX)/(src)的余数

(src)为字操作数:(AX)←(DX,AX)/(src)的商

　　　　　　　　　(DX)←(DX,AX)/(src)的余数

即当进行字节操作时,16 位被除数在 AX 中,8 位除数为源操作数,结果的 8 位商在 AL 中,8 位的余数在 AH 中。当进行字操作时,32 位被除数在 DX、AX 寄存器对中,16 位除数为源操作数,结果的 16 位商在 AX 中,16 位的余数在 DX 中。该指令所对应的被除数、除数、商以及余数均为无符号数。

(2)IDIV 带符号数除法指令

格式:IDIV　src

执行的操作:

(SRC)为字节操作数:(AL)←(AX)/(src)的商

　　　　　　　　　　(AH)←(AX)/(src)的余数

(SRC)为字操作数:(AX)←(DX,AX)/(src)的商

　　　　　　　　　(DX)←(DX,AX)/(src)的余数

IDIV 指令与 DIV 指令的不同在于,它的操作数必须是带符号数,商和余数也为带符号数,且余数的符号和被除数的符号相同。

除法指令和乘法指令中源操作数 SRC 的寻址方式相同,可以是除立即数寻址外的任何一种寻址方式。而其目的操作数则必须存放在 AX 或 DX、AX 寄存器对中。

除法指令对状态标志位没有定义。

在使用除法指令时,值得注意的一个问题是,除法指令要求字节操作时商为 8 位,字操作时商为 16 位。如果是字节操作时被除数的高 8 位的绝对值大于除数的绝对值或字操作时被除数的高 16 位的绝对值大于除数的绝对值,商就会产生溢出。而在 8086 系统中,这种溢出是由系统直接转入 0 型中断(即除法出错中断)处理的,而非进行溢出中断处理,所以为了避免出现这种情况,必要时程序应进行溢出判断及处理。

由于除法指令在字节操作时要求被除数为 16 位且放在 AX 中,在字操作时要求被除数为 32 位且放在 DX、AX 寄存器对中,因此往往在使用上述除法指令时,必须首先取得除法指令所需要的被除数格式。为此,以下介绍 8086 的指令系统中两条专门用于符号扩展的指令。

(3)CBW 字节转换为字指令

格式:CBW

执行的操作:将 AL 的内容符号扩展到 AH。即如果(AL)的最高有效位为 0,则(AH)= 00;否则(AH)= 0FFH。

（4）CWD 字转换为双字指令

格式：CWD

执行的操作：将 AX 的内容符号扩展到 DX。即如果（AX）的最高有效位为 0，则（DX）= 0000；否则（DX）= 0FFFFH。

上述两条符号扩展指令都不影响状态标志位。

5）十进制调整指令

前面提到的所有算术运算指令都是二进制数的运算指令，但常用的是十进制数，因此，当计算机进行运算时，必须先把十进制数转换成二进制数，然后再进行二进制数的运算，又将运算结果转换为十进制数输出。为便于十进制数的运算，计算机还专门提供了一组十进制数调整指令，这组指令在二进制计算的基础上，给予十进制调整，可直接得到十进制的结果。在说明这组指令之前，首先介绍计算机中常用的表示十进制数的 BCD 码。

BCD 码是一种用二进制编码的十进制数，又称为二-十进制数。它是用 4 位二进制数表示一个十进制数码的，由于这 4 位二进制数的权为 8421，所以 BCD 码又称为 8421 码。十进制数码所对应的 BCD 码见表 3.1。

表 3.1　十进制数所对应的 BCD 码

十进制数码	0	1	2	3	4	5	6	7	8	9
BCD 码	0000	0001	0010	0011	0100	0101	0110	0111	1000	1001

通常十进制数的 BCD 码又可用压缩的 BCD 码和非压缩的 BCD 码来表示。压缩的 BCD 码用 4 位二进制数表示一个十进制数位，整个十进制数形式为一个顺序的 4 位为一组的数串。例如，十进制数 8765 的压缩的 BCD 码表示为：

1000 0111 0110 0101

非压缩的 BCD 码则以 8 位为一组表示一个十进制数位，8 位中低 4 位表示 8421 的 BCD 码，而高 4 位没有意义。例如，十进制数 8765 的非压缩的 BCD 码表示为：

00001000 00000111 00000110 00000101

显然数字的 ASCII 码就是一种非压缩的 BCD 码。因为数字的 ASCII 码的高 4 位为 0011 而低 4 位是以 8421 码表示的十进制数，这正好符合非压缩 BCD 码的定义。既然 BCD 码分为压缩的和非压缩的，那么其十进制调整指令下面也分为两组进行说明。

（1）压缩的 BCD 码调整指令

①DAA 加法十进制调整指令。

格式：DAA

执行的操作：把 AL 中的和调整为压缩的 BCD 码格式并保存到 AL 中，这条指令之前必须执行 ADD 或 ADC 指令，加法指令必须把 2 个压缩的 BCD 码相加，并把结果存在 AL 寄存器中。该指令的调整方法如下：

如果 AF 标志为 1 或者 AL 的低 4 位是十六进制的 A ~ F，则 AL 的内容加 06H，且将 AF 位置为 1；

如果 CF 标志为 1 或者 AL 的高 4 位是十六进制的 A ~ F，则 AL 的内容加 60H，并将 CF 位置为 1。

DAA 指令对 OF 标志没有定义，但影响其他所有状态标志。

[例 3.22]

```
ADD    AL,CL
DAA
```

假设指令执行前(AL)= 37,(CL)= 29,则:

ADD 指令执行后(AL)= 60H,AF=1,CF=0;

DAA 指令执行后,因为 AF=1,所以(AL)=(AL)+06H,得到(AL)= 66H,AF=1,CF=0,结果正确。

②DAS 减法十进制调整指令。

格式:DAS

执行的操作:把 AL 中的差调整为压缩的 BCD 码格式并保存到 AL 中,这条指令之前必须执行 SUB 或 SBB 指令,减法指令必须把 2 个压缩的 BCD 码相减,并把结果存在 AL 寄存器中。该指令的调整方法如下:

如果 AF 标志为 1 或者 AL 的低 4 位是十六进制的 A ~ F,则 AL 的内容减 06H,且将 AF 位置为 1;

如果 CF 标志为 1 或者 AL 的高 4 位是十六进制的 A ~ F,则 AL 的内容减 60H,并将 CF 位置为 1。

DAS 指令对 OF 标志没有定义,但影响其他所有状态标志。

(2)非压缩的 BCD 码调整指令

①AAA 加法 ASCII 调整指令。

格式:AAA

执行的操作:

(AL)←把 AL 中的和调整为非压缩的 BCD 码格式

(AH)←(AH)+调整产生的进位值

该指令执行前必须执行 ADD 或 ADC 指令,加法指令必须把 2 个非压缩的 BCD 码相加,并把结果放在 AL 中。该指令的调整方法如下:

a. 如 AL 的低 4 位为 0 ~ 9,且 AF 位为 0,则跳过第 b 步,执行第 c 步;

b. 如 AL 的低 4 位为十六进制数 A ~ F 或 AF 位为 1,则 AL 的内容加 6,AH 的内容加 1,并将 AF 位置为 1;

c. 清除 AL 的高 4 位;

d. AF 位的值送 CF 位。

AAA 指令除了影响 AF 和 CF 标志外,其余标志均无定义。

[例 3.23]

```
ADD    AL,CL
AAA
```

假设指令执行前(AX)= 3234H,(CX)= 3637H,可见 AL、CL 的内容分别为 4、7 的 ASCII。

ADD 指令执行后(AL)= 6BH,AF=0;

AAA 指令执行后,因为 AL 的低 4 位是十六进制数 B,所以(AL)=(AL)+6H=71H,(AH)=(AH)+1=33H,AF 置 1;清除 AL 的高 4 位(AL)= 01H;CF=AF=1。结果(AX)=

3301H。

②AAS 减法 ASCII 调整指令。

格式:AAS

执行的操作:

(AL)←把 AL 中的差调整为非压缩的 BCD 码格式

(AH)←(AH)−调整产生的借位值

该指令执行前必须执行 SUB 或 SBB 指令,减法指令必须把 2 个非压缩的 BCD 码相减,并把结果放在 AL 中。该指令的调整方法如下:

a. 如 AL 的低 4 位为 0~9,且 AF 位为 0,则跳过第 b 步,执行第 c 步;

b. 如 AL 的低 4 位为十六进制数 A~F 或 AF 位为 1,则 AL 的内容减 6,AH 的内容减 1,并将 AF 位置为 1;

c. 清除 AL 的高 4 位;

d. AF 位的值送 CF 位。

AAS 指令除了影响 AF 和 CF 标志外,其余标志均无定义。

③AAM 乘法 ASCII 调整指令。

格式:AAM

执行的操作:

(AX)←把 AL 中的乘积调整为非压缩的 BCD 码格式

该指令执行前必须执行 MUL 指令,乘法指令必须把 2 个非压缩的 BCD 码相乘(此时要求高 4 位为 0),并把结果放在 AL 中。该指令的调整方法是,把 AL 的内容除以 0AH,商放到 AH 中,余数放到 AL 中。该指令根据 AL 的内容设置 SF、ZF、PF,对 OF、CF、AF 没有定义。

④AAD 除法 ASCII 调整指令。

格式:AAD

前面介绍的加法、减法、乘法的 ASCII 调整指令都是在对 2 个非压缩的 BCD 码进行运算以后,再使用它们(即 AAA、AAS、AAM 指令)来调整运算结果的。而除法的情况则不同,它是针对下述情况专门设置的:如果被除数是存放在 AX 中的二位非压缩 BCD 数(即 AH 中存放十位数,AL 中存放个位数,而且要求 AH 和 AL 中的高 4 位均为 0);除数是一位非压缩的 BCD 数,同样要求其高 4 位为 0。在把两个数用 DIV 指令相除以前,必须先用 AAD 指令把 AX 中的被除数调整为二进制数,并存放在 AL 中。因此 AAD 指令执行的操作是:

(AL)←(AH)×0AH+(AL)

(AH)←0

该指令根据 AL 的内容设置 SF、ZF、PF,对 OF、CF、AF 没有定义。

[例 3.24]

```
AAD
DIV    CL
```

假设 AAD 指令执行前(AX)= 0204H,(CL)= 08H,则:

AAD 指令执行后(AL)= 2H×0AH+4H = 18H,(AH)= 0;

DIV 指令执行后(AL)= 3H,(AH)= 0H。

3.2.3　逻辑运算和移位指令(Logic & Shift Instruction)

8086指令系统提供了对8位数和16位数的逻辑操作指令。这些指令分为2类:逻辑运算指令和逻辑移位指令。

1)逻辑运算指令

(1)AND逻辑"与"指令

格式:AND　dest,src

执行的操作:(dest)←(dest)∧(src)

该指令对指定的两个操作数按位进行逻辑"与"运算,即只有相与的2个二进制位全为1,"与"运算的结果才为1;否则"与"运算的结果才为0。

如:

```
AND    AL, 0FH                    ;寄存器操作数∧立即数
AND    CX, DI                     ;寄存器操作数∧寄存器操作数
AND    SI, MEM_NAME               ;寄存器操作数∧存储器操作数
```

使用AND指令,注意以下3点:

①"与"指令中操作数不能同时为存储器操作数;

②该指令执行后CF=OF=0,AF未定义,SF、ZF、PF根据运算结果设置;

③"与"指令一般用来对一个数据的指定位清零,而其余位保持不变。具体方法就是要使操作数中保持不变的位与1相与;要使操作数中置为0的位与0相"与"。

[例3.25]　要求屏蔽(清零)AL寄存器的高4位,低4位保持不变。假设(AL)=53H,则:

```
AND    AL, 0FH
```

该指令执行后,(AL)=03H。

(2)TEST测试指令

格式:TEST　dest , src

执行的操作:(dest)∧(src)

本指令完成AND指令同样的操作,但不送回"与"操作结果(即不改变操作数的值),只是使结果反映在标志位上(对标志位的影响同AND指令),如:

```
TEST   BH , 7                     ;寄存器操作数∧立即数
```

TEST指令常常用来检测指定位是1还是0(在不改变原有数据的情况下),而且这个指定位往往对应一个物理量。例如,某一个外设的状态寄存器的最低位反映的是该外设的状态,为1表示该外设忙,为0表示该外设空闲,故可以先通过IN输入指令读回状态到AL,然后再通过TEST指令测试AL的最低位,最后通过判断ZF即可了解该外设当前是忙还是空闲。

[例3.26]　判断AL中的数据是否为偶数,如果为偶数,则转移到标号LL处,程序段如下:

```
TEST   AL,01H                     ;检测(AL)的最低位是否为0
JZ     LL                         ;结果ZF=1,则转移至LL
```

（3）OR 逻辑"或"指令

格式：OR　dest, src

执行的操作：(dest)←(dset)∨(src)

该指令对指定的 2 个操作数按位进行逻辑"或"运算，即进行"或"运算的两位中的任一位为 1（或两位都为 1），则"或"的结果为 1，否则为 0，如：

OR　　BL,0F6H　　　　　　　;寄存器操作数∨立即数

使用 OR 指令，注意以下 3 点：

①"或"指令中操作数不能同时为存储器操作数；

②该指令执行后 CF＝OF＝0，AF 未定义，SF、ZF、PF 根据运算结果设置；

③"或"指令一般用来对一个数据的指定位置 1，而其余位保持不变。具体方法即要使操作数中保持不变的位与 0 相"或"；要使操作数中置为 1 的位与 1 相"或"。

[例 3.27]　要求使 AL 寄存器的高 4 位置 1，低 4 位保持不变。假设(AL)＝03H，则：

OR, AL, 0F0H

该指令执行后，(AL)＝0F3H。

（4）XOR 逻辑"异或"指令

格式：XOR　dest , src

执行的操作：(dest)←(dest)⊕(src)

该指令对指定的 2 个操作数按位进行逻辑"异或"运算，即进行"异或"运算的两位不相同时（即一个为 0，另一个为 1），"异或"的结果为 1，否则为 0，如：

XOR　　DI , 23F6H　　　　　　　　;寄存器操作数⊕立即数

使用 XOR 指令，注意以下 3 点：

①"异或"指令是使操作数初值清零的有效方法。

[例 3.28]　比较下面 3 条使 AX 清零的指令：

XOR　　AX , AX　　;清 AX,清 CF,占 2 个字节,执行 3 个时钟周期 T
SUB　　AX , AX　　;清 AX,清 CF,占 2 个字节,执行 3 个时钟周期 T
MOV　　AX , 0　　;清 AX,不影响标志位,占 3 个字节,执行 4 个时钟周期 T

②该指令执行后 CF＝OF＝0，AF 未定义，SF、ZF、PF 根据运算结果设置。

③"异或"指令一般用来对一个数据的指定位变反，而其余位保持不变。具体方法即要使操作数中保持不变的位与 0 相"异或"；要使操作数中变反的位与 1 相"异或"。

[例 3.29]　将(AL)中的第 1、3、5、7 位求反，0、2、4、6 位保持不变。假设(AL)＝0FFH，则：

XOR　　AL,10101010B

该指令执行后，(AL)＝01010101B。

（5）NOT 逻辑"非"指令

格式：NOT　dest

执行的操作：对操作数按位求反，操作数中原来是 0 的位变成 1，原来是 1 的位变成 0。它对标志位没有影响，如：

NOT	AH	;8 位寄存器操作数求反

逻辑运算指令小结：

①特点：

● 逻辑运算指令可以对字或字节操作数执行逻辑运算；

● 逻辑运算是按位操作，因此一般说来，其操作数应该是位串而不是数；

● 对标志位的影响：NOT 指令不影响标志位，其他 4 种指令将使 CF=OF=0，AF 未定义，而 SF、ZF、PF 根据运算结果设置。

②应用：

● AND 指令用来对指令的指定位清零。

● OR 指令常用来将某些位置为 1。

● XOR 指令用在程序开头，使某个寄存器清零。

● NOT 指令对某个数据取反，再加 1 变成补码。

● TEST 指令用来检测指定位为 1 还是 0。

2）移位指令

8086 移位指令有算术逻辑移位指令和循环移位指令。

（1）算术逻辑移位指令

算术逻辑移位指令执行的操作如图 3.24 所示。

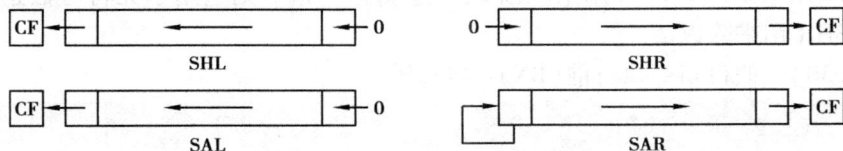

图 3.24　算术逻辑移位指令执行的操作

①SHL 逻辑左移指令。

格式：SHL　dest，cnt

如：

SHL	AH，1	
SAL	SI，CL	
SHL	VAR，CL	

使用 SHL 指令，注意以下 3 点：

a. SHL 指令格式中 dest 可以是除立即数以外的任何寻址方式，可以是字或字节操作数。cnt 表示移位次数，当 cnt=1 时，1 可直接写在指令中；当 cnt>1 时，必须在移位指令前把移位次数置于 CL 寄存器中，而移位指令中的 cnt 写为 CL 即可。有关 dest 和 cnt 的规定适用于后面的所有移位指令。

b. 该指令执行后要影响标志位，CF 根据各条指令的规定设置；OF 只有当 cnt=1 才有效，移位前后最高位发生变化时（即移位之前最高位为 0，移位之后最高位为 1；或移位之前最高位为 1，移位之后最高位为 0）OF＝1，否则 OF＝0；SF、ZF、PF 要根据移位后的结果来设置，AF 没有定义。有关 SHL 移位指令对标志位的影响规定也适用于后面的算术移位指令。

c.逻辑移位指令在执行时,实际上把操作数看成无符号数进行移位;算术移位指令在执行时,实际上把操作数看成有符号数进行移位。所以进行逻辑左移时,最低位补0;进行逻辑右移时,最高位添0。

②SAL 算术左移指令。

格式:SAL dest ,cnt

执行的操作图与 SHL 指令一样,如图3.24 所示,实际上 SAL 和 SHL 指令的功能完全一样,每移位一次,最低位补0,最高位进入 CF。

③SHR 逻辑右移指令。

格式:SHR dest , cnt

如:

```
SHR    BYTE    PTR    [DI+BP],1
```

④SAR 算术右移指令。

格式:SAR   dest ,cnt

如:

```
SAR    BYTE    PTR    VAR,CL
```

算术逻辑移位指令常用来做乘以2或除以2的操作。其中算术移位指令适用于带符号数运算,SAL 用来乘以2,SAR 用来除以2;而逻辑移位指令则适用于无符号数运算,SHL 用来乘以2,SHR 用来除以2。

[例3.30] 假设指令执行前(BX)=1450H。

```
MOV    CL,2
SHL    BX,CL
```

则指令执行后(BX)=5140H, 相当于5 200×4=20 800。

(2)循环移位指令

8086 的循环移位指令执行的操作如图3.25 所示。

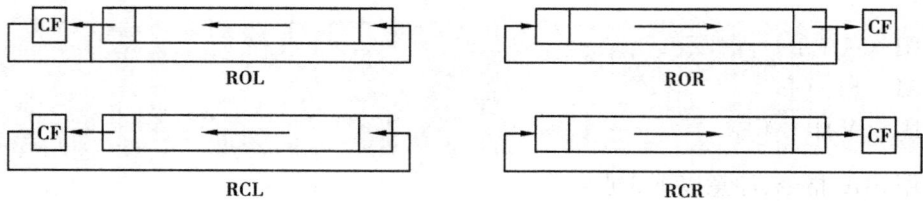

图3.25 循环移位指令执行的操作

①ROL 不含 CF 循环左移指令。

格式:ROL   dest ,cnt

如:

```
ROL    BH , 1
```

在使用循环移位指令时,要注意它们对标志位的影响与前面介绍的算术逻辑移位指令有所不同,它只影响标志位 OF 和 CF(即不影响 SF、ZF、PF,AF 无定义)。对于 OF 和 CF 的具体设置,实际上又与算术逻辑移位指令设置情况一样,即 CF 根据各条指令的规定设置。

OF 只有当 cnt=1 才有效,移位前后最高位发生变化时(即移位之前最高位为 0,移位之后最高位为 1;或移位之前最高位为 1,移位之后最高位为 0),OF = 1,否则 OF = 0。

②ROR 不含 CF 循环右移指令。

格式:ROR　dest ,cnt

如:

```
ROL  BYTE  PTR  VAR[SI], 1
```

③RCL 含 CF 循环左移指令。

格式:RCR　dest ,cnt

如:

```
RCL   WORD  PTR  [SI+BP] , CL
```

④RCR 含 CF 循环右移指令。

格式:RCR　dest ,cnt

如:

```
RCL   BYTE  PTR  VAR , 1
```

循环移位指令与算术逻辑移位指令最大的不同是循环移位指令移位后,操作数中原来各数位的信息不会丢失,只是移动了位置,必要时还可以将数据恢复。

3.2.4　串操作(String Manipulation Instruction)

串操作指令就是用一条指令实现对一串字符或数据的操作。8086 的串操作指令有以下特点:

①它可以对字节串进行操作,也可以对字串进行操作。

②可以通过加重复前缀来实现串重复操作。

③所有的串操作指令都用 SI 对源操作数进行间接寻址,并且假定是在 DS 段中;而所有的串操作指令都是用 DI 寄存器对目的操作数进行间接寻址,并且假定在 ES 段中。串操作指令是唯一的一组源操作数和目的操作数都在存储器中的指令。

④串操作时,地址的修改方向与方向标志位 DF 有关,当 DF=1 时,SI、DI 作自动减量修改;当 DF=0 时,SI、DI 作自动增量修改。

1)与 REP 相配合工作的 MOVS、STOS、LODS 指令

● REP 重复指令

格式:REP　　String Primitive

其中,String Primitive 可为 MOVS、STOS、LODS 指令。REP 重复串操作直到(CX)= 0 为止。

执行的操作过程:

①如果(CX)= 0,则退出 REP,否则往下执行;

②如果(CX)≠0,(CX)←(CX)−1;

③执行 REP 后的串操作指令;

④重复①—③。

（1）MOVS 串传送指令

格式：MOVS　　dest,src 或 MOVSB（字节）或 MOVSW（字）

其中第 2、3 种格式明确注明传送字节或字,第 1 种则应在操作数中表明是字还是字节操作,如：

> MOVS　ES:WORD　PTR　[DI],DS:[SI]

执行的操作：

①（（ES）:（DI））←（（DS）:（SI））;

②（SI）←（SI）±1,（DI）←（DI）±1 或（SI）←（SI）±2,（DI）←（DI）±2。

当方向标志 DF=0（即 CLD）时用"+";DF=1（即 STD）时用"−"。

功能：它可以把由（SI）指向的数据段中的一个字（或字节）传送到由（DI）指向的附加段中的一个字（或字节）中去,并根据方向标志 DF 及数据格式（字或字节）对 SI、DI 进行修改。该指令与前缀 REP 联用时,则可将数据段中的整串数据传送到附加段去。该指令不影响条件码。

在使用 MOVS 指令时,应先做好以下准备工作：

①数据段中源串首地址（如反向传送到末地址）存入 SI 寄存器中;

②附加段中目的串首地址（或反向传送末地址）存入 DI 寄存器中;

③数据串长度存入 CX 寄存器;

④用 CLD 指令（即使 DF=0）或 STD 指令（即使 DF=1）建立方向标志。

[例 3.31]　　将内存的数据段中以 AREA1 为首地址的 100 个数据,传送到附加段中的 AREA2 为首地址的区域。

分析：用 MOVS 指令编程实现,程序段如下：

```
……
MOV   AX,SEG   AREA1
MOV   DS,AX                    ;将源串段地址送 DS
MOV   AX,SEG   AREA2
MOV   ES,AX                    ;将目的串段地址送 ES
MOV   SI,OFFSET   AREA1        ;将源串段首地址送 SI
MOV   DI,OFFSET   AREA2        ;将目的串段首地址送 DI
MOV   CX,100                   ;数据串长度送 CX
CLD                           ;使 DF=0
REP   MOVSB                    ;重复串传送
……
```

（2）LODS 从串取指令

格式：LODS　　src 或 LODSB（字节）或 LODSW（字）

执行的操作：

字节操作：（AL）←（（DS）:（SI））,（SI）←（SI）±1

字操作：（AX）←（（DS）:（SI））,（SI）←（SI）±2

功能：该指令把由（SI）指定的数据段中某字节（或字）单元内容送至 AL（或 AX）。

使用 LODS 时应注意该指令允许用段跨越前缀来指定非数据段的存储区;它不影响条件码;一般说来,它不与 REP 连用,每重复一次,累加器的内容就改变一次,而累加器 AL（或

AX)中只能保存最后一个元素;有时缓冲区中的一串字符需要多次取出测试时可用本指令。

(3)STOS 存入串指令

格式:STOS　dest 或 STOSB(字节)或 STOSW(字)

执行的操作:

字节操作:((ES):(DI))←(AL),(DI)←(DI)±1

字操作:((ES):(DI))←(AX),(DI)←(DI)±2

用途:与 REP 联用时,(CX)←缓冲区长度,用来建立一串相同的值。

2)与 REPE/REPZ 和 REPNE/REPNZ 联合工作的 CMPS 和 SCAS 指令

● REPE/REPZ 相等/为零则重复:

格式:REPE(或 REPZ)　string primitive

其中 String primitive 可为 CMPS, SCAS 指令。

执行的操作过程:

①如果(CX)=0 或 ZF=0(即某次比较的结果 2 个操作数不等)时退出 REPE,否则往下执行;

②(CX)←(CX)−1;

③执行 REPZ 后的串操作指令;

④重复①—③。

● REPNE/REPNZ 当不相等/不为零时重复串操作:

格式:REPNE(或 REPNZ)string primitive

其中 string　primitive 可为 CMPS, SCAS 指令。

执行的操作过程:

①如果(CX)=0 或 ZF=1(即某次比较的结果 2 个操作数相等)时退出 REPNE,否则往下执行;

②(CX)←(CX)−1;

③执行 REPNZ 后的串操作指令;

④重复①—③。

(1)CMPS 串比较指令

格式:CMPS　dest,src 或 CMPSB(字节)或 CMPSW(字)

执行操作:((SI))−((DI))

字节操作:(SI)←(SI)±1,(DI)←(DI)±1

字操作:(SI)←(SI)±2,(DI)←(DI)±2

功能:指令把由(SI)指向的数据段中的一个字(或字节)与由(DI)指向的附加段中的一个字(或字节)相减,但不保存结果,只根据结果设置标志位,其他操作规定与 MOVS 同。

(2)SCAS 串扫描指令

格式:SCAS　dest 或 SCASB(字节)或 SCASW(字)

执行的操作:

字节操作:(AL)−((ES):(DI)),(DI)←(DI)±1

字操作:(AX)−((ES):(DI)),(DI)←(DI)±2

功能:指令把 AL(或 AX)的内容与由 DI 指定的在附加段中的一个字节或字进行比较,并不保存结果,只根据结果设置标志位,其他特性与 MOVS 同。

3.2.5 控制转移指令(Control Transfer Instructions)

一般情况下,程序的指令是在顺序地逐条执行,而实际上一个程序从头到尾全部顺序执行的可能性很小,其中往往需要改变程序执行的流程,在这里要介绍的控制转移指令就是用来改变程序的执行流程的。在8086中有以下5种控制转移指令。

1)无条件转移指令 JMP

格式:JMP　操作数

功能:无条件地转去执行从目标地址开始的指令。从这可以看出 JMP 指令中必须指定转移的目标地址(即转向地址)。

总的来讲,转移可以分为两类:段内转移和段间转移。

段内转移是指在同一段的范围之内进行转移,此时只需要改变 IP 寄存器的内容,即用新的转移目标地址代替原有的 IP 的值就可以达到转移的目的。如:

```
JMP   SHORT   OPR              ;段内直接短转移
JMP   NEAR   PTR   OPR          ;段内直接近转移
JMP   WORD   PRT   OPR          ;段内间接转移
```

段间转移是指在不同的段之间进行转移。要实现从一个段转移到另一个段去执行程序,不仅要修改 IP 寄存器的值,还要修改 CS 寄存器的值才能达到目的,即转移目标地址应由新的段地址和偏移地址2部分组成。如:

```
JMP   FAR   PTR   OPR          ;段间直接远转移
JMP   DWORD   PTR   OPR         ;段间间接转移
```

不管是段内转移还是段间转移,JMP 指令的操作数中涉及的有关转移的寻址方式,在本章指令寻址方式部分已作过详细介绍,在这里也就不再重述。

2)条件转移指令

格式:JCC　OPR

其中"J"后面的"CC"是指"某一测试条件"。

条件转移指令根据上一条指令所设置的条件码来判别测试条件,每一种条件转移指令都有其自身的测试条件,当满足测试条件时,则转移到由指令指出的目标地址去执行那里的程序,即$(IP) \leftarrow (IP) +$符号扩展到16位后的位移量 D_8;当不满足条件时则不转移,即顺序地执行下一条指令,即(IP)不变。在汇编指令格式中,OPR 应指定一个目标地址,这个目标地址应在本条转移指令下一条指令地址的$-128 \sim +127$个字节的范围之内。

值得注意的是,虽然所有的条件转移指令都使用了相对转移形式,转移范围为$-128 \sim +127$个字节,但这不等于我们就不能用它们实现往一个较远的地方进行条件转移。当需要往一个较远地方进行条件转移时,还是可以首先选用条件转移转到附近一个单元,然后,再用无条件转移转到较远的目的地。另外,所有的条件转移指令都不影响标志位。

按转移条件不同,条件转移指令可分为4大类。

(1)测试 CX 的值为0则转移指令

格式:JCXZ　OPR

测试条件:(CX)=0

由于 CX 寄存器常用来设置计数值,所以这条指令可以根据 CX 寄存器内容的修改情况来产生 2 个不同的分支。当(CX)= 0 时,则转移到 OPR。

(2)简单条件转移指令

根据单个标志位的状态判断转移条件,转移指令见表 3.2。

表 3.2　简单条件转移指令

标志位	指令助记符	转移条件	含义
CF	JC	CF = 1	有进位或借位
	JNC	CF = 0	无进位或借位
ZF	JE/JZ	ZF = 1	相等/等于 0
	JNE/JNZ	ZF = 0	不相等/不等于 0
OF	JO	OF = 1	有溢出
	JNO	OF = 0	无溢出
PF	JP/JPE	PF = 1	有偶数和 1
	JNP/JPO	PF = 0	有奇数和 1
SF	JS	SF = 1	是负数
	JNS	SF = 0	是正数

(3)无符号数条件转移指令

假设在条件转移指令前使用了比较指令,比较了 2 个无符号数 M、N,指令进行的操作是 M−N,转移指令见表 3.3。

表 3.3　无符号数条件转移指令

指令助记符	转移条件	含义
JA/JNBE	CF = 0　AND　ZF = 0	M>N
JAE/JNB	CF = 0　OR　ZF = 1	M≥N
JB/JNAE	CF = 1　AND　ZF = 0	M<N
JBE/JNA	CF = 1　OR　ZF = 1	M≤N

(4)带符号数条件转移指令

假设在条件转移指令前使用了比较指令,比较了 2 个带符号数 M、N,指令进行的操作是 M−N,转移指令见表 3.4。

表 3.4　带符号数条件转移指令

指令助记符	转移条件	含义
JG/JNLE	SF = OF　AND　ZF = 0	M>N
JGE/JNL	SF = OF　OR　ZF = 1	M≥N
JL/JNGE	SF ≠ OF　AND　ZF = 0	M<N
JLE/JNG	SF ≠ OF　OR　ZF = 1	M≤N

3)子程序调用指令

汇编语言中的子程序相当于高级语言中的过程,为了便于模块化程序设计,往往把程序中具有独立功能的部分编写成独立的程序模块,称为子程序。当主程序中需要完成某一个独立功能时,则可以调用能够完成该独立功能的子程序,而在子程序执行完成后又返回主程序继续执行。为了实现这样一个过程,8086 提供了以下指令:

- 子程序调用指令 CALL
- 子程序返回指令 RET

CALL 指令和 RET 指令都不影响条件码。

主程序和子程序可以在同一段中,也可以不在,而且在不同的情况下,这 2 条指令的格式不同,具体如下所述。

(1)CALL 调用指令

CALL 调用指令具体可分为 4 种情况进行调用:段内直接调用、段内间接调用、段间直接调用、段间间接调用。

①段内直接调用。

格式:CALL　OPR

执行的操作:$(SP) \leftarrow (SP) - 2$

$\qquad ((SP)+1, (SP)) \leftarrow (IP)$

$\qquad (IP) \leftarrow (IP) + D16$

不难看出,这条指令的第 1 步操作是先把子程序的返回地址(CALL 指令的下一条指令的地址)存入堆栈中,以便子程序返回主程序时使用;第 2 步操作才是转移到子程序的入口地址去执行。

其中,OPR 是给出的转向地址(子程序的入口地址,即子程序的第一条指令的地址);D16 表示机器指令中的位移量(转向地址和返回地址之差),位移量为 D16,范围−32768 ~ +32767H,占有 2 个字节。

②段内间接调用。

格式:CALL　OPR

执行的操作:$(SP) \leftarrow (SP) - 2$

$\qquad ((SP)+1, (SP)) \leftarrow (IP)$

$\qquad (IP) \leftarrow (EA)$

其中,EA 由 OPR 寻址方式(除立即数外的任何一种寻址方式)所确定的有效地址。

③段间直接调用。

格式:CALL　FAR　PTR　OPR

执行的操作:$(SP) \leftarrow (SP) - 2$

$\qquad ((SP)+1, (SP)) \leftarrow (CS)$

$\qquad (SP) \leftarrow (SP) - 2$

$\qquad ((SP)+1, (SP)) \leftarrow (IP)$

$\qquad (IP) \leftarrow OPR$ 偏移地址(指令中第 2,3 字节)

$\qquad (CS) \leftarrow OPR$ 段地址(指令中第 4,5 字节)

因为主程序和子程序不在同一段中,所以在保留返回地址和设置目标地址时都必须把段地址考虑在内。

④段间间接调用。

格式:CALL　DWORD　PTR　OPR

执行的操作:$(SP)\leftarrow(SP)-2$

　　　　　　$((SP)+1,(SP))\leftarrow(CS)$

　　　　　　$(SP)\leftarrow(SP)-2$

　　　　　　$((SP)+1,(SP))\leftarrow(IP)$

　　　　　　$(IP)\leftarrow(EA)$

　　　　　　$(CS)\leftarrow(EA+2)$

其中,EA 是由 OPR 的寻址方式确定的有效地址。

实际上,CALL 指令的使用方法与 JMP 指令相同,所以在指令的格式中也是可以加上如 NEAR　PTR 的属性操作符的。

(2)RET 返回指令

它放在子程序的末尾,使子程序在功能完成后返回主程序继续执行。为了能够准确返回,返回指令类型应与调用指令类型相对应。从前面可知,在调用子程序时,调用指令首先完成的功能是把子程序的返回地址存入堆栈,所以子程序返回时,返回指令的功能应是将返回地址出栈送至 IP 寄存器(段内)或 IP、CS 寄存器对(段间)。

RET 返回指令具体可分成 4 种情况:段内返回、段内带立即数返回、段间返回、段间带立即数返回。

①段内返回。

格式:RET

执行的操作:$(IP)\leftarrow((SP)+1,(SP))$

　　　　　　$(SP)\leftarrow(SP)+2$

②段内带立即数返回。

格式:RET　EXP

执行的操作:$(IP)\leftarrow((SP)+1,(SP))$

　　　　　　$(SP)\leftarrow(SP)+2$

　　　　　　$(SP)\leftarrow(SP)+D16$

EXP 是一个表达式,计算出来的常数成为机器指令中的位移量 D16。该指令允许返回地址出栈后修改堆栈的指针。

③段间返回。

格式:RET

执行的操作:$(IP)\leftarrow((SP)+1,(SP))$

　　　　　　$(SP)\leftarrow(SP)+2$

　　　　　　$(CS)\leftarrow((SP)+1,(SP))$

　　　　　　$(SP)\leftarrow(SP)+2$

④段间带立即数返回。

格式:RET　EXP

执行的操作:$(IP)\leftarrow((SP)+1,(SP))$

　　　　　　$(SP)\leftarrow(SP)+2$

$$(CS) \leftarrow ((SP)+1,(SP))$$
$$(SP) \leftarrow (SP)+2$$
$$(SP) \leftarrow (SP)+D16$$

EXP 是一个表达式,计算出来的常数成为机器指令中位移量 D16。该指令允许返回地址出栈后修改堆栈指针。

4)循环控制指令

8086 为了简化循环程序设计,专门设计了以下 3 条循环指令。

(1)LOOP 循环指令

格式:LOOP　OPR

循环测试条件:$(CX) \neq 0$

(2)LOOPZ/LOOPE 当为 0 或相等时循环指令

格式:LOOPZ/LOOPE　OPR

循环测试条件:$(CX) \neq 0$ 且 ZF=1

(3)LOOPNZ/LOOPNE 当不为 0 或不相等时循环指令

格式:LOOPNZ/LOOPNE　OPR

循环测试条件:$(CX) \neq 0$ 且 ZF$\neq$1

上述 3 条循环指令执行的步骤如下:

①$(CX) \leftarrow (CX)-1$。

②检查是否满足循环测试条件,如满足则转向目标地址 OPR 去执行(即实行循环);否则退出循环,程序继续顺序执行。

很显然这里也使用了相对转移形式,实际使用时在汇编格式中 OPR 必须指定一个表示目标地址的标号(即符号地址),而在机器指令中则用 8 位位移量 D8 来表示目标地址与当前 IP 值的差(即$(IP) \leftarrow (IP)+D8$ 的符号扩展),由于位移量只有 8 位,所以循环指令的目标地址必须在该循环指令的下一条指令地址的$-128 \sim +127$ 个字节的范围之内。

循环指令说明如下:

①LOOP 退出循环的条件是$(CX)=0$。

②LOOPZ 和 LOOPNZ 提供了提前结束循环的可能,不一定要等到$(CX)=0$ 才退出循环。

③循环指令不影响状态标志。

[例3.32]　将 BL 寄存器的内容按二进制形式显示出来。程序段分别如下:

```
MOV    CX,8
next:        ROL      BL,1
             MOV      DL,BL
             AND      DL,00000001B
             ADD      DL,30H
             MOV      AH,2
             INT      21H
             LOOP     next
             ......
```

由于 LOOPZ 和 LOOPNZ 提供了提前结束循环的可能,所以在某些情况下可能会用到这 2 条指令,如在字符串中查找某一个字符,查到后即可退出,此时就可用 LOOPNZ,在执行完 LOOPNZ 后(即退出循环后),可根据 ZF 标志的值判断结果,若 ZF=1,说明找到;又如在比较 2 个符号串是否相同时,当查到其中有一个对应字符不同时即可退出,此时可用 LOOPZ,在执行完 LOOPZ 后,若 ZF=1,说明 2 个符号串相等。

[**例** 3.33] 在首地址为 string 的存储区中存放着一个长度为 N 的字符串,要求在字符串中查找空格字符(ASCII 码为 20H),如果找到则转向 find 执行找到处理,否则顺序执行作未找到处理。编制实现这一要求的程序段如下:

	MOV	AL,20H	
	MOV	SI,0	
	MOV	CX,N	;循环计数器 CX 赋初值 N
next:	CMP	AL,string[SI]	;比较测试
	PUSHF		;标志寄存器入栈
	INC	SI	
	POPF		;标志寄存器出栈
	LOOPNZ	next	;当 CX 不为 0,且没找到空格字符时循环
	JZ	find	;ZF=1,表示找到空格字符
	未找到处理		
	JMP	exit	;跳出"找到处理"
find:	找到处理		
exit:	结束		

5)中断指令和中断返回指令

中断即计算机停止当前正在执行的程序,转而去执行更紧急任务的子程序,执行结束后返回到原先执行的程序。

CPU 响应一次中断自动完成 3 件事情:首先,和调用子程序时类似,把(CS)和(IP)保存入栈(即保留断点地址);其次,为了全面保存现场信息,将(PSW)保存入栈(即保护现场);最后,转到中断子程序去执行。当然,从中断服务程序返回时,则需要恢复断点地址和现场。

(1)INT 中断指令

格式:INT n

执行的操作:

$$(SP) \leftarrow (SP)-2$$
$$((SP)+1,(SP)) \leftarrow (PSW)$$
$$(SP) \leftarrow (SP)-2$$
$$((SP)+1,(SP)) \leftarrow (CS)$$
$$(SP) \leftarrow (SP)-2$$
$$((SP)+1,(SP)) \leftarrow (IP)$$
$$(IP) \leftarrow (TYPE \times 4)$$
$$(CS) \leftarrow (TYPE \times 4+2)$$

用于产生中断类型号为 n 的软件中断,n 是一个 8 位立即数,取值为 0~255。

（2）INTO 溢出中断指令

格式：INTO

执行的操作：

$$(SP) \leftarrow (SP) - 2$$
$$((SP) + 1, (SP)) \leftarrow (PSW)$$
$$(SP) \leftarrow (SP) - 2$$
$$((SP) + 1, (SP)) \leftarrow (CS)$$
$$(SP) \leftarrow (SP) - 2$$
$$((SP) + 1, (SP)) \leftarrow (IP)$$
$$(IP) \leftarrow (10H)$$
$$(CS) \leftarrow (12H)$$

一般将 INTO 指令安排在有符号数加减运算指令后,若溢出标志 OF=1,则转去执行溢出中断服务程序。该指令规定的中断类型号是 4(即溢出中断),所以它的中断向量在中断向量表中的地址是 10H。INTO 指令即 n=4 的 INT 指令。

（3）IRET 从中断返回指令

格式：IRET

执行的操作：

$$(IP) \leftarrow ((SP) + 1, (SP))$$
$$(SP) \leftarrow (SP) + 2$$
$$(CS) \leftarrow ((SP) + 1, (SP))$$
$$(SP) \leftarrow (SP) + 2$$
$$(PSW) \leftarrow ((SP) + 1, (SP))$$
$$(SP) \leftarrow (SP) + 2$$

所有中断过程(服务程序)不管是硬件引起的还是软件引起的,最后执行的一条指令一定是 IRET,用以退出中断过程,返回到中断时的断点处。

3.2.6 处理器控制指令(Processor Control Instruction)

1）标志处理指令

8086 中有 7 条直接对单独的标志进行操作的指令。其中 3 条是针对进位标志 CF 的,2 条是针对方向标志 DF 的,2 条是针对中断标志 IF 的。

（1）CLC

此指令使标志 CF=0。

（2）STC

此指令使标志 CF=1。

（3）CMC

此指令使标志 CF 取反,若执行指令前 CF=0,则执行该指令后,CF=1;若执行指令前 CF=1,则执行该指令后,CF=0。

（4）CLD

此指令使标志 DF=0,则在串操作指令执行时,使地址自动增加。

（5）STD

此指令使标志 DF=1，则在串操作指令执行时，使地址自动减少。

（6）CLI

此指令使标志 IF=0，即关中断。外部装置送至引脚 INTR 上的可屏蔽中断请求，CPU 不予响应。

（7）STI

此指令使标志 IF=1，即开中断，从而使 CPU 可以响应出现在 INTR 上的外部中断请求。

2）外部同步指令

外部同步指令用于控制 CPU 的动作，这类指令不影响标志位。

（1）HLT 暂停指令

格式：HLT

该指令使 8086 进入暂停状态。当 8086 处于暂停状态时，只有复位信号（RESET）或外部中断请求信号（NMI 或 INTR）可使其退出暂停状态。在程序中，通常用 HLT 指令来等待中断的出现。在中断返回时，返回至 HLT 指令的下一条指令。

（2）NOP 空操作指令

格式：NOP

该指令不执行任何操作，其机器码占有一个字节单元，占有 3 个时钟周期。

8086 可以工作在最大模式，设置了 3 条使 CPU 与其他协处理器同步工作的指令换码指令/交权指令 ESC、等待指令 WAIT、总线封锁指令 LOCK。

（3）ESC 交权指令

格式：ESC

该指令将 CPU 的控制权交给协处理器。

（4）WAIT

格式：WAIT

当 8086 的 $\overline{\text{TEST}}$ 引脚为高电平时，执行该指令使 CPU 处于空转状态，直到 $\overline{\text{TEST}}$ 引脚上的信号变为低电平，CPU 退出空转状态，转去执行 WAIT 指令的下一条指令。

（5）LOCK

该指令是一个单字节的指令前缀，可放在任何一条指令前。LOCK 指令使工作在最大模式下的 8086 CPU，在执行下一条指令期间发出总线封锁信号，即 $\overline{\text{LOCK}}$ 引脚变为低电平有效信号。这样，在 CPU 访问存储器或外设时，总线控制器会对总线进行封锁，使其他处理器得不到总线控制权。CPU 与其他协处理器协同工作时，可以避免有用信息被破坏。

习题与思考题

1. 指出下列指令中画线部分的寻址方式。

（1）MOV　　AX,<u>1234H</u>

（2）MOV　　BX,<u>AX</u>

（3）MOV　　BX,<u>DS:[200H]</u>

（4）MOV　　AL,<u>[BP]</u>

（5）MOV　AX,[DI+200H]

（6）MOV　AX,VRA1

（7）MOV　AX,VAR1[BP][SI]

2.设 CS=1000H,DS=2000H,ES=3000H,SS=4000H,IP=100H,SP=200H,BX=300H, BP=400H,SI=500H,则下一条待执行指令的物理地址为多少？ 当前栈顶的物理地址为多少？ [BX]代表的存储单元的物理地址为多少？ [BP]代表的存储单元的物理地址为多少？ ES:[BX+SI]代表的存储单元的物理地址为多少？

3.试根据以下要求,分别写出相应的汇编语言指令。

（1）以寄存器 BX 和 SI 作为基址变址寻址方式把存储器中的一个字送到 DX 寄存器。

（2）以寄存器 BX 和偏移量 VALUE 作为寄存器相对寻址方式把存储器中的一个字和 AX 相加,把结果送回到那个单元。

（3）将 BH 的高 4 位与低 4 位互换。

（4）测试 BX 的第 6、7、8、12、13 位是否同时为 0。

（5）将存放了 0~9 数值的 DL 寄存器中的内容转化为相应的'0'~'9'的字符。

4.分别用存储器的 5 种寻址方式实现将以 VAR 为首址的第 3 个字（注意:从第 0 个起）,送至 AX 的指令序列。

5.指出下列指令错误的原因:

（1）MOV　CL,300

（2）MOV　CS,AX

（3）MOV　BX,DL

（4）MOV　ES,1000H

（5）INC　[BX]

（6）ADD　AX,DS

（7）TEST　BX,[CX]

（8）SUB　[BX],[BP+SI]

6.分别说明下列各组指令中的 2 条指令的区别。

（1）MOV　BX,VAR　　　　　LEA　　BX,VAR

（2）MOV　[BP][SI],CL　　　MOV　　DS:[BP][SI],CL

（3）MOV　AX,BX　　　　　 MOV　　AX,[BX]

（4）SUB　DX,CX　　　　　 CMP　　DX,CX

7.试比较以下 5 条指令的功能。

MOV　AX,DI

MOV　AX,[DI]

MOV　AX,OFFSET　[DI]

LEA　AX,[DI]

LDS　AX,[DI]

8.程序理解执行。

```
STC
XOR　AX,AX
```

```
NOT    AX
XOR    AX,5678H
ADC    AX,8
TEST   AX,8000H
```

程序段执行后,AX=_____,CF=_____。

9. 程序语句填空,以下是完成1~20的奇数累加并存于AL中的程序段。

```
         XOR    AL,AL
         _____
         MOV    BL,1
AGAIN:   ADD    AL,BL
         _____
         LOOP   AGAIN
```

10. 假设AX=0A66H,VAR变量中存放的内容为1888H,写出下列各条指令执行后BX的寄存器中和CF、ZF、SF与OF的值。

(1)CMP   AX,VAR

(2)TEST   AX,VAR

第4章
8086汇编语言程序设计 ●●○

4.1 汇编语言语句基础知识

4.1.1 汇编语言语句

一个汇编语言源程序经过汇编程序(Assembler)的汇编(即翻译)才能生成一个目标程序(即机器语言程序)。汇编程序是计算机的系统软件之一,它提供了组成汇编语言源程序的语法规则。最常用的支持 Intel 8086 系列微机的汇编程序 MASM,是美国微软(Microsoft)公司较早开发的宏汇编程序,它不仅具有 ASM 的全部功能(支持基本汇编语言),而且增加了宏指令、结构、记录等高级宏汇编功能。

同高级语言程序一样,语句(Statement)是汇编语言源程序的基本组成单位。一个汇编语言源程序有 3 种基本语句:指令语句、伪指令语句、宏指令语句。前两种最常见、最基本。对于宏指令语句,将在后面的章节介绍。

1)指令语句

每一条指令语句在汇编时都要产生一个可供机器执行的目标代码,这种语句也被称为可执行语句。指令语句的格式如图 4.1 所示。

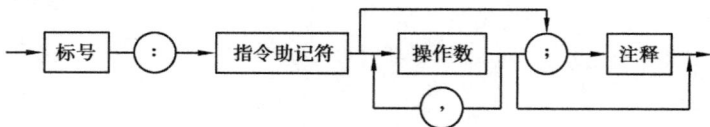

图 4.1 指令语句的格式

一条指令语句有如下 4 个字段:

(1)标号字段

这是一个可选字段。标号必须以":"作为结束符。一个标号是一条指令的符号地址,它代表该指令的第一个字节的地址。一个程序段或子程序的入口处通常设置一个标号,当程序需要转入该程序时,在转移指令或调用指令中,可直接引用这个标号。

指令语句中的标号以及下面将要介绍的伪指令语句中的符号名都统称为标识符。标识符由若干字符组成,其组成规则如下:

①标识符可用下列字符表示:字母 A~Z(或 a~z),数字 0~9,专用字符?、·、@、下画线_、$,除数字外,所有字符都可以放在标识符的第一个位置,如果标识符中用到·,则必须是第一个字符;

②字符个数为 1~31 个(即只有前面31 个字符能被汇编程序所识别,超出部分会被忽

略）；

③不使用属于系统专用的保留字。保留字主要有指令助记符（如 MOV、INC）、伪指令（如 DB、DW）、寄存器名（如 AX、BX）等；

④对定义的标识符不区分大小写。

（2）指令助记符字段

这是一条指令中不可缺少的主要成分。前面所介绍的各种指令，如 MOV、INC 等就出现在指令语句的这个字段上。它表示这条语句要求 CPU 完成什么操作。有些指令（如串操作指令）在指令助记符前还可加上前缀，实现某些附加操作。

（3）操作数字段

按照指令助记符字段要求，指令语句可以有一个操作数、两个操作数或无操作数。如 MOV 指令需要两个操作数，并且要用逗号"，"把它们隔开；INC 指令只需要一个操作数；CLC 指令不需要操作数。值得注意的是，如果需要操作数，每一个操作数都要依据 8086/8088 CPU 所允许的寻址方式来表示。

（4）注释字段

这是一个可选字段，注释字段必须以分号"；"为开始，它可以方便程序设计人员对程序或指令加以注释，提高程序的可读性。当需要作较多文字说明时，一条语句可只有注释字段，不过本语句的第一个有效字符必须是分号"；"。注释字段的内容并不影响指令的功能，也不会出现在机器的目标代码之中。

2）伪指令语句

与指令语句不同的是，伪指令本身不产生与之对应的目标代码。它是在汇编程序对汇编语言源程序汇编期间，由汇编程序处理的操作，可以完成如数据定义、分配存储区、指示程序结束等功能。伪指令语句的格式如图 4.2 所示。

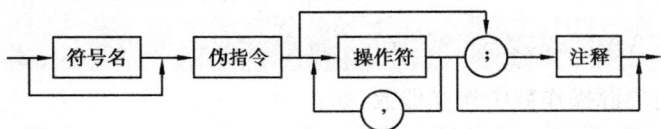

图 4.2　伪指令语句的格式

一条伪指令语句也有如下 4 个字段。

（1）符号名字段

这是一个可选字段。符号名后不得用冒号"："，这是它与指令语句突出的一个区别。对于不同的伪指令，符号名可以是常量名、变量名、过程名等。它们可以作为指令语句和伪指令语句的操作数，这时，符号名就表示一个常量或存储器地址。

（2）伪指令字段

这是伪指令语句中不可省略的主要成分，如定义数据伪指令 DB，段定义伪指令 SEGMENT 等。它们是伪指令语句要求汇编程序完成的具体操作命令。

（3）操作数字段

本字段是否需要，需要几个，需要什么样的操作数等都由伪指令字段中的伪指令来确定。操作数可以是一个常数、字符串、常量名、变量名、标号及一些专用符号（如 BYTE、FAR）等。

（4）注释字段

这是一个任选字段，它必须以分号为开始，它的作用与指令语句的注释字段相同。

4.1.2　汇编语言数据

数据是指令语句和伪指令语句中操作数的基本组成部分。一个数据包含其数值和属性两部分。这两部分对一条指令语句汇编成机器目标代码都有直接关系。通常汇编语言能识别的数据有常量、变量和标号。

1）常量

出现在 8086 源程序中的固定值（即在汇编期间，它的值已经能够完全确定，在程序运行期间，它的值也不会发生任何变化），称为常量。通常包含以下类型。

①十进制常量：0～9 数字序列，可用字母 D 结尾（如 1234D），也可没有结尾字母（如 1234）。

②二进制常量：以字母 B 结尾的 0 和 1 组成的数字序列（如 11110000B）。

③八进制常量：以字母 O 或 Q 结尾的 0～7 数字序列（如 123Q，456O）。

④十六进制常量：以字母 H 结尾的 0～9 和 A～F（或 a～f）的数字字母序列（如 1234H，0F2H）。为了区别由 A～F（或 a～f）组成的符号串是一个十六进制数还是一个标识符，凡是 A～F（或 a～f）开头的十六进制数，必须在前面加上数字 0，否则汇编程序将其认作标识符。

⑤字符串常量：用单引号或双引号括起来的一个或多个字符。这些字符用它的 ASCII 码值存储在内存中（如'1'在内存中是 31H，'12'是 31H，32H）。值得注意的是，只有在初始化存储器时才可使用多于两个字符的字符串常量（见后面的 DB 伪指令部分）。

在程序中，常量主要出现在以下部分。

①在数据定义伪指令中，如：

```
VAR    DB    ‘VAR’;定义 3 个字节的字符串变量
```

②在指令语句的源操作数中作立即数，如：

```
MOV    AL,12H
```

③在指令语句的寄存器相对寻址或相对基址变址寻址中作为位移量，如：

```
MOV    BX,32H[SI]
```

2）变量

变量用来表示程序中所用的内存操作数。定义变量即给变量分配存储单元，且对这个存储单元赋予一个符号名——变量名，同时给这些存储单元预置初值，这些值可以在程序运行期间随时修改。

（1）定义

格式：[变量名]　类型助记符　操作数[,操作数,……]

其中变量名字段是可有可无的，它用于指示内存操作数的地址（符号地址）；操作数字段用于指示内存操作数，汇编程序将定义的内存操作数，按其类型分配内存单元数，顺序存入变量名指向的内存单元中；类型助记符字段用于说明伪指令的助记符，常用的有以下 4 种：

①DB 伪指令用来定义字节，其后的每个操作数都占有一个字节；

②DW 伪指令用来定义字,其后的每个操作数都占有一个字(低位字节存放在低地址,高位字节存放在高地址);

③DD 伪指令用来定义双字,其后的每个操作数都占有 2 个字;

④DQ 伪指令用来定义 4 个字,其后的每个操作数都占有 4 个字。

[例 4.1] 操作数可以是常量,也可以是表达式(该表达式可以求得一个常量),如:

```
xx      DB      1,-1
yy      DW      2*16,-1
```

汇编程序可以在汇编期间在存储器中存入数据,如图 4.3 所示。

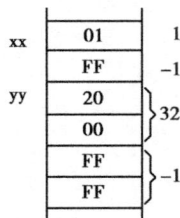

图 4.3 例 4.1 中变量存放情况

(2)变量的 3 个属性

①段属性 SEG:表示变量存放在哪一个逻辑段中(即变量的段基址)。要对这些变量进行存取操作时,事先应将其所在段的段基址存放到段寄存器中。

②偏移量属性 OFFSET:表示变量在逻辑段中离段起始点的字节距离。上述段属性和偏移量属性就构成了变量的逻辑地址。

③类型属性 TYPE:表示变量占用存储单元的字节数,它由类型助记符 DB、DW、DD、DQ 来规定,即由数据定义伪指令确定。

(3)预置初值

变量定义格式中的操作数部分,实际上就是给变量预置初值,通常有以下 4 种情况。

①数值表达式:表示内存操作数的初始值,其值应在定义的类型范围内。

```
如:xx    DB      1,-1
    yy    DW      2*16,-1
```

②? 表达式:不带引号的? 表示可预置任何内容。

```
如:cc    DB      ?
    dd    DW      ?
```

③字符串表达式:

对于 DB 伪指令,为字符串中每个字符分配 1 个字节单元。字符串必须有引号括起来且不超过 255 个字符。字符串自左至右以符号的 ASCII 码按地址递增的顺序依次存放在内存中。

对于 DW 伪指令,可以给 2 个字符组成的字符串分配 2 个字节的存储单元,而且这 2 个字符的 ASCII 码的存储顺序是前一个字符在高字节,后一个字符在低字节。每一个数据项只能是 1~2 个字符。

对于 DD 伪指令,仅可给 2 个字符组成的字符串分配 4 个字节的单元,且这 2 个 ASCII 码存储在 2 个低字节(存储顺序与 DW 伪指令相同)中,2 个高字节均存放 00H。

[例 4.2]

STR1	DB	'123456'
STR2	DW	'12' ,'34' ,'56'
STR3	DD	'12' ,'34'

如图 4.4 所示显示了变量 STR1、STR2、STR3 在内存中的存放情况。

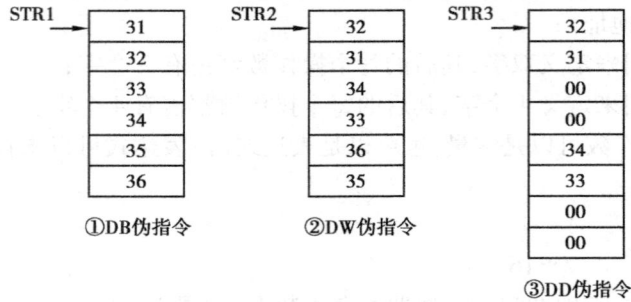

图 4.4　例 4.2 中变量存放情况

④带 DUP 表达式:DUP 是定义重复数据的操作符,在操作数部分的格式为:

重复次数　　DUP(重复的内容)

[例 4.3]

ee0	DB	3	DUP(12)
ee1	DB	20	DUP(?)
ee2	DB	10H	DUP('8889')
ee3	DB	10H	DUP(3　DUP(8),9)

说明:

变量 ee0 等价于 ee0　DB　12,12,12;变量 ee1 保留 20 个字节,每个字节可预置任何内容;变量 ee2 重复 10H 个字符串'8889',共 40H 个字节单元;变量 ee3 是 DUP 操作符的嵌套使用,即它的重复内容可以又是一个带 DUP 的表达式。它重复 10H 个数据序列"8,8,8,9",共 40H 个字节单元。

(4)变量的使用

①在指令语句中,如果要对某存储单元进行存取操作,可直接引用它的变量名;若操作数采用直接寻址,变量的偏移量作为操作数的偏移量;而操作数若采用寄存器相对寻址或相对基址变址寻址,此时变量的偏移量就作为操作数的位移量。

[例 4.4]

VAR1	DB	12H	;定义变量
VAR2	DB	10　DUP(12H)	
……			
MOV	AL,VAR1		;VAR1 存储单元的内容 12H 传给 AL
MOV	AL,VAR2[SI]		;目的操作数的偏移量=VAR2 的偏移量+(SI)

②在伪指令语句中,定义变量时引用了另一个变量,则这个变量的内容(即存储单元的内容)均是被引用变量的逻辑地址(包括段地址和偏移量)。如用 DW,则仅有偏移量;如用 DD,则前 2 个字节(低字地址)存放偏移量,后 2 个字节(高字地址)存放段地址;注意不能用 DB 引用变量名。

[例4.5]

NUM	DB	75H
ARRAY	DB	20H DUP(0)
ADR1	DW	NUM
ADR2	DD	NUM
ADR3	DW	ARRAY[2]

假设上述语句的段基址是0915H,NUM的偏移量是0004H,则上述变量的存储情况如图4.5所示。

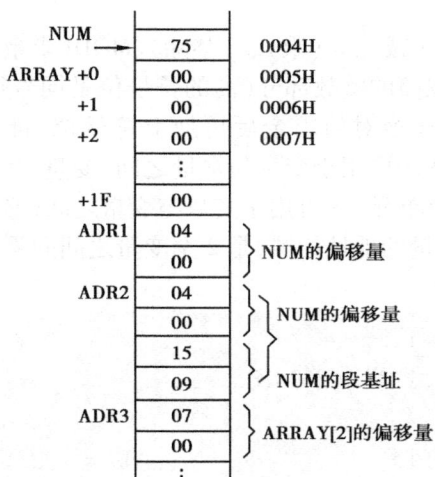

图4.5 例4.5中变量存放情况

3)标号(Label)

标号是一条指令目标代码的符号地址,它常作为转移指令或调用指令的操作数,如:

	CMP	AL,BL
	JE	LOP
	……	
LOP:	……	

标号具有以下3个属性。

(1)段属性

表示这条指令的目标代码在哪个逻辑段中。

(2)偏移量属性

表示这条指令目标代码的首字节在段内离段起始点的字节距离。

同样上述2个属性构成了这条指令目标代码首字节的逻辑地址。

(3)距离属性(或类型属性)

表示本标号可作为段内或段间的转移特性。距离属性分为2种:

①NEAR(近):本标号只能被标号所在段的转移和调用指令所访问(即段内转移)。只需改变 IP 值,而不改变 CS 值。

②FAR(远):本标号可以被其他段(不是标号所在的段)的转移和调用指令所访问(即

段间转移）。不仅需要改变 IP 值,还需要改变 CS 值。

4.1.3　汇编语言的表达式与运算符

指令或伪指令语句进行操作的对象是操作数,而表达式是操作数常见的形式,它由常数、变量、标号通过操作运算符连接而成。任意表达式的值是在程序汇编过程中进行计算确定的,不是在程序运行时求得的。

8086/8088 宏汇编语言中操作运算符分为算术运算符、逻辑运算符、关系运算符、数值返回运算符、属性修改运算符。

1）算术运算符

算术运算符有+（加）、−（减）、*（乘）、/（整除）、MOD（求余）,参加运算的数和运算结果均是整数。/代表整除,只取商的整数部分（商的符号位是同号得正,异号得负）,而 MOD 代表求余,只取商的余数部分（绝对值求余后再加上符号位,符号位与被除数相同）;*、/、MOD 不能用于变量运算。+、−可用于变量与常量之间,变量±常量代表的是变量的地址±常量后作为地址所对应的存储单元。−可用于变量与变量之间（必须是同一段中的 2 个变量）,变量−变量代表的是 2 个变量的地址相减,是 2 个变量之间间隔的字节数。

［例 4.6］

VAR1	DB	1,2,3,4	
VAR2	DW	1234H,5678H	
……			
MOV	AL,VAR1+2		;（AL）= 3
MOV	CX,VAR2−VAR1		;（CX）= 0004H
MOV	AH,3*2		;（AH）= 6
MOV	AH,6/4		;（AH）= 1
MOV	AH,6　　MOD　4		;（AH）= 2

2）逻辑运算符

逻辑运算符有 4 个:AND（与）、OR（或）、NOT（非）和 XOR（异或）。参加运算的数和运算的结果均是整数,逻辑运算是按位进行的。

［例 4.7］

MOV	BL,33H　AND　0F0H	;（BL）= 30H
MOV	BH,33H　OR　0F0H	;（BH）= 0F3H
MOV	AL,NOT　0F0H	;（AL）= 0FH
MOV	AX,NOT　0F0H	;（AX）= 0FF0FH
MOV	CL,33H　XOR　0F0H	;（CL）= 0C3H

3）关系运算符

关系运算符有 6 个,其主要有 4 个英文单词的缩写,分别是 GREAT（大于）、LITTLE（小于）、EQUAL（等于）、NOT（不）。这 6 个关系运算符分别是 GT（大于）、GE（大于等于）、LT（小于）、LE（小于等于）、EQ（等于）、和 NE（不等于）,用于比较 2 个表达式。表达式一定是常数或同段内的变量;若是常数,按无符号数比较;若是变量则比较它们的偏移量。比较的结果为真,表示为全1;结果为假,表示为全0。

[例4.8]

```
MOV        AX,5  GT  4              ;(AX)=0FFFFH
MOV        BL,8+3*2  LT  25/4       ;(BL)=0
```

4)数值返回运算符

数值返回运算符有5个,分别是SEG、OFFSET、TYPE、LENGTH和SIZE。这种运算符的对象必须是存储器操作数,即变量名或标号,通过运算后返回的是一个数值。下面分别说明各运算符的功能。

(1)SEG

格式:SEG   变量名或标号

当运算符SEG加在一个变量名或标号前面时,汇编程序回送的运算结果是这个变量或标号所在的段的段基址,如:

```
MOV        AX,SEG   VAR
```

(2)OFFSET

格式:OFFSET   变量名或标号

当运算符OFFSET加在一个变量名或标号前面时,汇编程序回送的运算结果是这个变量或标号所在的段的偏移量,如:

```
MOV        AX,OFFSET   VAR
```

(3)TYPE

格式:TYPE   变量名或标号

如果是变量,则汇编程序将回送该变量的以字节数表示的类型:DB为1,DW为2,DD为4,DQ为8。如果是标号,则汇编程序将回送代表该标号类型的数值:NEAR为−1,FAR为−2。其中,变量的类型数字正好表示每个数据所占的存储单元的字节数;而标号的类型数字没有什么物理意义。如:

```
VAR3       DD        10H,20H
```

则对于指令

```
MOV        AL,TYPE   VAR3
```

汇编程序将其形成为

```
MOV        AL,04H
```

(4)LENGTH

格式:LENGTH   变量名

如果变量是用重复数据操作符DUP说明的,汇编程序将回送外层DUP给定的值;如果变量没有用DUP说明,则返回的值总是1。

[例4.9]

VAR1	DB	3 DUP(0)	
VAR2	DW	4 DUP(2,3 DUP(2))	
VAR3	DD	10H,20H	
……			
MOV	AL,LENGTH	VAR1	;汇编后(AL)=3
MOV	BL,LENGTH	VAR2	;汇编后(BL)=4
MOV	CL,LENGTH	VAR3	;汇编后(CL)=1

（5）SIZE

格式：SIZE　变量名

运算符 SIZE 加在变量前，汇编程序回送的值等于 LENGTH 和 TYPE 返回值的乘积。

[例4.10]

VAR1	DB	3 DUP(0)	
VAR2	DW	4 DUP(2,3 DUP(2))	
VAR3	DD	10H,20H	
……			
MOV	AL,SIZE	VAR1	;汇编后(AL)=3*1=3
MOV	BL,SIZE	VAR2	;汇编后(BL)=4*2=8
MOV	CL,SIZE	VAR3	;汇编后(CL)=1*4=4

5）属性修改运算符

这种运算符用于对变量、标号或某存储器的类型属性进行修改指定，主要有 PTR、段跨越前缀、SHORT、HIGH 和 LOW 等 5 种。

（1）PTR

格式：类型　PTR　地址表达式

其中，地址表达式是指要修改类型属性的标号或存储器操作数。如果它是标号，则与之对应的类型有 NEAR、FAR；如果它是存储器操作数，则与之对应的类型有 BYTE、WORD、DWORD。

PTR 有 5 种用法：NEAR　PTR 和 FAR　PTR 用于对标号的限定，说明其是段内或段间；BYTE　PTR、WORD　PTR 和 DWORD　PTR 用于对存储器操作数的限定，说明其数据类型是字节、字、或双字。这种修改限定是临时性的，仅在该运算符所在的语句内有效。

[例4.11]

VAR_WORD		DW	3456H
……			
ADD	BYTE	PTR	VAR_WORD,AL
DEC	BYTE	PTR	[SI]
JMP	FAR	PTR	LLL

说明：

①第 1 条指令语句主要是临时修改变量的类型属性，同时指定它们按字节存储单元进

行操作。

②第 2 条指令语句,由于目的操作数是用寄存器间接寻址,如果没有用 BYTE　PTR 对该操作数加以限制,那么在汇编该指令时,就不知道它操作的是字节单元还是字单元,因此这条指令必须用 PTR 运算符对类型加以指定,否则将会产生语法错误。

③第 3 条指令语句中用 FAR　PTR 指明标号 LLL 不在本指令语句所在的段。

（2）段跨越前缀

在存储器操作数之前加上段寄存器名和冒号,用于强行指定此存储器操作数在哪个段。段跨越前缀共有 4 种:DS、CS、SS 和 ES。如:

```
MOV        AX,ES:[BX]
```

（3）SHORT

SHORT 用来修饰 JMP 指令中转向地址的属性,指出转向地址是在下一条指令地址的 $-128 \sim +127$ 字节范围之内,如:

```
JMP        SHORT   LL
……
LL:……
```

（4）HIGH/LOW

格式:HIGH　　　常数或地址表达式
　　　LOW　　　常数或地址表达式

这 2 个运算符称为字节分离操作符,它接收一个常数或地址表达式,HIGH 取其高位字节,LOW 取其低位字节。其中地址表达式必须具有常量值(即在汇编源程序时能确定的段地址或偏移量的地址表达式),HIGH/LOW 运算符用于分离出段地址或偏移量的高字节/低字节。

[例 4.12]

```
CONST      EQU     1234H
VAR        DW      3   DUP(0);设 VAR 的段地址是 4000H
……
MOV        AL,HIGH  1234H          ;(AL)=12H
MOV        AL,LOW   CONST          ;(AL)=34H
MOV        BL,HIGH  (SEG  VAR)     ;(BL)=40H
```

值得注意的是,HIGH/LOW 不能用来分离某一个寄存器或存储器操作数内容的高字节/低字节,如下述指令则是错误的:

```
MOV  AH,LOW  AX
```

上面介绍了 5 种常见的运算符,表达式是常量、变量、标号和运算符的组合,在计算表达式时,首先应该计算优先级别高的运算符;然后从左往右地对优先级别相同的运算符进行计算。当然圆括号可以改变计算的顺序,括号内的表达式应优先计算。表 4.1 为运算符的优先级别关系。

表 4.1 常用算符的优先级别关系

优先级别	运算符
从高到低	LENGTH,SIZE
	PTR,OFFSET,SEG,TYPE,及段跨越前缀
	HIGH,LOW
	*,/,MOD,SHL,SHR
	+,-
	EQ,NE,LT,LE,GT,GE
	NOT
	AND
	OR,XOR
	SHORT

4.1.4 汇编语言程序的段结构

1）段定义伪指令

格式：段名　　　SEGMENT

……

　　　段名　　　ENDS

一个完整的汇编源程序中可以定义多个段,但同时起作用的最多只有 4 个。每一个段都是由伪指令 SEGMENT 开始,由 ENDS 结束,SEGMENT 和 ENDS 必须成对出现,并且在 SEGMENT 和 ENDS 前都必须有同一个段名。SEGMENT 和 ENDS 语句之间的省略号部分,对于代码段来说,主要是指令,也可以有伪指令;对于数据段、附加段和堆栈段来说,一般是存储单元的定义、分配等伪操作。值得注意的是,在数据段中一般不能有指令,即使有指令也不可能得到执行,因为用来控制程序执行流程的是 CS、IP,所以指令只有放在代码段才能得到执行。有指令和其他伪操作,表示存放在该段内存的变量、指令或其他伪操作对该段内存的处理。

2）段寻址伪指令

上面介绍的仅仅是怎样定义一个段,此外还必须明确所定义的段与段寄存器的关系,用段寻址伪指令 ASSUME 来实现,其格式如下：

　　ASSUME 段寄存器名:段名[,段寄存器:段名,……]

其中,段寄存器名为 CS、DS、ES 或 SS;段名则必须是由 SEGMENT 定义过的段名;段寄存器名和段名之间必须有冒号“:”。

ASSUME 伪操作用来指示汇编程序指令中用到的标号、过程及变量所在的段。其中,对标号、过程必须用 CS 段寄存器指示;对变量可用 CS、DS、ES、SS 段寄存器指示;若未用 ASSUME 语句指示指令中用到的标号、过程和变量所在的段,汇编程序将给出错误信息。

当 CPU 执行一条访问存储器的指令时,要把逻辑地址转换成物理地址,进行转换就需要知道使用哪一个段寄存器。ASSUME 伪指令即指示汇编程序已定义的段和段寄存器的对应关系,只起指示作用,并不会产生任何目标代码。它仅仅告诉汇编程序,哪些段是当前段,分别由哪个段寄存器指向。

在代码段中,可以随时用 ASSUME 伪指令修改"段寄存器名:段名"的联系,且每一条 ASSUME 伪指令不一定设置全部段寄存器,如:

```
ASSUMECS:cc,DS:aa
```

当然也可以取消前面由 ASSUME 所指定的段寄存器,例如,删除上例中对 DS 与 aa 的关联设置的操作为 ASSUME　DS:NOTHING;删除全部 4 个段寄存器关联设置的操作为 ASSUME　NOTHING。

3)段寄存器的装入

由于 ASSUME 伪指令语句只建立当前段与段寄存器之间的联系,并不能把各段的段地址装入相应的段寄存器中,所以在代码段中还必须把段地址装入相应的段寄存器中。段寄存器的装入使用程序的办法,且 4 个段寄存器的装入略有不同。

①DS 和 ES 的装入。

在程序中,引用段名即以立即数形式获取该段的段基址,而立即数又不能直接送给段寄存器,所以一个段的段基址要经过通用寄存器传送给 DS 和 ES。

[例4.13]

```
DATA        SEGMENT
            VAR1    DW          1234H
DATA        ENDS
EXTRA       SEGMENT
            VAR2    DW          ?
EXTRA       ENDS
CODE        SEGMENT
            ASSUME   CS:CODE,DS:DATA,ES:EXTRA
START:      MOV     AX,DATA
            MOV     DS,AX      ;给 DS 赋初值
            MOV     AX,EXTRA
            MOV     ES,AX      ;给 ES 赋初值
            ……
```

②SS 和 SP 的装入。

对于 SS 和 SP 的装入,可用类似 DS 和 ES 的装入办法,用几条指令实现对 SS 和 SP 的装入。

[例4.14]

```
STACK   SEGMENT
        STA     DB      20H     DUP(?)
        TOP     EQU     LENGTH  STA
```

```
STACK    ENDS
CODE     SEGMENT
         ASSUME   CS:CODE,SS:STACK
         ……
         MOV            AX,STACK
         MOV            SS,AX              ;给 SS 赋初值
         MOV            SP,TOP             ;给 SP 赋初值,即(SP)= 20H
         ……
```

还可以在段定义伪指令 SEGMENT 的组合类型中选择"STACK"参数,且在段寻址伪指令 ASSUME 中,把堆栈用的段指派给段寄存器 SS。

[例 4.15]

```
STACK    SEGMENT   PARA   STACK
         DB   10   DUP(?)
STACK    ENDS
CODE     SEGMENT
         ASSUME   CS:CODE,SS:STACK
         ……
```

③CS 的装入。

CS 提供了当前执行目标代码的段基址,而 IP 提供下一条目标代码的偏移量。为了保证程序正确执行,CS 和 IP 装入新值必须同时完成。若采用 DS、ES 的装入办法,那么为装入 CS、IP 的新值需要执行几条指令,而执行指令又必须按照 CS、IP 的内容来寻找指令,而且又不能直接传送数据给 IP。因此不能用执行几条指令的方法来完成 CS 的装入。

对 CS、IP 的装入通常采用按照 END 结束伪指令指定的地址装入 CS、IP 的方式。任何一个源程序都以 END 伪指令结束。

格式:END　起始地址

起始地址可以是一个标号或表达式;END 伪指令的作用是指示源程序到此结束和指定程序运行时的起始地址;汇编程序对 END 之后的语句不进行处理,程序中所有有效语句应放在 END 语句之前;源程序中必须有 END 结束语句,汇编程序对无 END 语句的源程序不进行处理。

4.1.5　其他常用伪指令

1)符号定义语句

在编制汇编语言源程序时,为了方便常把某些常数、表达式等用一特定符号表示。为此,需要使用符号等值语句。这类语句有等值语句和等号语句两种。

(1)等值语句

格式:符号　EQU　表达式

其中,EQU 是等值伪指令,把表达式的值或符号赋给 EQU 左边的符号,表达式如下所述。

①常量表达式,如:

```
PORT1      EQU      228H
NUM1       EQU      1+2
```

②地址表达式,如:

```
ADDR1   EQU   ES:[DI]
```

③变量、标号或指令助记符,如:

```
COUNT      EQU      CX
LOP        EQU      LL1
CLEAR      EQU      CLC
```

注意事项:

①等值语句仅在汇编源程序时作为替代符号用,不产生任何的目标代码,也不占有存储单元。因此,等值语句左边的符号没有段、偏移量、类型3个属性。

②在同一源程序中,同一符号在 EQU 语句未解除之前不能用 EQU 伪指令重新定义。

```
NUM     EQU      10H
NUM     EQU      20H;第二条 EQU 语句因为符号重定义而出现语法错误
```

③已经用 EQU 定义的符号,若以后不再用了,则用 PURGE 语句解除。PURGE 语句的格式如下:

PURGE　　符号1,符号2,……,符号 n

用 PURGE 语句解除后的符号可以重新定义。如:

```
NUM       EQU      10H
……
PURGE    NUM
NUM       EQU      20H
```

（2）等号语句

格式:符号 = 表达式

此语句的功能与 EQU 等值语句类似,其最大的特点是能对符号进行重定义,如:

```
NUM = 14H
NUM = 15H
```

2)程序开始和结束伪指令

在编写规模较大的汇编语言程序时,可将程序划分为几个独立的汇编语言程序模块,然后将各个模块分别进行汇编,生成各自的目标程序,最后将它们连接成一个完整的可执行程序。

（1）开始伪指令

NAME 的格式:NAME　　module_name

功能:为汇编语言程序的目标程序指定一个模块名 module_name。

TITLE 的格式:TITLE　　标题

功能：TITLE 伪指令可指定每页上打印的标题，标题最多可用 60 个字符。

如果程序中没有 NAME 伪指令，则汇编程序将 TITLE 伪指令定义的标题名前 6 个字符作为模块名。如果程序中既无 NAME 也无 TITLE 伪指令，则将源文件名作为模块名。

（2）程序结束伪指令

表示源程序结束的伪指令格式：

END　［起始标号］

其中，起始标号指示程序开始执行的起始地址。汇编程序将在遇到 END 时结束汇编，而程序则将从起始标号开始执行。

3）定位伪指令（ORG）和当前位置计数器（$）

在汇编源程序时，为指示下一个数据和指令在相应段中的偏移量，汇编程序使用一个当前位置计数器，用于记载汇编时的当前偏移量。符号"$"代表当前位置计数器的现行值。

定位伪指令的 ORG 的格式：

ORG　表达式

它表示把表达式的值赋给当前位置计数器，ORG 语句后的指令或数据以表达式给定的值作起始偏移量。

［例 4.16］

```
DATA    SEGMENT
        ORG     20H
        VAR1    DB          12H,34H         ;VAR1 的偏移量是 20H
        ORG     $+20H                       ;保留 20H 个字节单元
        STR     DB          'ABCDEFGHI'     ;偏移量是 42H
        COUT    EQU         $-STR           ;COUT=4BH-42H=9 是 STR 的字节数
DATA    ENDS
```

4）过程定义伪指令

在程序设计中，通常把具有一定功能的程序段设计成一个子程序。过程定义伪指令格式如下：

```
过程名      PROC        （NEAR/FAR）
            ……
            RET
            ……
过程名      ENDP
```

过程名不能省，且过程的开始 PROC 和结束 ENDP 应使用同一个过程名；它就是过程调用指令 CALL 的目标操作数。过程名类同于标号的作用，同样具有 3 个属性。当没有定义它的距离属性时，隐含为 NEAR。

任何一个过程，一定含有返回指令 RET，它可以在过程中任何位置，不一定非要放在最后。若一个过程有多个出口，它可能有多个返回指令。但一个过程执行的最后一条指令必定是 RET。

4.1.6　DOS 功能子程序的调用

MS-DOS 称为磁盘操作系统,它不仅提供了许多命令,还给用户提供了 80 多个常用子程序,这些子程序的主要功能包括磁盘的读写控制,文件操作,目录操作,内存管理,基本输入输出管理(键盘,显示等)及设置/读出系统日期、时间等。DOS 功能调用就是对这些子程序的调用,也称为系统功能调用。子程序的顺序编号称为功能调用号。

DOS 功能调用的过程如下:根据需要的功能调用设置入口参数,把功能调用号送至 AH 寄存器,执行软中断指令 INT 21H 后,可根据有关功能调用的说明取得出口参数。对这些子程序,程序设计人员不必过问程序的内部结构和细节,只要遵照如下调用方法即可直接调用。

下面例举部分常用的 DOS 功能子程序。

1)带显示的键盘输入(1 号功能)

调用该功能子程序,等待键盘输入,直接按下一个键(即输入一个字符),把字符的 ASCII 码送入 AL,并在屏幕上显示该字符。如果按下 Ctrl-C 组合键,则停止程序运行;如果按下 TAB 制表键,屏幕上光标自动扩展到紧跟着的 8 个字符位置后。1 号功能调用,无需入口参量,出口参量在 AL 中。如:

```
MOV        AH,01H
INT        21H
```

2)字符串输入(0AH 号功能)

前面 1 功能调用是每调用一次,就从键盘输入一个字符。而在许多应用程序中,要求用户输入姓名、地址或其他字符串,此时则需要一次调用能输入一个字符串,21H 中断的 0AH 号功能子程序就能做到这一点,即从键盘读入一串字符并把它存入用户定义的缓冲区中。因此,在使用本功能调用前,应在内存中建立一个输入缓冲区。

缓冲区第 1 个字节存放它能保存的最大字符数(1~255,不能为 0),该值由用户程序事先设置。如果键入的字符数比此数大,则会发出"嘟嘟"声,且光标不再向右移动。

缓冲区第 2 个字节存放用户本次调用时实际输入的字符数(回车键除外),这个数由 DOS 返回时自动填入。从第 3 个字节开始存放用户从键盘输入的字符,直到用户输入回车键为止,并将回车键码(0DH)加在刚才输入字符串的末尾。因此,设置缓冲区最大长度时,应比所希望输入的最多字符数多一个字节。若输入的字符数超过缓冲区最大容量,则后面输入的字符被略去,且响铃,直到输入回车键才结束。

调用时,用 DS:DX 寄存器指向输入缓冲区的段基值:偏移量。例如,在数据区定义的字符缓冲区如下:

```
MAX_LEN     DB      18
ACT_LEN     DB      ?
STRING      DB      18      DUP(0)
```

则输入串的指令如下:

```
MOV        AX,SEG        MAX_LEN
MOV        DS,AX
MOV        DX,OFFSET     MAX_LEN
MOV        AH,0AH
INT        21H
```

上述指令序列中,若前面的程序已把 DS 设置在含有 MAX_LEN 数据区的段基值,那么示例中前 2 条指令可省略。在字符串输入过程中,可用 Ctrl-C 打断,中止字符输入。如果键入字符串:

THIS IS A PROGRAM ↙

此时缓冲区 MAX_LEN 的各存储单元如图 4.6 所示。

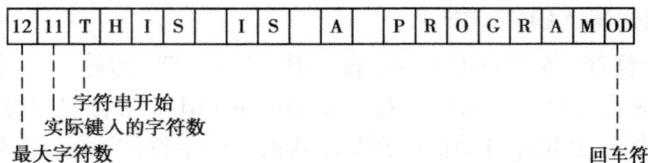

图 4.6　缓冲区 MAX_LEN 的存放情况

3)字符显示(2 号功能)

本功能子程序仅在屏幕上显示单个字符。要显示字符的 ASCII 码(入口参量)存放在 DL 中。如果 DL 中存放退格键编码(08H),在屏幕上便向左移一个字符位置,并使该位置成为空格。移动后光标停留在该位置后。如要显示字符'A',可用以下指令调用:

```
MOV        DL,'A'
MOV        AH,2
INT        21H
```

由于 2 号功能可显示任一字符,例如美元符号" $ "(24H),而 9 号功能却不能显示" $ ",所以它可作为 9 号功能的补充。

4)字符串显示(9 号功能)

9 号功能子程序能在屏幕上显示多于一个的字符串。要显示的字符串必须先放在内存一数据区中,且字符串以美元符号" $ "作为结束标志。对于非显示字符(如回车,换行),可用它的 ASCII 码插入字符串中间。进行 9 号功能调用时,应先把待显示字符串首地址的段基值和偏移量分别存入 DS 和 DX 中。

在数据段中定义一个待显示符号串,如:

```
STRING     DB        "THIS IS A PROGRAM",0AH,0DH," $ "
```

则显示该符号串的指令为:

```
LEA        DX,STRING
MOV        AH,9
INT        21H
```

5）取中断向量（35H 号功能）

35H 号功能把由 AL 指定的中断类型号的中断向量从中断向量表中取到 ES：BX 中。即必须把要取出的中断类型号 N 送给 AL,调用 35H 号功能后,与中断类型号 N 对应的中断向量则保存在 ES：BX 中。其调用示例如下：

```
MOV      AL,N
MOV      AH,35H
INT      21H
```

6）设置中断向量（25H 号功能）

25H 号功能把由 AL 指定的中断类型的中断向量 DS：DX 放置在中断向量表中。如果新的中断功能只供自己使用,或用自己编写的中断服务程序代替系统中的中断服务程序时,要注意保存原中断向量,在设置自己的中断向量时,应先保存原中断向量再设置新的中断向量,在结束程序前恢复原中断向量。具体设置过程为,首先将要设置的中断类型号送至 AL,然后把要设置的中断服务程序的段地址和偏移量（即中断向量）分别送至 DS、DX,最后再调用 25H 功能。典型的使用 DOS 功能调用存取中断向量的程序段如下：

```
        ……
        MOV      AL,N                           ;取出并保存原中断向量
        MOV      AH,35H
        INT      21H
        PUSH     BX
        PUSH     ES
        PUSH     DS
        MOV      AX,SEG  INTERRUPT     ;设置新的中断向量
        MOV      DS,AX
        MOV      DX,OFFSET  INTERRUPT
        MOV      AL,N
        MOV      AH,25H
        INT      21H
        POP      DS
        ……
        POP      DS                            ;恢复原中断向量
        POP      DX
        MOV      AL,N
        MOV      AH,25H
        INT      21H
        MOV      AH,4CH                        ;返回 DOS
        INT      21H
INTERRUPT:……                                  ;中断服务程序
        IRET
        ……
```

4.2 汇编语言程序基本流程结构

4.2.1 汇编语言源程序的框架结构

编制汇编语言源程序时,首先要使用段定义伪指令和段寻址伪指令来构造一个由若干指令和数据组成的程序。一个程序到底有几个段,完全根据实际情况来确定。通常是按照程序中的用途来划分段,如存放数据的段、作为堆栈使用的段、存放指令的段等。对于汇编语言程序设计的初学者,不妨先设置 3~4 个段。构造一个源程序的框架结构有如下 2 种格式:

第 1 种格式:

```
DATA      SEGMENT                              ;数据段,(可据需要设定,也可没有)
          ……                                 ;存放数据项
DATA      ENDS
EXTRA     SEGMENT                              ;附加段,(可据需要设定)
          ……                                 ;存放数据项
EXTRA     ENDS
STACK     SEGMENT    PARA    STACK             ;堆栈段,(可据需要设定)
          ……                                 ;设置堆栈段
STACK     ENDS
CODE      SEGMENT                              ;代码段
          ASSUME CS:CODE,DS:DATA,ES:EXTRA,SS:STACK
BEGIN:    MOV              AX,DATA
          MOV              DS,AX
          MOV              AX,EXTRA
          MOV              ES,AX
          ……
          ……                                 ;存放指令序列
          MOV              AH,4CH              ;返回 DOS
          INT              21H
CODE      ENDS
          END              BEGIN
```

第 2 种格式:

```
DATA      SEGMENT                              ;数据段,(可据需要设定,也可没有)
          ……                                 ;存放数据项
DATA      ENDS
STACK     SEGMENT    PARA    STACK             ;堆栈段,(可据需要设定)
          ……                                 ;设置堆栈段
```

```
STACK        ENDS
CODE         SEGMENT
             ASSUME    CS:CODE,DS:DATA,SS:STACK
MAIN         PROC FAR                   ;使 RET 为远返回
BEGIN:       PUSH      DS               ;入栈保存地址
             MOV       AX,0             ;程序段前缀的首地址
             PUSH      AX
             MOV       AX,DATA
             MOV       DS,AX
             ……
             ……                        ;存放指令序列
             RET                        ;取程序段前缀首地址
MAIN         ENDP
CODE         ENDS
             END       BEGIN
```

2 种格式的本质区别在于返回 DOS 的方法不同:

①对于第 1 种格式,采用了调用 DOS 系统的 4CH 功能,返回 DOS。具体方法是在要返回 DOS 处,安排如下 2 条指令:

```
MOV        AH,4CH
INT        21H
```

②对于第 2 种格式,DOS 返回方法是调用 20H 类型的中断服务程序。20H 中断程序的功能为处理程序结束,返回系统。调用 20H 中断程序是有条件的:要求当前的 CS 应为程序段前缀在内存的段值。值得注意的是,不可在汇编语言程序的最后用 INT 20H 返回 DOS,因为 20H 中断子程的执行是有条件的。采用第 2 种返回 DOS 的程序结构才能满足该条件,否则无法返回。建议在编写源程序时采用第 1 种格式。

在上述汇编语言源程序的框架结构中,仅仅用省略号来表示指令序列,并没有具体讨论应怎样组织指令序列。实际上,对于"怎样组织指令序列",就涉及程序的基本结构。汇编语言源程序的基本结构有 3 种,分别为顺序程序结构、分支程序结构、循环程序结构。

4.2.2 顺序程序结构

顺序程序结构是指完全按照顺序逐条执行的指令序列,它在程序段中是大量存在的,但作为完整的程序则很少见。这种结构的流程图除开始框和结束框外,就是若干处理框,没有判断框,如图 4.7 所示。

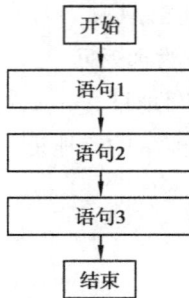

图4.7 顺序程序的结构形式

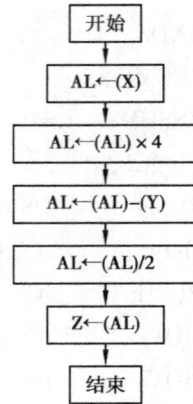

图4.8 例4.17的功能实现流程图

[例4.17] 试分别用汇编语言源程序的两种框架结构编制程序,求出表达式(X×4-Y)/2 的值,并保存到 RESULT 存储单元中,其中 X,Y 均为字节变量。

解:完成该功能的流程图如图4.8所示。

参考程序:

DATA	SEGMENT		;数据段
	X DB	2	
	Y DB	4	
	Z DB	?	;定义变量
DATA	ENDS		
STACK	SEGMENT	PARA STACK	
	DW 20H	DUP(0)	
STACK	ENDS		
CODE	SEGMENT		;代码段
	ASSUME	CS:CODE,DS:DATA,SS:STACK	
BEGIN:	MOV	AX,DATA	
	MOV	DS,AX	;DS 赋初值
	MOV	AL,X	;AL←X
	MOV	CL,2	
	SAL	AL,CL	;AL←X×4
	SUB	AL,Y	;AL←X×4-Y
	SAR	AL,1	;AL←(X×4-Y)/2
	MOV	Z,AL	;存结果
	MOV	AH,4CH	;返回 DOS
	INT	21H	
CODE	ENDS		
	END	BEGIN	

[例4.18] 利用查表法计算平方值:试求变量 VARX 单元内容(设 $0 \leqslant (VARX) \leqslant 9$ 且为整数)的平方值,并将结果放入 RESULE 单元中。

解：首先建立平方表，即将整数 $0 \sim 9$ 的平方值连续存在以 TABLE 开始的存储区域中，然后通过查表法求变量 VARX 单元内容的平方值，最后再将结果放入 RESULE 单元中。

完成该功能的流程图如图 4.9 所示。

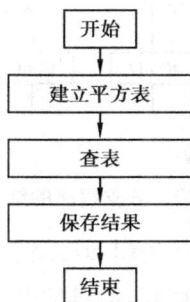

```
            ┌──────────┐
            │   开始    │
            └──────────┘
                 │
            ┌──────────┐
            │ 建立平方表 │
            └──────────┘
                 │
            ┌──────────┐
            │   查表    │
            └──────────┘
                 │
            ┌──────────┐
            │  保存结果  │
            └──────────┘
                 │
            ┌──────────┐
            │   结束    │
            └──────────┘
```

图 4.9 例 4.18 的功能实现流程图

参考程序：

DATA	SEGMENT		
	VARX	DB	3
	RESULE	DB	?
	TABLE	DB	0,1,4,9,16,25,36,49,64,81;0~9 的平方值表
DATA	ENDS		
CODE	SEGMENT		
	ASSUME	CS:CODE,DS:DATA	
MAIN	PROC	FAR	;使 RET 为远返回
BEGIN:	PUSH	DS	;入栈保存地址
	MOV	AX,0	;程序段前缀的首地址
	PUSH	AX	
	MOV	AX,DATA	
	MOV	DS,AX	
	LEA	BX,TABLE	;取 TABLE 表首址送 BX
	XOR	AH,AH	;AH 清零
	MOV	AL,VARX	
	ADD	BX,AX	
	MOV	AL,[BX]	;查表取值
	MOV	RESULE,AL	;保存结果
	RET		;取程序段前缀首地址
MAIN	ENDP		
CODE	ENDS		
	END	BEGIN	

4.2.3 分支程序结构

分支程序结构可以有 2 种形式，如图 4.10 所示，它们分别相当于高级语言程序中的 IF-THEN-ELSE 语句和 CASE 语句，适用于要根据不同条件作不同处理的情况。

IF-THEN-ELSE 可以引出 2 个分支,CASE 语句则可引出多个分支,不论哪一种形式,它们的共同点是运行方向是向前的,在某一种确定条件下,只能执行多个分支中的一个分支。

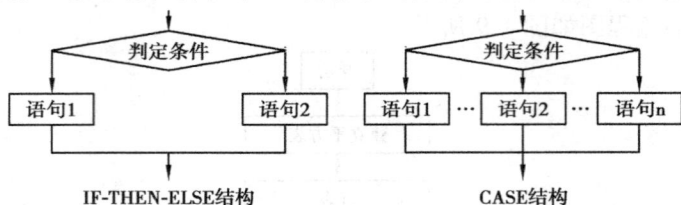

图 4.10　分支程序的结构形式

1)用比较/测试的方法实现 IF-THEN-ELSE 结构

实现方法:在产生分支前,通常用比较、测试的办法在标志寄存器中设置相应的标志位,然后再选用适当的条件转移指令,以实现不同情况的分支转移。

①进行比较,使用比较指令:

CMP	DEST,SRC

该指令进行减法操作,而不保存结果,只设置标志位。

②进行测试,使用测试指令:

TEST	DEST,SRC

该指令进行逻辑与操作,而不保存结果,只设置标志位。

[例 4.19]　变量 X 的符号函数可用下式表示:

$$Y = \begin{cases} 1 & (X>0) \\ 0 & (X=0) \\ -1 & (X<0) \end{cases}$$

试编写程序实现该符号函数。

解:由题意,很容易得到完成该功能的流程图如图 4.11 所示。

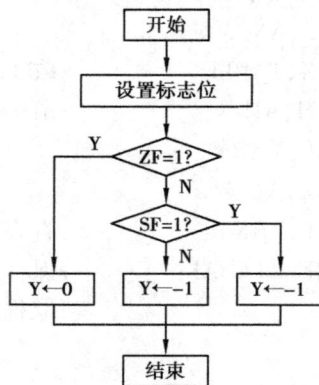

图 4.11　例 4.19 的功能实现流程图

参考程序:

DATA	SEGMENT		;数据段
X	DB	6	
Y	DB	?	

```
DATA        ENDS
CODE        SEGMENT                        ;代码段
            ASSUME   CS:CODE,DS:DATA
BEGIN:      MOV      AX,DATA
            MOV      DS,AX                  ;DS 赋初值
            MOV      AL,X
            CMP      AL,0
            JZ       ZERO
            JG       PLUS
            MOV      BL,0FFH
            JMP      EXIT1
ZERO:       MOV      BL,0
            JMP      EXIT1
PLUS:       MOV      BL,1
EXIT1:      MOV      Y,BL
            MOV      AH,4CH                 ;返回 DOS
            INT      21H
CODE        ENDS
            END      BEGIN
```

2）用地址表法实现 CASE 结构（即多路分支）

用地址表法实现 CASE 结构的基本思路：将各分支程序的入口地址依次罗列形成一个地址表，让 BX 指向地址表的首地址，从键盘接收或其他方式获取要转到的分支号，再让 BX 与分支号进行运算，使 BX 指向对应分支入口地址，最后即可使用 JMP　WORD　PTR　[BX]（即段内转移）或 JMP　DWORD　PTR　[BX]（即段间转移）指令实现所要转到的分支。程序设计流程图如图 4.12 所示。

[例 4.20]　编程实现菜单选择，根据不同的选择做不同的事情。

解：假设有 3 路分支，在地址表中的入口地址分别为 A0、A1、A2。具体如图 4.13 所示。

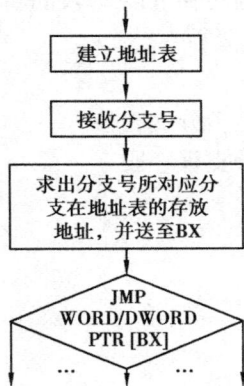

图 4.12　用地址表法实现
多路分支的结构框图

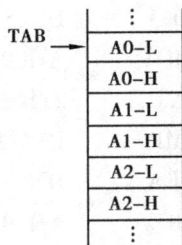

图 4.13　例 4.20 的地址表存放情况

参考程序：

```
DATA        SEGMENT
MENU        DB    0DH,0AH,"0:Chinese!"
            DB    0DH,0AH,"1:English!"
            DB    0DH,0AH,"2:German!"
            DB    0DH,0AH,"Please choose one to answer the following question:$"
ER          DB    0DH,0AH,"I am sorry,you choose the mistake!$"
S0          DB    0DH,0AH,"OK,Please answer in Chinese!$"
S1          DB    0DH,0AH,"OK,Please answer in English!$"
S2          DB    0DH,0AH,"OK,Please answer in German!$"
TAB         DW    A0,A1,A2                ;地址表
DATA        ENDS
CODE        SEGMENT
ASSUME      CS:CODE,DS:DATA
START:      MOV   AX,DATA
            MOV   DS,AX
            LEA   DX,MENU                 ;显示菜单
            MOV   AH,9
            INT   21H
            MOV   AH,1                    ;1 号 DOS 功能调用,接收分支号
            INT   21H
            CMP   AL,'0'                  ;进行合法判断
            JB    ERROR
            CMP   AL,'2'
            JA    ERROR
            LEA   BX,TAB                  ;取地址表首址
            SUB   AL,30H
            SHL   AL,1                    ;段内转移乘以2,段间转移乘以4
            XOR   AH,AH                   ;AH 清零
            ADD   BX,AX
            JMP   WORD  PTR [BX]          ;产生多分支转移
A0:         LEA   DX,S0                   ;各分支程序段
            MOV   AH,9
            INT   21H
            JMP   EXIT1
A1:         LEA   DX,S1
            MOV   AH,9
            INT   21H
            JMP   EXIT1
```

```
A2:        LEA        DX,S2
           MOV        AH,9
           INT        21H
           JMP        EXIT1
ERROR:     MOV        DX,OFFSET    ER
           MOV        AH,9
           INT        21H
EXIT1:     MOV        AH,4CH            ;返回 DOS
           INT        21H
CODE       ENDS
           END        START
```

3) 用转移表法实现 CASE 结构(即多路分支)

用转移表法实现 CASE 结构的基本思路:将转到各分支程序的转移指令依次罗列形成一个转移表,让 BX 指向转移表的首地址,从键盘接收或其他方式获取要转到的分支号,再让 BX 与分支号进行运算,使 BX 指向对应转移表中转到该分支的转移指令处,最后即可使用 JMP　BX 指令实现所要转到的分支。具体如图 4.14 所示。

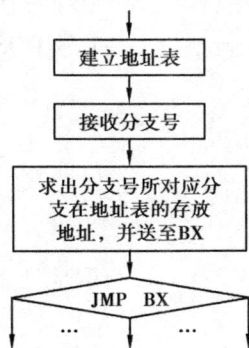

图 4.14　用转移表法实现多路分支的结构框图

[例 4.21]　编程实现菜单选择,根据不同的选择做不同的事情。

解:假设有 3 路分支,转移表中的转移指令分别为 JMP　SHORT　A0、JMP　SHORT　A1、JMP　SHORT　A2。具体如图 4.15 所示。

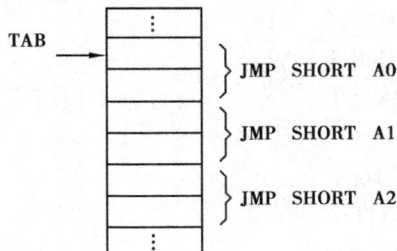

图 4.15　例 4.21 的转移表存放情况

参考程序：

```
DATA      SEGMENT
MENU      DB    0DH,0AH,"0:Chinese!"
          DB    0DH,0AH,"1:English!"
          DB    0DH,0AH,"2:German!"
          DB    0DH,0AH,"Please choose one to answer the following question:$"
ER        DB    0DH,0AH,"I am sorry,you shoose the mistake!$"
S0        DB    0DH,0AH,"OK,Please answer in Chinese!$"
S1        DB    0DH,0AH,"OK,Please answer in English!$"
S2        DB    0DH,0AH,"OK,Please answer in German!$"
DATA      ENDS
CODE      SEGMENT
          ASSUME  CS:CODE,DS:DATA
START:    MOV     AX,DATA
          MOV     DS,AX
          LEA     DX,MENU         ;显示菜单
          MOV     AH,9
          INT     21H
          MOV     AH,1            ;1 号 DOS 功能调用,接收分支号
          INT     21H
          CMP     AL,'0'
          JB      ERROR
          CMP     AL,'2'
          JA      ERROR
          LEA     BX,TAB          ;取地址表首址
          SUB     AL,30H
          SHL     AL,1            ;短转移乘以2,近转移乘以3,远转移乘以5
          XOR     AH,AH           ;AH 清零
          ADD     BX,AX
          JMP     BX              ;产生多分支转移
TAB:      JMP     SHORT  A0       ;转移表
          JMP     SHORT  A1
          JMP     SHORT  A2
A0:       LEA     DX,S0           ;各分支程序段
          MOV     AH,9
          INT     21H
          JMP     EXIT1
A1:       LEA     DX,S1
          MOV     AH,9
          INT     21H
          JMP     EXIT1
```

```
A2:        LEA        DX,S2
           MOV        AH,9
           INT        21H
           JMP        EXIT1
ERROR:     MOV        DX,OFFSET  ER
           MOV        AH,9
           INT        21H
EXIT1:     MOV        AH,4CH          ;返回 DOS
           INT        21H
CODE       ENDS
           END        START
```

4.2.4 循环程序结构

1）循环程序的组成

（1）设置循环的初始状态

设置循环次数的初始状态包括设置循环次数的计数值,以及为循环体正常工作而建立的初始状态等。

（2）循环体

这是循环的工作主体,它由循环的工作部分及修改部分组成。工作部分是指为完成程序功能而设计的主要程序段;修改部分是为保证每一次循环,参加执行的信息发生有规律的变化而建立的程序。

（3）循环控制部分

它是循环程序设计的关键,每一个循环程序必须选择一个循环控制条件来控制循环的运行和结束,通常有2种方法控制循环:用计数控制循环和用条件控制循环。

2）循环程序的结构形式

循环程序有2种结构,一种是 DO-WHILE 结构形式,另一种是 DO-UNTIL 结构形式。具体如图4.16所示。

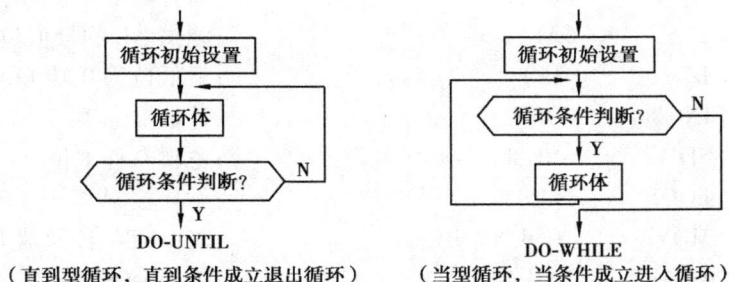

图4.16 循环程序的结构形式

DO-WHILE 结构把对循环控制条件的判断放在循环的入口,先判断条件,满足条件就执行循环体,否则退出循环。DO-UNTIL 结构是先执行循环体然后再判断控制条件,不满足条件则继续执行循环操作,一旦满足条件则退出循环。一般来讲,如果循环次数有等于0的可

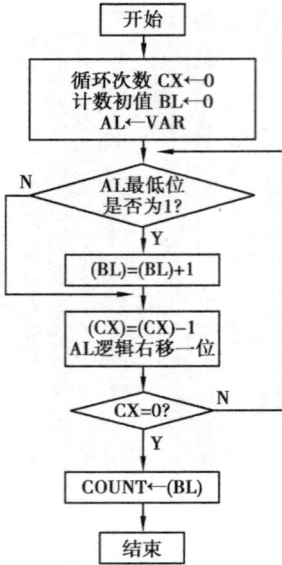

图 4.17　例 4.22 的功能
实现流程图

能,则应选择 DO-WHILE 结构,否则用 DO-UNTIL 结构。

3)循环控制的方法

（1）用计数控制循环

这种方法直观、方便,易于设计。只要在编制程序时,循环次数已知,即可使用这种方法设计循环程序。很多循环程序,在编制程序时并不能确切知道循环次数,但是知道循环次数是前面运算或操作的结果或者被存放在某内存单元中。因此,在进入循环前,在初始化部分时,即可获得循环次数。也就是说,在执行循环前已经知道循环次数,这种情况也算循环次数已知。此时编制程序时一般采用 LOOP、LOOPE/Z、LOOPNE/NZ 指令来实现。

[例 4.22]　试编制程序统计字节变量 VAR 中 1 的个数,并将其存入 COUNT 单元中。

解:要测试出 VAR 中 1 的个数,应逐位进行测试,可根据最低位是否为 1 来计数,然后用移位的方法将各位数逐次移到最低位去,共需要测试 8 次。程序流程如图 4.17 所示。

参考程序:

```
DATA    SEGMENT
        VAR      DB      37H
        COUNT    DB      ?
DATA    ENDS
CODE    SEGMENT
        ASSUME   CS:CODE,DS:DATA
BEGIN:  MOV      AX,DATA
        MOV      DS,AX
        MOV      AL,VAR          ;AL←VAR 的值
        MOV      CX,8            ;赋循环初值
        XOR      BL,BL           ;赋计数器初值
LL:     TEST     AL,1            ;测试 AL 的最低位
        JZ       LL1             ;最低位为 0 转 LL1
        INC      BL              ;计数器加 1
LL1:    SHR      AL,1            ;逻辑右移 1 位
        LOOP     LL              ;循环控制
        MOV      COUNT,BL        ;COUNT←计数器 BL 的值
        MOV      AH,4CH          ;返回 DOS
        INT      21H
CODE    ENDS
        END      BEGIN
```

[例 4.23] 试编制一程序,统计 VAR 数据区中正数、零、负数的个数。

解:由题意,实现该功能的程序流程如图 4.18 所示。

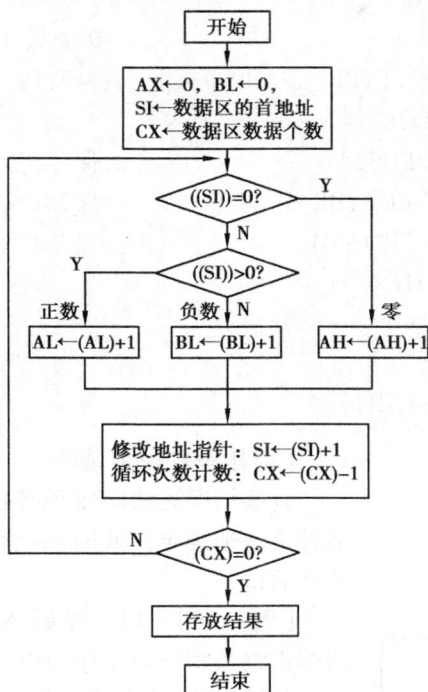

图 4.18 例 4.23 的功能实现流程图

参考程序:

```
DATA      SEGMENT
          VAR      DB    -1,0,3,0BH,02,-4,0,5,0E0H
          PLUS     DB    ?                    ;存放正数个数
          NEGA     DB    ?                    ;存放负数个数
          ZERO     DB    ?                    ;存放 0 个数
DATA      ENDS
CODE      SEGMENT
          ASSUME   CS:CODE,DS:DATA
START:    MOV      AX,DATA
          MOV      DS,AX
          XOR      AX,AX                      ;计数器清零
          XOR      BL,BL                      ;计数器清零
          LEA      SI,VAR                     ;初始化地址指针 SI
          MOV      CX,PLUS-VAR                ;初始化循环计数器
LOP:      CMP      BYTE  PTR  [SI],0          ;比较设置状态标志位
          JZ       ZERO1
          JS       NEGA1
          INC      AL                         ;正数个数计数
          JMP      NEXT
```

```
NEGA1:   INC      BL                        ;负数个数计数
         JMP      NEXT
ZERO1:   INC      AH                        ;0 个数计数
NEXT:    ADD      SI,TYPE   VAR             ;修改地址指针 SI
         LOOP     LOP
         MOV      PLUS,AL                   ;保存正数个数
         MOV      NEGA,BL                   ;保存负数个数
         MOV      ZERO,AH                   ;保存 0 个数
         MOV      AH,4CH
         INT      21H
CODE     ENDS
         END      START
```

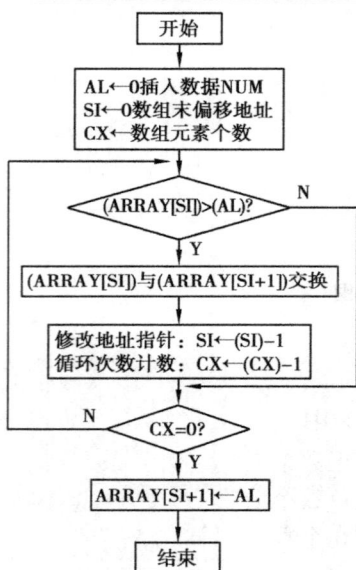

图 4.19　例 4.24 的功能实现流程图

（2）用条件控制循环

有些情况无法确定循环次数,但循环何时结束,可用某种条件来确定。此时编制程序主要寻找控制条件及对条件的检测。

[例 4.24]　将正整数 NUM 插入到一个从小到大排列的正整数字节数组序列中。

分析:假设该数组的首地址和末地址分别为 ARRAY_HEAD、ARRAY_END,显然在这里需要插入的是一个数,所以不一定要扫描整个数组。同时为了插入这个数据,必须要空出位置,即凡是比它大的数据都应该向地址增大的方向移动一个字节,故应从数组的尾部向头部查找,可逐字节取出比较。值得注意的是,应考虑正整数 NUM 大于或小于数组中的所有数的可能,即如果 NUM 大于数组中所有数,则第一次比较即可结束查找;如果 NUM 小于数组中所有数,则必须及时结束查找,绝对不允许查找的范围超出数组的首地址。当然,可以把数组的首地址或循环次数作为结束查找的条件。根据上述分析,可得出程序流程如图 4.19 所示。

参考程序:

```
NUM      EQU      36H
DATA     SEGMENT
         ARRAY    DB    12H,24H,48H,60H,72H,84H
         Y        DB  ?
DATA     ENDS
CODE     SEGMENT
         ASSUME   CS:CODE,DS:DATA
```

```
BEGIN:    MOV      AX,DATA
          MOV      DS,AX
          MOV      CX,Y-ARRAY          ;循环次数初始化
          MOV      AL,NUM              ;插入值送 AL
          LEA      SI,Y
          DEC      SI                  ;取得 ARRAY 的最后元素的偏移地址
LOP:      CMP      ARRAY[SI],AL        ;比较
          JLE      INSERT
          MOV      AH,ARRAY[SI]
          MOV      ARRAY[SI+1],AH      ;数据交换
          DEC      SI                  ;修改偏移地址
          LOOP     LOP
INSERT:   MOV      ARRAY[SI+1],AL      ;插入数据
          MOV      AH,4CH
          INT      21H
CODE      ENDS
          END      BEGIN
```

[例4.25]　试编制一程序,统计一个字符串中每一个字符含有 1 的个数。

分析:假设数据段中 STR 定义有一个字符串,现对每一个字符的 ASCII 码统计 1 的个数,统计的个数存放在 STR2 的数据区。可采用的办法是把要统计的代码逐个右移或左移至 CF 中,然后对 CF 进行 1 和 0 的判断并计数。若代码有 8 位,则进行 8 次移位、判断、计数。但由于 1 的个数分布不均,许多代码无须进行 8 次。为此,可在每次循环移位后,判断剩余代码是否为全 0,若是,循环结束,否则继续。这部分采用先判断后工作的循环结构。可以得出程序流程如图4.20 所示。

参考程序:

```
DATA    SEGMENT
        STR1      DB      '12345'
        COUNT     EQU     $-STR1
        STR2      DB      COUNT    DUP(0)
DATA    ENDS
CODE    SEGMENT
```

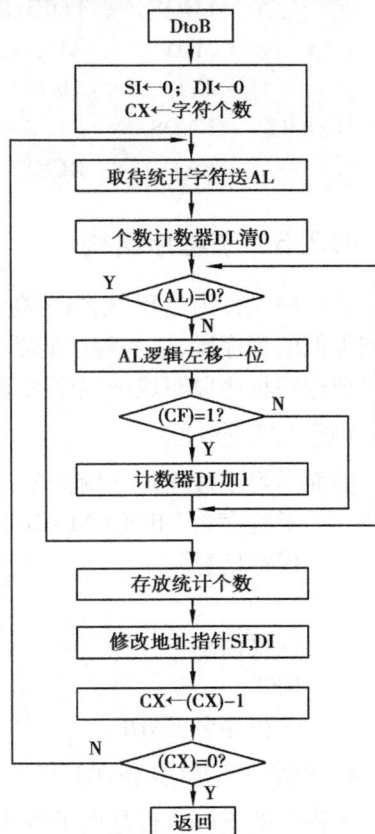

图 4.20　例 4.25 的功能实现流程图

```
            ASSUME    CS:CODE,DS:DATA
BEGIN:   MOV       AX,DATA
         MOV       DS,AX
         XOR       SI,SI                    ;SI 清零
         XOR       DI,DI                    ;DI 清零
         MOV       CX,COUNT                 ;字符个数
LOP1:    MOV       AL,STR1[SI]              ;从符号串中取一个字符
         MOV       DL,0                     ;计数器清零
LOP2:    CMP       AL,0                     ;判断 AL 是否全为 0
         JZ        NEXT                     ;全为 0 则退出内循环
         SHL       AL,1                     ;移位设置 CF
         JNC       LOP3
         INC       DL                       ;计数器加 1
LOP3:    JMP       LOP2
NEXT:    MOV       STR2[DI],DL              ;保存字符中 1 的个数
         INC       SI                       ;修改指针
         INC       DI
         LOOP      LOP1
         MOV       AH,4CH
         INT       21H
CODE     ENDS
         END       BEGIN
```

4.2.5　子程序结构

子程序又称为过程,相当于高级语言中的过程和函数。在一个程序的不同部分,往往要用到类似的程序段,这些程序的功能和结构形式都相同,只是某些变量的赋值不同,此时就可以把这些程序段写成子程序的形式,以便需要时调用它。

1)子程序的构造

前面学习了过程定义伪指令,可用它们来构成子程序,其格式为:

子程序名 PROC(NEAR/FAR)
保存信息
……
恢复信息
RET
子程序名 ENDP

2)子程序的调用与返回

子程序的正确执行是由子程序的正确调用和返回保证的。IBM PC 机的 CALL 和 RET 指令就分别完成了子程序的调用和返回功能。

（1）调用指令：CALL　　过程名

执行 CALL 指令，首先保留断点地址于堆栈中，然后转移到目标单元，它对 PSW 无影响。调用指令 CALL 是一种转移类型指令，它与 JMP 指令的相同之处在于，都是无条件转移到目标单元，同样存在段内和段间的问题，这在前面讲指令时已经讲过。

（2）返回指令：RET

一个子程序执行的最后一条指令必定是返回指令 RET，用以返回到调用子程序的断点处。但在位置上并不一定是最后一条指令。它的位置灵活，并不是必须要在最后。只是习惯上通常将它置于子程序的最后。

3）编制子程序的要求

（1）子程序必须具有通用性

例如，要求编制一个子程序，实现从一个字符串查找某个字符，那么在编制子程序时，要使该子程序具有较好的通用性，则应使它能从任意长度的字符串中查找某个任意的字符。为了达到这个目的，在编制子程序时，该子程序往往需要提供相关的入口参数和出口参数。所以编制子程序，一个重要的问题就是确定有哪些入口参数和出口参数。

（2）注意保存信息和恢复信息

由于主程序（即调用程序）和子程序经常是分别编制的，所以它们所使用的寄存器往往会发生冲突。如果主程序在调用子程序之前某个寄存器的内容在从子程序返回后还有用，而子程序又恰好使用了该寄存器，将会导致程序运行错误，这是绝对不允许的。为避免这种错误的产生，在一进入子程序后就应把所需要保存的寄存器内容压入堆栈中，而在退出子程序之前把寄存器的内容弹出堆栈恢复原状。要注意最先压入堆栈的应最后弹出，例如：

```
EXAMPLE    PROC    NEAR
           PUSH    AX
           PUSH    BX
           PUSH    CX
           ……
           POP     CX
           POP     BX
           POP     AX
           RET
EXAMPLE    ENDP
```

值得注意的是，必须搞清楚哪些寄存器是必须保存的，哪些又是不必要或不应该保存的。一般来说，子程序中用到的寄存器是应该保存的，但如果主程序和子程序之间使用寄存器传递参数的话，该寄存器则不一定需要保存，特别是用来向主程序回送结果（即出口参数）的寄存器，则更不应该因保存和恢复该寄存器的内容而破坏了应该向主程序传送的信息。

（3）选用适当的方法在子程序和主程序之间进行参数传递

调用子程序时，往往需要传送一些参数（即入口参数）；子程序运行完后也经常要回送一些信息给调用程序。这种主程序与子程序之间的信息传送称为参数传递，可用寄存器、地址表以及堆栈来实现。通常在参数不多的时候，使用寄存器来传递。

［例 4.26］　从键盘输入一个十进制数（小于等于 65 535），然后把该数以十六进制形式

在屏幕上显示出来。

　　分析:该程序在执行时,首先在屏幕上显示提示信息:"请输入一个小于或等于 65 535 的十进制无符号整数,并按回车键表示数字串输入结束!"然后调用子程序 DtoB 来实现从键盘接收十进制数并把该数转换为二进制数;再调用另一个子程序 BtoH 把该二进制数以十六进制数的形式在屏幕上显示出来。最后在该次转换结束后,在屏幕上显示提示信息:"退出,请按小写字母 y!否则按其他任意键进行下次输入转换!"值得注意的是,为避免屏幕上显示信息重叠,可用子程序 CRLF 完成每次显示信息后的回车、换行,在实际应用中,该子程序的功能通常是用宏汇编来实现的。关于宏汇编的内容,将在后续内容中介绍。具体流程如图 4.21 所示。

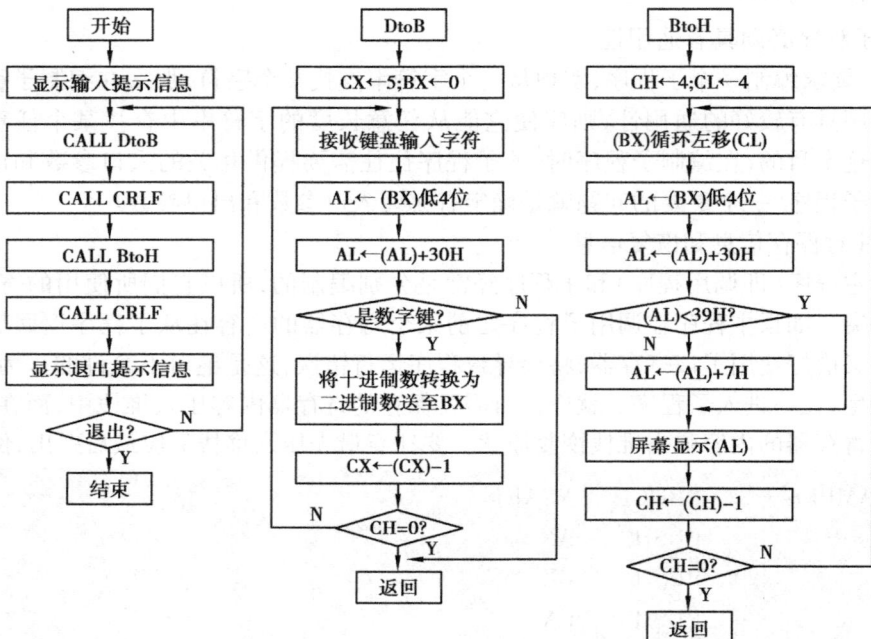

图 4.21　例 4.26 的功能实现流程图

参考程序:

```
DATA      SEGMENT
          MESSAGE1   DB    ' please input a decimal integer <=65535:$'
          MESSAGE2   DB    ' exit,please press y! ',0DH,0AH,' $'
          MESSAGE3   DB    0DH,0AH,'Sorry,the data is invalid! please input again:$'
DATA      ENDS
CODE      SEGMENT
          ASSUME  CS:CODE,DS:DATA
BEGIN:    MOV     AX,DATA
          MOV     DS,AX
          LEA     DX,MESSAGE1   ;提示输入一个小于等于 65 535 的整数
          MOV     AH,9
          INT     21H
```

```
          CALL      DtoB            ;接收十进制数并将它转换为二进制数
          CALL      CRLF            ;回车换行
          CALL      BtoH            ;将二进制数以十六进制数形式在屏幕上显示
          CALL      CRLF
          LEA       DX,MESSAGE2     ;提示信息退出请按小写字母 y
          MOV       AH,9
          INT       21H
          MOV       AH,1
          INT       21H
          CMP       AL,' y'
          CALL      CRLF
          JNZ       BEGIN
          MOV       AH,4CH
          INT       21H
DtoB      PROC      NEAR
AGAIN:    MOV       CX,5
          XOR       BX,BX           ;BX 清零
LOP1:     MOV       AH,1            ;接收键盘上输入的数字
          INT       21H
          CMP       AL,0DH
          JZ        EXIT2
          SUB       AL,30H
          JL        EXIT1           ;不是数字则退出
          CMP       AL,9
          JG        EXIT1           ;不是数字则退出
          CBW                       ;字节转换为字
          XCHG      AX,BX           ;字交换
          PUSH      CX              ;CX 入栈
          MOV       CX,10
          MUL       CX              ;(AX)乘以 10
          POP       CX              ;CX 出栈
          XCHG      AX,BX
          ADD       BX,AX
          LOOP      LOP1            ;循环
          JMP       EXIT2
EXIT1:    LEA       DX,MESSAGE3     ;提示信息重新输入数据
          MOV       AH,9
          INT       21H
          JMP       AGAIN           ;重新输入数据
```

EXIT2:	RET		;子程序返回
DtoB	ENDP		
BtoH	PROC	NEAR	
	MOV	CH,4	
LOP2:	MOV	CL,4	
	ROL	BX,CL	;BX 循环左移 4 位
	MOV	AL,BL	
	AND	AL,0FH	;取(AL)低 4 位
	ADD	AL,30H	;二进制数变成 ASCII
	CMP	AL,3AH	
	JL	PRINT	
	ADD	AL,7H	
PRINT:	MOV	DL,AL	
	MOV	AH,2	
	INT	21H	
	DEC	CH	
	JNZ	LOP2	;ZF 等于 0 则转 LOP2
	MOV	DL,' H'	;输出十六进制数的尾部标记 H
	MOV	AH,2	
	INT	21H	
	RET		
BtoH	ENDP		
CRLF	PROC	NEAR	
	MOV	DL,0DH	;回车
	MOV	AH,2	
	INT	21H	
	MOV	DL,0AH	;换行
	MOV	AH,2	
	INT	21H	
	RET		
CRLF	ENDP		
CODE	ENDS		
	END	BEGIN	

4.2.6 宏汇编

在汇编语言程序设计中,有的程序段要多次使用,除之前提到的子程序调用方法外,还可用宏汇编的方法实现,尤其在子程序段本身较短,而传递的参数较多的情况下,使用宏汇编更加有效。宏是源程序中一段独立的程序段,首先对它进行定义,然后即可用宏指令语句多次调用。

1)宏定义

宏在使用前必须先进行定义。宏定义格式为：

  宏指令名　MACRO　形式参数,形式参数,…

      \<宏体\>

      ENDM

● 宏指令名:宏定义的名字(即给宏体中程序段指定一个符号名),不可缺省,宏调用时要使用它,第一个符号必须是字母,其后可以是字母或数字。

● MACRO…ENDM:宏定义伪指令助记符,不可缺省。它们成对出现,表示宏定义的开始和结束,ENDM前不带宏指令名。

● 宏体:一段有独立功能的程序代码段。

● 形式参数:又称哑元,各哑元之间用逗号隔开,可以缺省。

2)宏调用

经宏定义后的宏指令可以在源程序中调用,宏调用格式为：

  宏指令名　实参,实参…

宏调用只须有宏指令名,若宏定义中有形参,那么宏调用时必须带有实际参数来替代形参,实际参数的个数、顺序、类型与形参一一对应,各实参之间用逗号分开。原则上实参的个数与形参的个数相等,但汇编程序不要求它们必须相等,若实参个数大于形参个数,则多余的实参不予考虑,若实参个数小于形参个数,则多余的形参作"空"处理。

3)宏展开

汇编程序在对源程序汇编时,对每个宏调用作宏展开,即用宏定义中的宏体取代宏指令名,并用实参一一对应代替形参(即实元取代哑元),每条插入的宏体指令前带上加号"+"。

下面举例说明宏定义,宏调用及宏展开。

[例4.27]　不带参数的宏定义,用宏指令来实现回车换行。

宏定义：

```
CRLF    MACRO
        MOV     DL,0DH          ;回车
        MOV     AH,2
        INT     21H
        MOV     DL,0AH          ;换行
        MOV     AH,2
        INT     21H
        ENDM
```

宏调用：

```
CRLF
```

宏展开:用下述程序段替换宏调用语句。

+MOV	DL,0DH	;回车
+MOV	AH,2	
+INT	21H	
+MOV	DL,0AH	;换行
+MOV	AH,2	
+INT	21H	

4)宏调用中参数传递

宏定义中的参数可以有多个,实参可以是数字、寄存器或操作码。宏定义还可用部分操作码作参数,但在宏定义中必须用"&"作分隔符,"&"是一个操作符,它在宏定义体中可作为哑元的前缀,宏展开时,可以把"&"前后2个符号合并成1个符号。

[例4.28] 宏定义带1个参数,用宏指令实现将 AX 中内容右移任意次(小于256)。

宏定义:

SHIFT	MACRO	N
	MOV	CL,N
	SAL	AX,CL
	ENDM	

宏调用1:

SHIFT	4

宏调用2:

SHIFT	8

宏展开1:

+MOV	CL,4	;AX 中内容算术左移4 次
+SAL	AX,CL	

宏展开2:

+MOV	CL,8	;AX 中内容算术左移8 次
+SAL	AX,CL	

[例4.29] 宏定义带3个参数,参数可为操作码,用宏指令实现将寄存器的内容左移或右移任意次(小于256)。

宏定义:

SHIFT	MACRO	N,R,Q
	MOV	CL,N
	S&Q	R,CL
	ENDM	

宏调用1:

SHIFT	4,BX,AR

宏调用 2：

```
SHIFT        6,BL,HL
```

宏展开 1：

```
+MOV         CL,4          ;BX 中内容算术右移 4 次
+SAR         BX,CL
```

宏展开 2：

```
+MOV         CL,6          ;BL 中内容逻辑左移 6 次
+SHL         BL,CL
```

5）取消宏定义语句

格式：PURGE　宏指令名,宏指令名…

● PURGE：伪指令助记符,不可缺省。因为经过定义的宏指令名,不允许重新定义,必须用 PURGE 语句将其取消后,才能重新定义,此语句一次可取消多个宏指令名。

● 宏指令名：需要取消的宏指令名。有多个宏指令名时,用逗号“,”将它们分开。

[例 4.30]　宏定义：

```
DEC          MACRO        S1,S2,S3
             SUB          AX,S1
             OR           AX,S2
             MOV          S3,AX
             ENDM
```

宏调用：

```
DEC          AX,BX,CX
PURGE        DEC
```

上例中 DEC 宏指令名与指令助记符相同,因宏指令优先,使同名的指令或伪操作失效。宏调用后,用 PURGE 取消宏定义,恢复 DEC 的指令含义。

6）宏指令与子程序的区别

宏汇编是用一条宏指令来代替一个程序段,可有效地缩短源程序的书写长度,且格式清晰,调用方便。在某种意义上,过程调用也有类似的功能,但两者之间有明显的区别,主要区别在以下 4 个方面。

①过程调用使用 CALL 语句,由 CPU 执行,宏指令调用由宏汇编程序 MASM 中宏处理程序来识别。

②过程调用时,每调用一次都要保留程序的断点和保护现场,返回时要恢复现场和恢复断点,增加了操作时间,执行速度慢。而宏指令调用时,不需要入栈及出栈操作,执行速度较快。

③过程调用的子程序与主程序分开独立存在,经汇编后在存储器中只占有一个子程序段的空间,主程序转入此处运行,因此目标代码长度短,节省内存空间。而宏调用是在汇编过程中展开,宏调用多少次,就插入多少次,因此目标代码长度大,占内存空间多。

④一个子程序设计,一般完成某一个功能,多次调用完成相同操作,仅入口参数可以改变,而宏指令可以带哑元,调用时可以用实元取代,使不同的调用完成不同的操作,增加使用的灵活性。

如果多次调用的程序较长,速度要求不高,适宜用过程调用方法,如果多次调用的程序较短,而操作又希望可修改,适宜用宏指令语句。

4.3 汇编语言上机与调试

4.3.1 上机步骤

程序设计人员编制好汇编语言源程序,仅仅代表完成了纸上的程序编写工作,而源程序是否正确还无法确定。因此,程序设计人员还需要对已编写好的程序进行调试和测试,使它能正确运行。具体有如下 4 个步骤。

1)编辑

调用编辑程序 EDIT. EXE,WS. EXE 等,用键盘敲入源程序,退出编辑系统时,保存编辑完成的文件,且扩展名为. ASM。

2)汇编

汇编是指用宏汇编程序 MASM. EXE 把汇编语言源程序翻译(汇编)成机器语言的目标程序。宏汇编程序 MASM. EXE 主要有以下功能:

- 检查源程序中语法错误,给出错误信息;
- 展开宏指令;
- 产生目标程序(. OBJ),列表文件(. LST)和交叉引用文件(. CRF)。

假设现已编辑完成了源程序 TEST. ASM,在操作系统状态下,直接调用宏汇编程序 MASM. EXE 对它进行汇编。

例如:

```
C:>MASM   TEST ↙
```

接着屏幕上显示:

```
Microsoft (R) Macro Assembler Version 5.00
Copyright (C) Microsoft Corp 1981-1985, 1987.  All rights reserved.

Object filename [TEST.OBJ]:
```

宏汇编程序询问汇编产生的目标程序文件(目标程序文件是一个纯二进制代码文件,不能直接在屏幕上显示观察)的文件名是否为方括号中的默认值(即目标程序与源程序同名)。若是,直接按回车键,否则须自己输入另一文件名。在回答完这一询问后,宏汇编程序依次询问产生列表文件(列表文件. LST 是一个很有用的文件,文件中包含了源程序中各语句及其对应的目标代码。给出了源程序中各语句所属段内的偏移量,并对源程序中所用的标号、变量和符号,列出它们的名字、类型和值,便于查阅)和交叉引用文件(交叉引用文件中给出了源程序中定义的符号如标号、变量等以及程序中引用这些符号的情况,且按字母顺序排列。若要查看这个符号表,必须使用 CREF 软件,它根据. CRF 文件建立扩展名为. REF 的文件,然后再显示. REF 文件的内容即可)的文件名,屏幕上显示:

```
Source listing  [NUL.LST]:
Cross-reference [NUL.CRF]:
```

这两个文件是否建立由操作人员确定：若要建立其中一个或两个，操作人员可输入所需建立的文件名，否则直接按下回车键。待完成上述人机对话后，宏汇编程序便对源程序进行扫描，检查源程序中各语句是否有语法错误，同时把各语句汇编成对应的机器目标代码。在汇编过程中，若发现源程序有语法错误，便随时给出错误信息。屏幕上显示：

```
TEST.ASM(15): error A2009: Symbol not defined: D2H
TEST.ASM(22): warning A4031: Operand types must match

  50840 + 450296 Bytes symbol space free

        1 Warning Errors
        1 Severe   Errors
```

如果警告错误和严重错误总数都等于 0，则源程序的汇编获得通过，可以进行连接。否则，返回编辑程序，修改源程序，然后再次进行汇编，直到源程序汇编正确无误。

如果汇编时，无须产生列表文件和交叉引用文件，则在启动宏汇编程序时可用分号结尾，如：

```
C:>MASM   TEST;✓
```

如果需要后面的列表文件和交叉引用文件，且它们的文件名与源文件名相同，这时启动宏汇编程序时，可用逗号指明，如：

```
C:>MASM   TEST,,;✓
```

3）连接

源程序经过汇编后产生的目标程序，必须经过连接程序 LINK. EXE 连接后才能运行。连接程序把一个或多个独立的目标程序模块连接装配成一个可重定位的可执行文件（扩展名为. EXE）。连接程序 LINK 除产生一个可执行文件外，还可产生一个内存映像文件（扩展名为. MAP）。LINK 连接的一定是扩展名为. OBJ 的目标程序。

在操作系统状态下，直接启动连接程序 LINK. EXE。

例如：

```
C:>LINK   TEST✓
```

接着屏幕上显示：

```
Microsoft (R) Overlay Linker  Version 3.60
Copyright (C) Microsoft Corp 1983-1987.  All rights reserved.

Run File [TEST.EXE]:
```

连接程序询问连接时产生的可执行文件名是否用方括号中的默认值（即可执行文件与目标程序文件同名）。若是，可直接按回车键，否则需要重新输入文件名。接着依次询问，屏幕上显示：

```
List File [NUL.MAP]:
Libraries [.LIB]:
```

其中，MAP 文件（MAP 文件列出各段的起点，终点及长度）是否建立，由操作人员确定。若是，则输入文件名，否则直接按下回车键。随后询问在连接时是否要用库文件。对于来自宏汇编语言程序的目标程序文件，通常是直接按回车键。

与启动宏汇编程序一样,可在启动连接程序时,用分号结束后续询问,如:

```
C:>LINK   TEST;↙
```

若要产生 MAP 文件,且使用目标程序文件名,可用逗号表示,如:

```
C:>LINK   TEST,;↙
```

若需要连接多模块的目标程序,可用"+"把它们连接起来。例如,连接 3 个目标程序文件 P1. OBJ、P2. OBJ、P3. OBJ,其操作如下:

```
C:>LINK   P1+P2+P3;↙
```

这样产生的可执行文件约定取用第一个目标程序的文件名,当然操作人员也可重新命名。

4)运行

在建立好可执行文件后,就可以直接从 DOS 执行程序,如下所示:

```
C:>TEST. EXE↙
```

程序运行结束后返回 DOS。

4.3.2　运行调试令

如果用户程序已直接把结果在终端上显示出来,那么程序已经运行结束,结果也已经得到了。但是如果程序未显示结果,那么怎么才能够知道程序执行的结果是否正确呢? 此外,大部分程序必须经过调试阶段才能纠正程序执行中的错误,得到正确的结果,那么又怎样来调试程序呢? 这里要使用 DEBUG 程序,它能使程序设计人员触及机器内部,观察并修改寄存器和存储单元内容,监视目标程序的执行情况。

DEBUG 是为汇编语言设计的一种高度工具,它通过单步、设置断点等方式为汇编语言程序员提供了非常有效的调试手段。

1)DEBUG 程序的调用

在 DOS 的提示符下,可键入命令:

```
C:\DEBUG [D:][PATH][FILENAME[. EXT]][PARM1][PARM2]
```

其中,FILENAME 是被调试文件的名称。如用户键入文件,则 DEBUG 将指定的文件装入存储器中,用户可对其进行调试。如果未键入文件名,则用户可用当前存储器的内容工作,或者用 DEBUG 命令 N 和 L 把需要的文件装入存储器后再进行调试。命令中的 D 指定驱动器 PATH 为路径,PARM1 和 PARM2 则为运行被调试文件时所需要的命令参数。

在 DEBUG 程序调入后,将出现提示符,此时可用 DEBUG 命令来调试程序。

2)DEBUG 的主要命令

(1)显示存储单元的命令 D(DUMP)

格式为:

_D[address]或_D[range]

例如,D 命令的使用情况如下:

```
-D 100 11F
0B02:0100   4D 00 00 3B 00 20 2C 60-A2 76 97 A0 BB 98 8A 26   M..;. ,`.u.....&
0B02:0110   43 4F 4D 53 50 45 43 3D-43 3A 5C 57 34 00 F1 0A   COMSPEC=C:\W4...
-D DS:120
0B02:0120   57 53 5C 53 59 53 54 45-4D 33 32 5C 43 4F 4D 4D   WS\SYSTEM32\COMM
0B02:0130   41 4E 44 2E 43 4F 4D 00-41 4C 4C 55 53 45 52 53   AND.COM.ALLUSERS
0B02:0140   50 52 4F 46 49 4C 45 3D-43 3A 5C 44 4F 43 55 4D   PROFILE=C:\DOCUM
0B02:0150   45 7E 31 5C 41 4C 4C 55-53 45 7E 31 00 41 50 50   E~1\ALLUSE~1.APP
0B02:0160   44 41 54 41 3D 43 3A 5C-44 4F 43 55 4D 45 7E 31   DATA=C:\DOCUME~1
0B02:0170   5C 41 44 4D 49 4E 49 7E-31 5C 41 50 50 4C 49 43   \ADMINI~1\APPLIC
0B02:0180   7E 31 00 43 4C 49 45 4E-54 4E 41 4D 45 3D 43 6F   ~1.CLIENTNAME=Co
0B02:0190   6E 73 6F 6C 65 00 43 4F-4D 4D 4F 4E 50 52 4F 47   nsole.COMMONPROG
-D
0B02:01A0   52 41 4D 46 49 4C 45 53-3D 43 3A 5C 50 52 4F 47   RAMFILES=C:\PROG
0B02:01B0   52 41 7E 31 5C 43 4F 4D-4D 4F 4E 7E 31 00 43 4F   RA~1\COMMON~1.CO
0B02:01C0   4D 50 55 54 45 52 4E 41-4D 45 3D 4A 53 42 2D 31   MPUTERNAME=JSB-1
0B02:01D0   43 31 35 31 39 39 30 36-39 33 00 46 50 5F 4E 4F   C151990693.FP_NO
0B02:01E0   5F 48 4F 53 54 5F 43 48-45 43 4B 3D 4E 4F 00 48   _HOST_CHECK=NO.H
0B02:01F0   4F 4D 45 44 52 49 56 45-3D 43 3A 00 48 4F 4D 45   OMEDRIVE=C:.HOME
0B02:0200   50 41 54 48 3D 5C 44 6F-63 75 6D 65 6E 74 73 20   PATH=\Documents
0B02:0210   61 6E 64 20 53 65 74 74-69 6E 67 73 5C 41 64 6D   and Settings\Adm
-
```

其中,左边用十六进制表示每个字节,右边用 ASCII 字符表示每个字节,·表示不可显示的字符。没有指定段地址,D 命令自动显示 DS 段的内容。如果只指定首地址,则显示从首地址开始的 80 个字节的内容。如果完全没有指定地址,则显示上一个 D 命令显示的最后一个单元后的内容。

（2）修改存储单元内容的命令

修改存储单元内容的命令有以下 2 种。

①输入命令 E(ENTER),有 2 种格式,如下所述。

第 1 种格式可用给定的内容表来替代指定范围的存储单元内容。命令格式为:

-E   address   [list]

例如:

```
-E   DS:100   F3' XYZ' 8D
```

其中,F3,'X','Y','Z' 和 8D 各占一个字节,该命令可以用这 5 个字节来替代存储单元 DS:0100 ~ 0104 的原内容。具体情况如下:

```
-D DS:120   124
0B02:0120   57 53 5C 53 59                                    WS\SY
-E DS:120   F3'ABC'8D
-D DS:120   124
0B02:0120   F3 41 42 43 8D                                    .ABC.
-
```

第 2 种格式则是采用逐个单元相继修改的方法。命令格式为:

-E   address

例如:

```
-E   DS:120
```

则可能显示为:

```
0B02:0120   F3. -
```

如果需要把该单元的内容修改为 12,则用户可直接键入 12,再按空格键可接着显示下一个单元的内容,如:

```
0B02:0120   F3.12   41. -
```

这样,用户可不断修改相继单元的内容,直到用 ENTER 键结束该命令为止。具体情况如下:

```
-D DS:120   124
0B02:0120   F3 41 42 43 8D                                    .ABC.
-E DS:120
0B02:0120   F3.12    41.34    42.56    43.78    8D.90
-D DS:120   124
0B02:0120   12 34 56 78 90                                    .4Ux.
-
```

②填写命令 F(FILL),其格式为:

```
-F   range   list
```

例如:

```
-F   DS:0120   'ABCDE'
```

填写命令使 0B02:0120 ~ 0124 单元包含指定的 5 个字节的内容。如果 list 中的字节数超过指定的范围,则忽略超过的项;如果 list 的字节数小于指定的范围,则重复使用 list 填入,直到填满指定的所有单元为止。具体情况如下:

```
-D DS:120   124
0B02:0120   12 34 56 78 90                                    .4Ux.
-F DS:120   'ABCDE'
-D DS:120   124
0B02:0120   41 42 43 44 45                                    ABCDE
-F DS:120   124 'FGHIJK'
-D DS:120   125
0B02:0120   46 47 48 49 4A 41                                 FGHIJA
-F DS:120   124 'XY'
-D DS:120   124
0B02:0120   58 59 58 59 58                                    XYXYX
-
```

(3)检查和修改寄存器内容的命令 R(register)

它有 3 种格式,如下所述。

①显示 CPU 内所有寄存器内容和标志位状态,其格式为:

-R

例如,R 命令使用具体情况如下:

```
-R
AX=0000   BX=0000   CX=0000   DX=0000   SP=FFEE   BP=0000   SI=0000   DI=0000
DS=0B02   ES=0B02   SS=0B02   CS=0B02   IP=0100      NV UP EI PL NZ NA PO NC
0B02:0100 4D              DEC       BP
-
```

②显示和修改某个寄存器内容,其格式为:

-R   register   name

例如:

```
-R   AX
```

系统将响应如下:

```
AX   0000
 :
```

即 AX 寄存器的当前内容为 0000,如不修改则按回车键,否则,可键入欲修改的内容,如:

```
-R  BX
BX  0000
:1234
```

则把 BX 寄存器的内容修改为 1234。具体情况如下：

```
-R AX
AX 0000
:
-R BX
BX 0000
:1234
-R
AX=0000  BX=1234  CX=0000  DX=0000  SP=FFEE  BP=0000  SI=0000  DI=0000
DS=0B02  ES=0B02  SS=0B02  CS=0B02  IP=0100  NV UP EI PL NZ NA PO NC
0B02:0100 4D          DEC      BP
-
```

③显示和修改标志位状态，命令格式为：

-RF

系统将响应，如：

```
 NV  UP  EI  PL  NZ  NA  PO  NC-
```

此时，如不修改其内容可按回车键，否则，可键入欲修改的内容，如：

```
 NV  UP  EI  PL  NZ  NA  PO  NC-CYZROV
```

键入的顺序是任意的。具体情况如下：

```
-RF
NV UP EI PL NZ NA PO NC  -
-RF
NV UP EI PL NZ NA PO NC  -CYZROV
-RF
OV UP EI PL ZR NA PO CY  -PE
-RF
OV UP EI PL ZR NA PE CY  -
```

（4）运行命令 G

其格式为：

-G［=address1］［address2［address3…］］

其中，address1 指定了运行的起始地址，如不指定则从当前的 CS:IP 开始运行。后面的地址均为断点地址，当指令执行到断点时，停止执行并显示当前所有寄存器及标志位的内容，和下一条将要执行的指令。

（5）跟踪命令 T(Trace)

它有两种格式，如下所述。

①逐条指令跟踪：

-T［=address］

从指定地址起执行一条指令后停下来，显示所有寄存器内容及标志位的值。如未指定地址则从当前的 CS:IP 开始执行。

②多条指令跟踪：

-T［=address］［value］

从指定地址起执行 n 条指令后停下来，n 由 value 指定。

（6）汇编命令 A(Assemble)

其格式为：

> −A[address]

该命令允许键入汇编语言语句,并能把它们汇编成机器代码,相继地存放在从指定地址开始的存储区中。必须注意:DEBUG 把键入的数字均看成十六进制数,所以如要键入十进制数,则其后应加以说明,如 120D。

（7）反汇编命令 U(Unassemble)

反汇编命令有以下两种格式。

①从指定地址开始,反汇编 32 个字节,其格式为：

> −U[address]

例如,U 命令使用具体情况如下：

```
-U 100
0B02:0100  4D          DEC     BP
0B02:0101  0000        ADD     [BX+SI],AL
0B02:0103  3B00        CMP     AX,[BX+SI]
0B02:0105  202C        AND     [SI],CH
0B02:0107  60          DB      60
0B02:0108  A27697      MOV     [9776],AL
0B02:010B  A0BB98      MOV     AL,[98BB]
0B02:010E  8A26434F    MOV     AH,[4F43]
0B02:0112  4D          DEC     BP
0B02:0113  53          PUSH    BX
0B02:0114  50          PUSH    AX
0B02:0115  45          INC     BP
0B02:0116  43          INC     BX
0B02:0117  3D433A      CMP     AX,3A43
0B02:011A  5C          POP     SP
0B02:011B  57          PUSH    DI
0B02:011C  3400        XOR     AL,00
0B02:011E  F1          DB      F1
0B02:011F  0A5859      OR      BL,[BX+SI+59]
-
```

如果地址被省略,则从上一个 U 命令的最后一条指令的下一个单元开始显示 32 个字节。

②对指定范围内的存储单元进行反汇编,格式为：

> −U[range]

例如,U 命令使用具体情况如下：

```
-U 100 107
0B02:0100  4D          DEC     BP
0B02:0101  0000        ADD     [BX+SI],AL
0B02:0103  3B00        CMP     AX,[BX+SI]
0B02:0105  202C        AND     [SI],CH
0B02:0107  60          DB      60
-
```

（8）退出 DEBUG 命令 Q(Quit)

其格式为：

> −Q

表示退出 DEBUG,返回 DOS。

习题与思考题

1. 计算下列表达式的值。

（1）3+6/3＊4mod3

（2）5　GT　3（作为8位二进制数）

（3）20　AND　77（作为8位二进制数）

（4）5　AND　－1

（5）5　OR　－1

（6）设有定义如下：

```
VARA   DB   1,3,5
VARB   DW   2,4,6
VARC   DW   5   DUP(1,3,5,7)
```

则 TYPE　VARA、LENGTH　VARB 和 SIZE　VARC 分别为多少？

2. 比较符号常量定义 EQU 与"＝"。

3. 设有如下定义：

```
VAR   DB   34,78H,4DUP(?),' ABCD'
```

试将其改成内存中存放次序相同的 DW 的等价定义语句。

4. 设置一个数据段 DATA,其中连续存放 6 个变量,用段定义语句和数据定义语句写出数据段：

（1）A1 为字符串变量："String"。

（2）A2 为数值字节变量:27,-1,80H,11011110B。

（3）A3 为 2 个 0 的字变量。

（4）A4 为 A3 的元素个数。

（5）A5 为 A3 占用的字节数。

（6）A6 为 A1,A2,A3,A4,A5 占用的总字节数。

5. 指出下列每一小题中的伪指令表达的操作哪些是错误的？错在哪里？

（1）DATA　　　DB　　375

（2）SEGMENT　DATA

　　……

　　ENDS　　　DATA

（3）COUNT　　EQU　　100

　　COUNT　　EQU　　10

（4）MAIN　　　PROC

　　……

　　END

（5）ARRAY　　DW　10 DUP（?）

　　……

　　JMP　　　　ARRAY

6. 编程实现输入 2 个 1 位十进制数并计算和显示它们的积（如输入 6 和 8 则显示 6 * 8 = 48）。

7. 编程实现 3 个变量值的排序（分别用无符号数和有符号数处理）。

8. 试编制一个程序，比较 2 个字符串 STR1 和 STR2 中所包含的字符是否相同（2 个字符串中字符的次序可以不相同，且允许有重复字符）。

9. 编程实现从 VAR 数据区中带符号数的最大数。

第5章
内存储器及其管理 ·······························○

5.1 存储器概述

5.1.1 存储器的分类

存储器是微型计算机系统中存储信息的部件,用于存放微型计算机工作时所用的程序和数据。正是由于这个硬件装置,微型计算机系统才有了记忆功能。根据存储元件的工作原理和用途的不同,存储器有多种不同的分类方法。

1)按存取速度和在计算机系统中的地位分类

存储器根据存取速度和在计算机系统中地位的不同,可分为主存储器(简称主存、内存)、辅助存储器(简称辅存、外存)、高速缓冲存储器(Cache)。相对于辅存而言,主存存取速度较快,容量较小,价格较高,用于存储计算机系统当前运行所需要的程序和数据,可与CPU 直接交换信息。辅存存取速度较慢,容量较大,价格较低,用于存储计算机当前暂时不用的程序、数据或需要永久性保存的信息。辅存如硬盘、U 盘,作为主存的后备存储器,在计算机运行需要时可以成批地与主存交换程序和数据。Cache 是设置在 CPU 与主存之间的存储器,用于解决高速处理器与低速存储器之间的矛盾,与主存和辅存相比,Cache 的存取速度更快。

2)按存储介质分类

根据所使用存储介质不同,存储器可分为磁存储器、光学存储器、半导体存储器。

微型计算机系统常用的磁存储器是机械硬盘(HDD),具体来说,它使用磁性材料的盘片作为存储数据的介质,数据通过改变磁盘上磁性颗粒的极性(即磁场)来写入和读取。机械硬盘是传统普通硬盘,主要由盘片、磁头、盘片转轴及控制电机、磁头控制器、数据转换器、接口、缓存等部分组成。磁头可沿盘片的半径方向运动,加上盘片每分钟几千转的高速旋转,磁头可定位在盘片的指定位置上进行数据的读写操作。信息通过离磁性表面很近的磁头,通过电磁流改变极性的方式被电磁流写到磁盘上,信息可以通过相反的方式读取。

光盘是常见的光学存储器,它以光信息为载体,用来存储数据,分为不可擦写光盘(如CD-ROM、DVD-ROM 等)和可擦写光盘(如 CD-RW、DVD-RAM 等)。光盘是利用激光原理进行读、写的设备,是迅速发展的一种辅助存储器,可存放各种文字、声音、图形、图像和动画等多媒体数字信息。

半导体存储器由大规模集成电路芯片组成。目前,微型计算机系统的内存和固态硬盘(Solid State Disk 或 Solid State Drive,简称 SSD)都是典型的半导体存储器。

固态硬盘是一种由控制芯片、存储芯片(如 FLASH 闪存芯片)、可选的缓存芯片以及接口组成的计算机数据读写部件,在计算机运行过程中,进行各种数据的读取和储存,帮助计算机更快地运行各种程序。基于 FLASH 闪存芯片的固态硬盘体积小、对数据的保护不受电源控制,可应用在更多的设备中,如笔记本电脑、台式计算机、U 盘、移动硬盘等。

5.1.2 存储器的性能指标

微型计算机系统存储器的性能指标很多,如存储器容量、存取速度、存储器的可靠性、性能价格比、功耗、价格等,但就功能和接口技术而言,最重要的性能指标是存储器容量和存取速度。

1)存储器容量

存储器容量是存储器可以存放的二进制信息的总量,一般用能存储的字节数类表示,以反映存储器的存储能力。存储器中每 8 个位(bit)组织成 1 个字节(Byte)。目前,PC 中的内存容量常为 8 GB、16 GB、32 GB 等。

2)存取速度

存储器芯片的存取速度可用存取时间(Access Time)和存储周期(Memory Cycle)这两个指标来衡量。

存取时间是指从 CPU 发出有效存储器地址从而启动存储器读/写操作,到该读/写操作完成所经历的时间。存取时间越短,则存取速度越快。

存储周期是指连续启动两次独立的存储器操作所需的最小时间间隔。由于存储器在完成读/写操作之后需要一段恢复时间,所以通常存储器的存储周期略大于存储器芯片的存取时间。

5.2 半导体存储器

在现代计算机系统中,内存多为半导体存储器。半导体存储器从存储器工作特点和功能的角度,可分为随机存取存储器(RAM,也称为可读写存储器)和只读存储器(ROM),其具体分类如图 5.1 所示。

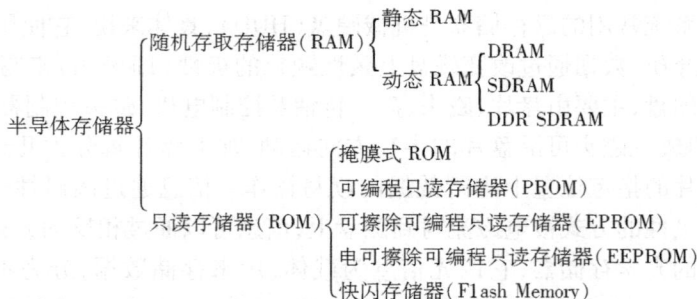

```
                                            ┌ 静态 RAM
                      ┌ 随机存取存储器(RAM)┤         ┌ DRAM
                      │                     └ 动态 RAM ┤ SDRAM
                      │                               └ DDR SDRAM
半导体存储器 ┤
                      │                     ┌ 掩膜式 ROM
                      │                     │ 可编程只读存储器(PROM)
                      └ 只读存储器(ROM)  ┤ 可擦除可编程只读存储器(EPROM)
                                            │ 电可擦除可编程只读存储器(EEPROM)
                                            └ 快闪存储器(Flash Memory)
```

图 5.1 半导体存储器的分类

5.2.1 随机存取存储器(RAM)

1)静态 RAM(SRAM)

SRAM 利用双稳态触发器来保存信息,在保持电源供给的情况下,保存的信息不会丢失。其缺点是集成度低,容量较小,功耗较大,一般用作 Cache。SRAM 的基本存储单元是组成存储器的基础和核心,静态 RAM 的基本存储单元是由 MOS 管组成的稳态触发器构成的,用 2 个不同的稳定状态存储 1 位二进制信息 0 或 1。

常用的静态 RAM 芯片主要有 2114、6116、6264、62128、62256 等,下面以 6116 芯片为例加以介绍。6116 芯片是 2 K×8 位的高速静态 CMOS 可读写存储器,片内共有 2 048 个字节存储单元(16 384 个基本位存储单元)。

6116 的引脚如图 5.2 所示,在 24 个引脚中有 11 条地址线、8 条数据线、1 条电源线(V_{CC})和 1 条地线(GND),此外还有 3 条控制线:片选($\overline{CS}$)、输出允许($\overline{OE}$)、写允许($\overline{WE}$)。$\overline{CS}$、$\overline{OE}$ 和 $\overline{WE}$ 的组合决定了 6116 的工作方式,见表 5.1。

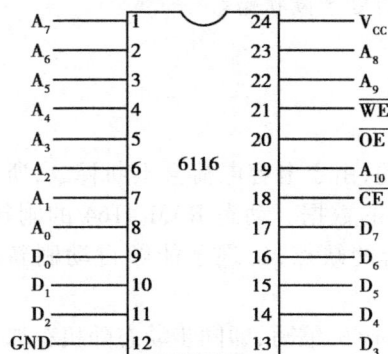

图 5.2 6116 芯片引脚图

表 5.1 6116 芯片的工作方式

$\overline{CS}$	$\overline{OE}$	$\overline{WE}$	工作方式
0	0	1	读
0	1	0	写
1	×	×	未选通

注:表中"×"表示可为 0 或 1。

其中:

- $D_7 \sim D_0$:数据线,双向,三态。用于传送读写的数据。
- $A_{10} \sim A_0$:地址线,输入。用于选中某一单元。
- $\overline{CE}$:片选信号,输入,低电平有效。有效时芯片工作。
- $\overline{OE}$:输出允许信号,输入,低电平有效。有效时从 $A_{10} \sim A_0$ 选中的单元读出数据。
- $\overline{WE}$:输入允许信号,输入,低电平有效。有效时向 $A_{10} \sim A_0$ 选中的单元写入数据。
- V_{CC}:工作电压,+5 V。
- GND:接地端。

2)动态 RAM

(1)DRAM

DRAM 利用 MOS 电容存储电荷来保存信息,使用时须不断给电容充电才能使其信息保持,即存储器需要刷新,在信息丢失前进行重新写入。其集成度高,功耗小,主要用作计算机主存。动态 RAM 的基本存储单元是单管动态存储电路。它用 MOS 管导通给电容 C 充电,使 C 上带有电荷表示信息 1,用 MOS 管截止给电容 C 放电,使 C 上无电荷表示信息 0。

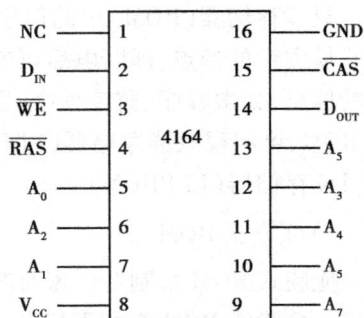

图 5.3 动态 RAM 4164 外部引脚

4164 是 64 K×1 位的动态 RAM 芯片,即内部有 16 384 个基本存储单元,每个单元 1 位。其引脚图如图 5.3 所示。

其中：

- D_{IN}：数据输入引脚。
- D_{OUT}：数据输出引脚。
- $A_7 \sim A_0$：行、列地址输入线。
- $\overline{RAS}$：行地址选通信号，低电平有效，有效时 $A_7 \sim A_0$ 上的信息为行地址，该信号由外部电路产生。
- $\overline{CAS}$：列地址选通信号，低电平有效，有效时 $A_7 \sim A_0$ 上的信息为列地址，该信号由外部电路产生。
- $\overline{WE}$：读写控制信号，低电平时执行写操作，高电平时处于读状态。
- V_{CC}：工作电压输入端(+5 V)。
- GND：接地端。

（2）SDRAM

动态 RAM 是利用电容存储电荷的原理来保存信息的，由于电容电荷会不断释放，所以必须对动态 RAM 进行定期刷新以维持动态 RAM 中存储的数据。动态 RAM 4164 的刷新，由外部逻辑电路控制。为克服动态 RAM 需要不断刷新的缺点，出现了能够自动刷新的 DRAM，即 SDRAM。

SDRAM 是 Synchronous Dynamic Random Access Memory 的缩写，即同步动态随机存取存储器，它是有同步接口的动态随机存取存储器(DRAM)。注意，它不是 SRAM 与 DRAM 的结合。通常 DRAM 是有一个异步接口的，可随时响应控制输入的变化。而 SDRAM 有一个同步接口，在响应控制输入前会等待一个时钟信号，这样就能和计算机的系统总线同步。

（3）DDR SDRAM

DDR 是 Double Data Rate 的缩写，即双倍速率，DDR SDRAM 则为双倍速率同步动态随机存储器，DDR SDRAM 内存是在 SDRAM 内存基础上发展而来的，仍然沿用 SDRAM 生产体系。DDR SDRAM 的数据传输速度为系统时钟频率的 2 倍，在系统时钟的上升沿和下降沿都可进行数据传输。由于速度增加，其传输性能优于传统的 SDRAM。

5.2.2 只读存储器（ROM）

只读存储器(ROM)中的信息是预先写入的，在使用过程中只能读出不能写入。ROM 具有非易失性的特点，即断电后再通电存储信息不会改变。ROM 的用途是存入不需要经常修改的信息，如微程序、监控程序、显示器的字符发生器等。ROM 从功能和工艺上可分为掩膜式 ROM、可编程只读存储器(PROM)、可擦除可编程只读存储器(EPROM)和电可擦除可编程只读存储器(EEPROM)。

1）掩膜式 ROM

掩膜式 ROM 由制造厂家对芯片图形(掩膜)进行二次光刻而制成，用户不能修改芯片的内容。掩膜式 ROM 有如下特点：

- 存储的内容一经写入便不能修改，灵活性差；
- 存储内容固定不变，可靠性高；
- 少量生产时造价昂贵，因而只适应于定型批量生产。

2）可编程只读存储器（PROM）

可编程只读存储器（PROM）便于用户根据自己的需要来写入存储信息。PROM 芯片一般采用双极型工艺技术，厂家生产的 PROM 芯片不事先存入固定内容，存储矩阵的所有行、列交叉处均连接有二极管或三极管。PROM 芯片出厂后，用户可利用外部引脚输入地址，对存储矩阵中的二极管或三极管进行选择，使一些被烧断，其余的保持原状，这样就完成了编程。PROM 中的存储内容一旦写入就无法更改，是一种一次性写入的只读存储器。

3）可擦除可编程只读存储器（EPROM）

实际工作中的程序可能需要多次修改，EPROM 作为一种可以多次擦除和重写的 ROM，克服了掩膜式 ROM 和 PROM 灵活性差的缺点，使用比较广泛。

EPROM 基本存储单元大多采用浮动栅极 MOS 管，以浮栅管是否因雪崩击穿而带上大量电荷来存储二进制信息 1 和 0。实际应用中对 EPROM 编程是在专门的编程器上进行的。

EPROM 芯片上方有一个石英玻璃窗口，当用紫外线照射时，所有存储电路中浮栅上的电荷会形成光电流泄漏掉，使浮栅恢复初态。一般照射 20～30 min 后，读出各单元的内容均为 FFH，说明 EPROM 中内容已被擦除。

以 Intel 2764 CPU 为例，对 EPROM 的性能和工作方式作详细介绍。Intel 2764 CPU 是 8 K×8 位的 EPROM 芯片，它有 13 条地址线（$A_0 \sim A_{12}$），8 条数据线（$D_0 \sim D_7$），1 个工作电压输入端（V_{CC}，+5 V），1 个

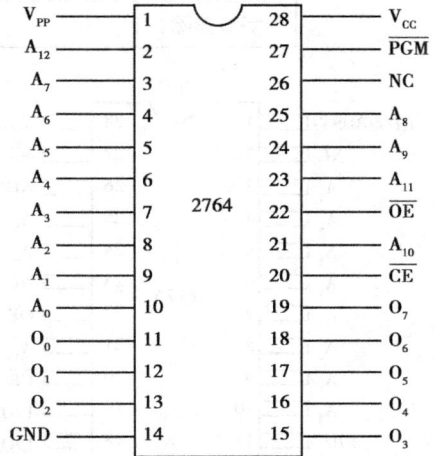

图 5.4　2764 芯片引脚图

编程电压输入端（V_{PP}，+12.5 V），1 个片选端（$\overline{CE}$），1 个输出允许端（$\overline{OE}$），1 个编程脉冲输入端（$\overline{PGM}$），1 个接地端（GND）。2764 引脚如图 5.4 所示，工作方式见表 5.2。

表 5.2　Intel 2764 CPU 的工作方式

工作方式	引脚				
	$\overline{CE}$	$\overline{OE}$	$\overline{PGM}$	V_{PP}	V_{CC}
读	0	0	低	+5 V	+5 V
编程	0	1	脉冲	+12.5 V	+5 V
校验	0	0	低	+12.5 V	+5 V
备用	无关	无关	高	+5 V	+5 V

4）电可擦除可编程只读存储器（EEPROM）

EPROM 虽然可以多次编程，具有较好的灵活性，但修改内容还是不够方便，因为写入内容要用专门的编程器，擦除内容要用专门的擦除器。近年来出现的电可擦除可编程只读存储器（EEPROM）能以字节为单位擦除和改写，在用户系统下即可完成，使用起来和 RAM 一样方便，且断电后内容不丢失，所以具有更大的优越性。

EEPROM 通常有 4 种工作方式,即读方式、写方式、保持方式、字节擦除方式。下面以 Intel 2817A(CPU)为例对 EEPROM 的外特性和工作方式进行说明。其外部引脚如图 5.5 所示,表 5.3 列出了 Intel 2817A(CPU)的工作方式以及各种方式下的控制信号电平。

表 5.3　2817A 的工作方式

方式	引脚				
	$\overline{CE}$	$\overline{OE}$	$\overline{WE}$	RDY/$\overline{BUSY}$	$I_7/O_7 \sim I_0/O_0$
读	0	0	1	高阻	数据输出
写	0	1	0	0	数据输入
保持	1	任意	任意	高阻	高阻
字节擦除	字节写入之前自动擦除				

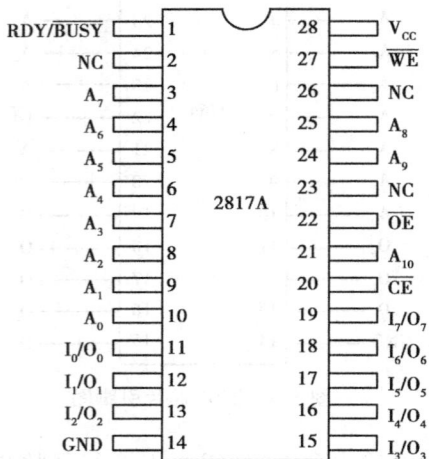

图 5.5　2817A 引脚图

2817A 是 2 K×8 位的 EEPROM,$A_{10} \sim A_0$ 为地址线,$I_7/O_7 \sim I_0/O_0$ 为双向数据线,$\overline{CE}$ 为片选信号,$\overline{OE}$ 为读控制信号,$\overline{WE}$ 为写控制信号,RDY/$\overline{BUSY}$ 为器件忙闲状态指示,NC 为空脚。值得说明的是,在字节写入时,CPU 可通过 RDY/$\overline{BUSY}$ 端查询一个字节是否写入完毕,当该引脚为 0 时,表示字节写入操作尚未完成,不能写入下一个字节;当该引脚为 1 时,表示字节写入操作已经完成,可以写入下一个字节。如此就保证了写入信息的可靠性。

5)快闪存储器

快闪存储器(Flash Memory)是一类非易失性存储器,即断电数据也不会丢失。它是电可擦可编程只读存储器的形式,允许在操作中被多次擦或写的存储器。闪存具有较快的读取速度,其读取时间小于 100 ns。目前大部分主板的 BIOS 都使用快闪存储器。但是由于它的写入操作比较复杂,花费时间较长。与硬盘相比,闪存的动态抗震能力更强,因此它非常适合用于移动设备上,如笔记本电脑、相机和手机等。闪存的一个典型应用,USB 盘(即 U 盘,也称优盘),已经成为计算机系统之间传输数据的流行手段。

闪存主要分为 NAND Flash 和 NOR Flash。

NAND Flash 存储容量大、成本较低,采用非随机存储、不可执行代码,以块为单位进行数据存取,读写速度较快,主要用于存储大容量、批量读写的数据,NAND 型闪存主要用来存储资料,常用的闪存产品,如闪存盘、数码存储卡都是 NAND 型闪存,应用于智能手机、U 盘、固态硬盘、平板电脑等。手机机身内存 ROM 通常就是指 NAND Flash 类存储器。

NOR Flash 由于其内部结构复杂,通常成本较高;在读取操作上通常比 NAND Flash 更快,可执行代码,能够与处理器直接连接。NOR Flash 负责存储代码和部分数据,主要用于汽车电子和物联网、5G 等需要经常执行各类程序的嵌入式领域。

NOR 型与 NAND 型闪存的区别很大,NOR 型闪存更像内存,有独立的地址线和数据线,但价格比较贵,容量比较小;而 NAND 型更像硬盘,地址线和数据线是共用的 I/O 线,类似硬盘的所有信息都通过一条硬盘线传送。而且 NAND 型与 NOR 型闪存相比,成本更低,而容量大得多。因此,NOR 型闪存比较适合频繁随机读写的场合,通常用于存储程序代码并直接在闪存内运行。

从后期发展来看,NAND Flash 集成度高、成本较低,读写速率适中,非常适用于消费电子设备的大量数据存储介质,随着手机、笔记本电脑等市场需求增大,市场规模迅速增长。而 NOR Flash 的物理底层架构导致单位成本较高,因此没有大范围成为存储主流介质。NOR Flash 具有较高的读取效率,较低的擦/写速度,因此运用场景更像只读 ROM 的一种,特点是写入一次,基本上就不再擦写,只用于读取,且可以直接挂在数据总线上,运行程序效率异常高,用于各种嵌入式体系的基础系统存储。

5.3 半导体存储器在微机系统中的应用

微型计算机的内存都是由半导体存储器构成的,本节讨论存储器芯片在微机系统中充当内存时怎样与 CPU 系统连接,存储体是如何构成的,以及片选信号的产生与寻址空间的关系。

5.3.1 存储器在微机系统中的连接

在微机系统中,存储器是挂在 CPU 系统总线上的,具体连接关系如图 5.6 所示。即存储器的数据线与系统数据线对应相接,地址线与系统地址线对应相接,控制线与系统控制线对应相接。

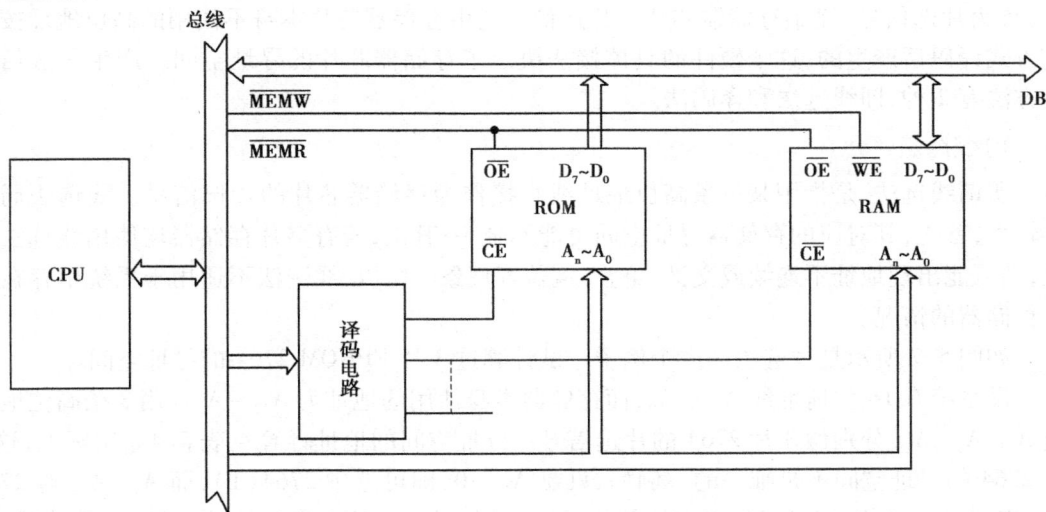

图 5.6 半导体存储器芯片在微机系统中的连接

具体说明如下所述。

1)地址线的连接

不同容量的存储器芯片,其用于内部存储单元寻址的地址线的条数不同。1 K 个单元的存储器有 10 条地址线($A_9 \sim A_0$),2 K 个单元的存储器有 11 条地址线($A_{10} \sim A_0$),以此类推。在系统中,存储器本身使用的这些地址线应与 CPU 系统地址线的对应位连接,其余高位地址线可作为产生存储器片选信号的译码电路的输入(关于片选信号的产生将在后面讨论)。

但也有例外,如动态 RAM 4164 的容量是 64 K×1 位,本需要 16 条地址线,而其引脚上只有 8 条地址线,这是为了减少引脚数目。它通过将 16 位地址分为高 8 位(列地址)和低 8 位(行地址),并分 2 次分别输入到内部的 2 个锁存器中实现对某单元寻址。

2)数据线的连接

存储单元一般为 8 位数据,若一片存储器的存储单元不够 8 位数据,则需要用多片共同构成存储单元。若 CPU 系统只有 8 条数据线,则存储器的数据线与其一一对应相接即可;若有 16 条或 32 条数据线,则将内存分为 2 个及以上存储体,每个存储体对应一个 8 位数据线,分别进行寻址。

3)控制线的连接

不同的存储器芯片,引脚功能的区别主要体现在控制线上。如 27XX 系列 EPROM 芯片没有写信号,读信号与 $\overline{\text{MEMR}}$ 相连,处于非编程状态时,V_{PP} 接+5 V,编程脉冲端也要作适当处理。静态 RAM 芯片,如 6264 的写控制端 $\overline{\text{WE}}$ 与系统的存储器写 $\overline{\text{MEMW}}$ 相连,读控制端 $\overline{\text{OE}}$ 与系统的存储器读 $\overline{\text{MEMR}}$ 相连。而动态 RAM 4164 的读/写信号使用一个引脚 $\overline{\text{WE}}$,一般将其接 $\overline{\text{MEMW}}$,当 $\overline{\text{WE}}$=0 时为写操作,否则就处于读状态。另外,4164 的行地址选通信号 $\overline{\text{RAS}}$ 和列地址选通信号 $\overline{\text{CAS}}$ 由专门的电路产生。

5.3.2　存储器的选址

微机系统的 CPU 对内存进行读/写时,首先要对存储器芯片进行选择,并将这个选择信号(称为片选信号)送给存储器芯片。片选信号是由存储器芯片本身不使用的高位地址按一定方式译码后产生的,这个硬件的具体接法决定了存储器芯片的寻址空间。产生片选信号的方法有 2 种,即线选法和译码法。

1)线选法

所谓线选法,是指用某一条高位地址线直接作为存储器芯片的片选信号。线选法局限性较大,首先,其对应的存储器寻址空间可能不唯一;其次,若有多片存储器均使用线选法选址,则可能出现地址不连续或交叉、重叠、覆盖等现象。所以,线选法不适用于系统中存在多片存储器的情况。

如图 5.7 所示是线选法的一个例子。试计算这 3 片 EPROM 2764 的寻址空间。

设系统有 16 位地址线 $A_{15} \sim A_0$,而存储器本身使用的地址为 $A_{12} \sim A_0$。用 3 条高位地址线 A_{15}、A_{14}、A_{13} 分别做 3 片 2764 的片选信号。寻址空间的地址计算见表 5.4。实际上,这 3 片 2764 的寻址空间不是唯一的。例如,只要 A_{15}=0,即可选中 2764(1),而 A_{14}、A_{13} 对 2764 (1)来说是无关位,则可以找出它的其他寻址空间。如此,就会出现地址交叉、重叠情况,最严重的情况就是 $A_{15}=A_{14}=A_{13}=0$,这时 3 片 2764 的寻址空间重叠,会出现数据冲突,这是不允许的。因此,线选法只适用于单片存储器。

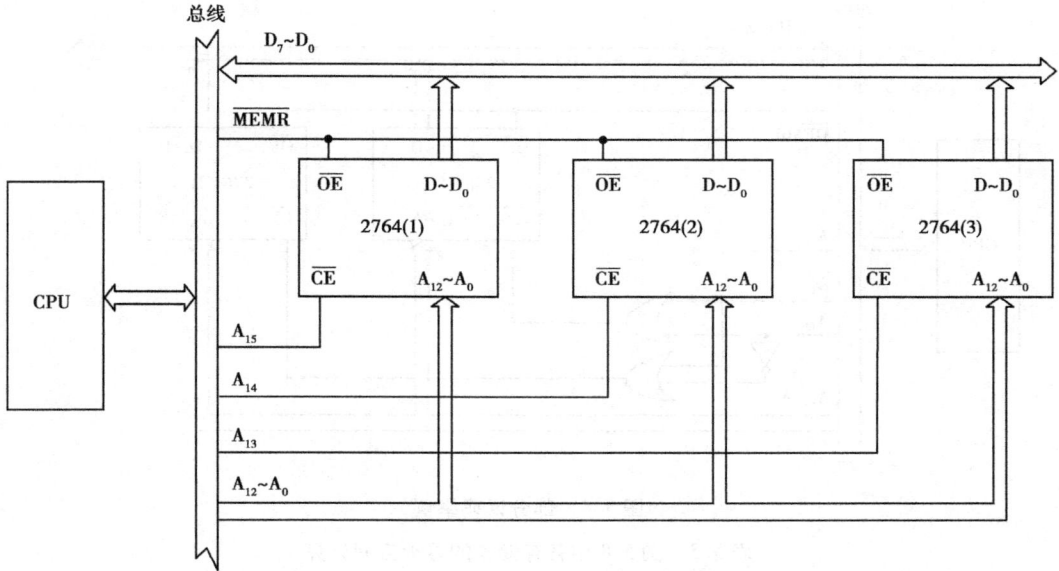

图 5.7　线选法举例

表 5.4　图 5.7 中各存储器的寻址空间计算

存储器	A_{15}	A_{14}	A_{13}	A_{12}	A_{11}	A_{10}	A_9	A_8	A_7	A_6	A_5	A_4	A_3	A_2	A_1	A_0	寻址空间
2764(1)	0	×	×	0	0	0	0	0	0	0	0	0	0	0	0	0	0000H ~ 1FFFH
	0	×	×	0	0	0	0	0	0	0	0	0	0	0	0	1	或 2000H ~ 3FFFH
							⋮										或 4000H ~ 5FFFH
	0	×	×	1	1	1	1	1	1	1	1	1	1	1	1	1	或 6000H ~ 7FFFH
2764(2)	×	0	×	0	0	0	0	0	0	0	0	0	0	0	0	0	0000H ~ 1FFFH
	×	0	×	0	0	0	0	0	0	0	0	0	0	0	0	1	或 2000H ~ 3FFFH
							⋮										或 8000H ~ 9FFFH
	×	0	×	1	1	1	1	1	1	1	1	1	1	1	1	1	或 A000H ~ BFFFH
2764(3)	×	×	0	0	0	0	0	0	0	0	0	0	0	0	0	0	0000H ~ 1FFFH
	×	×	0	0	0	0	0	0	0	0	0	0	0	0	0	1	或 4000H ~ 5FFFH
							⋮										或 8000H ~ 9FFFH
	×	×	0	1	1	1	1	1	1	1	1	1	1	1	1	1	或 C000H ~ DFFFH

2) 译码法

所谓译码法,是指通过译码电路或译码器产生存储器的片选信号。译码法又可分为部分译码法和完全译码法。

(1)部分译码法

存储器本身不使用的高位地址有一部分参与译码,另一部分不参与译码。例如,上例中若只使用 2 片 2764,采用简单译码电路产生它们的片选信号,如图 5.8 所示。

这 2 片 2764 的寻址空间计算见表 5.5。

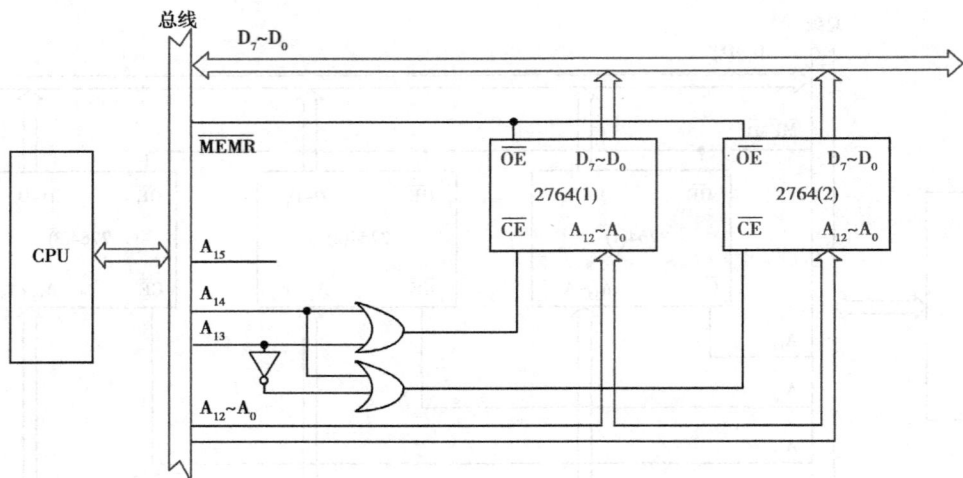

图 5.8　部分译码举例

表 5.5　图 5.8 中各存储器的寻址空间计算

存储器	A_{15}	A_{14}	A_{13}	A_{12}	A_{11}	A_{10}	A_9	A_8	A_7	A_6	A_5	A_4	A_3	A_2	A_1	A_0	寻址空间
2764（1）	×	0	0	0	0	0	0	0	0	0	0	0	0	0	0	0	0000H ~ 7FFFH 或 8000H ~ 9FFFH
	×	0	0	0	0	0	0	0	0	0	0	0	0	0	0	1	
								⋮									
	×	0	0	1	1	1	1	1	1	1	1	1	1	1	1	1	
2764（2）	×	0	1	0	0	0	0	0	0	0	0	0	0	0	0	0	2000H ~ 3FFFH 或 A000H ~ BFFFH
	×	0	1	0	0	0	0	0	0	0	0	0	0	0	0	1	
								⋮									
	×	0	1	1	1	1	1	1	1	1	1	1	1	1	1	1	

由表 5.5 可见,采用部分译码方式,存储器的寻址空间不唯一。本例中,A_{15} 未参与译码,对于每片 2764 而言,它都是无关的,所以每片 2764 都有 2 个地址范围,与线选法不同的是它们的寻址空间不会重叠。

（2）完全译码法

存储器本身不使用的高位地址线全部参与译码。例如,前例中若使用 3 线-8 线译码器 74LS138 产生 3 片 2764 的片选信号(74LS138 的功能见表 5.7),且让 A_{15}、A_{14}、A_{13} 都参与译码,连接方法如图 5.9 所示,则这 3 片 2764 的寻址空间见表 5.6。

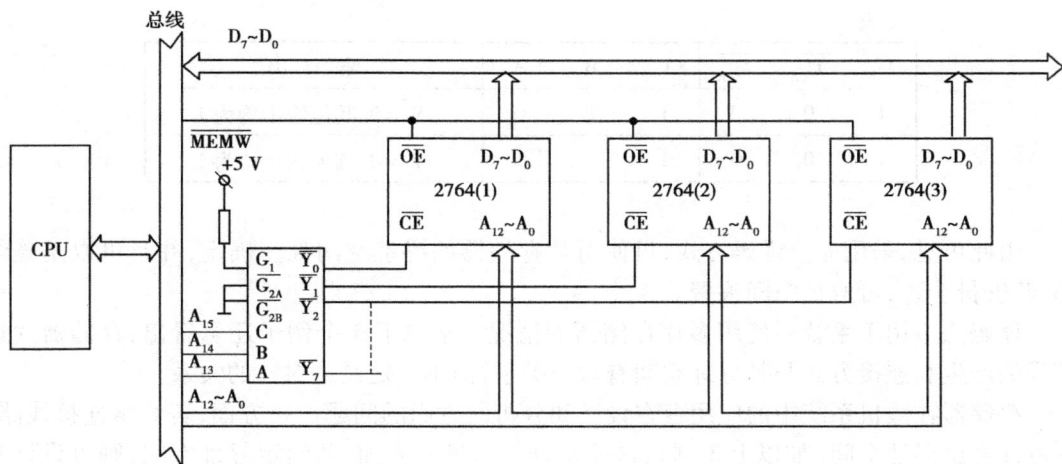

图 5.9　完全译码举例

表 5.6　图 5.9 中各存储器的寻址空间计算

存储器	A_{15}	A_{14}	A_{13}	A_{12}	A_{11}	A_{10}	A_9	A_8	A_7	A_6	A_5	A_4	A_3	A_2	A_1	A_0	寻址空间
	0	0	0	0	0	0	0	0	0	0	0	0	0	0	0	0	
2764（1）	0	0	0	0	0	0	0	0	0	0	0	0	0	0	0	1	0000H ~ 7FFFH
	⋮																
	0	0	0	1	1	1	1	1	1	1	1	1	1	1	1	1	
	0	0	1	0	0	0	0	0	0	0	0	0	0	0	0	0	
2764（2）	0	0	1	0	0	0	0	0	0	0	0	0	0	0	0	1	2000H ~ 3FFFH
	⋮																
	0	0	1	1	1	1	1	1	1	1	1	1	1	1	1	1	
	0	1	0	0	0	0	0	0	0	0	0	0	0	0	0	0	
2764（3）	0	1	0	0	0	0	0	0	0	0	0	0	0	0	0	1	4000H ~ 5FFFH
	⋮																
	0	1	0	1	1	1	1	1	1	1	1	1	1	1	1	1	

表 5.7　74LS138 的功能表

G_1	$\overline{G_{2A}}$	$\overline{G_{2B}}$	C	B	A	输　　出
1	0	0	0	0	0	$\overline{Y_0}=0$,其他输出均为 1
1	0	0	0	0	1	$\overline{Y_1}=0$,其他输出均为 1
1	0	0	0	1	0	$\overline{Y_2}=0$,其他输出均为 1
1	0	0	0	1	1	$\overline{Y_3}=0$,其他输出均为 1
1	0	0	1	0	0	$\overline{Y_4}=0$,其他输出均为 1
1	0	0	1	0	1	$\overline{Y_5}=0$,其他输出均为 1

续表

G_1	$\overline{G_{2A}}$	$\overline{G_{2B}}$	C	B	A	输　　出
1	0	0	1	1	0	$\overline{Y_6}=0$,其他输出均为 1
1	0	0	1	1	1	$\overline{Y_7}=0$,其他输出均为 1

由此可见,采用完全译码方式,可使每片存储器的寻址空间唯一确定,并且可以是连续的,若安排合理,可避免空间浪费。

译码法适用于系统中使用多片存储器的情况。从以上 3 个例子还可看出,存储器片选信号的产生和连接方式与其寻址空间有对应关系,但不一定是一对一的关系。

存储器在微机系统中的应用存在设计和分析两方面的问题。一方面,若给定连接线路,则可计算出寻址空间(如以上 3 例),这就是分析。另一方面,若给定寻址空间,则可设计片选信号的产生电路,进而画出硬件连接图,这就是设计。这两方面的问题都是存储器扩展的基本问题,无论是计算机硬件人员还是软件人员都应熟悉。

5.3.3　存储矩阵和存储模块

在微机系统中,常用存储矩阵和存储模块来组织内存,存储矩阵和存储模块是指由若干片存储器通过适当连接构成的一个存储区域。下面举例说明。

动态 RAM 4164 是 64 K×1 位的存储芯片,假如用这种芯片构成 128 K×8 位的存储模块,就需要 16 片,如图 5.10 所示。上面一行 8 片的片选信号接到一起,因为它们是相同存储单元的不同数据位。不同行的片选信号是不同的,因为它们构成不同的寻址空间(或存储区域)。图中设系统有 20 位地址线。

在存储器扩展中,若因为每片存储器数据位数不够,需要 2 片及以上构成一个存储区域的,称为位扩展。若因为存储单元数不够需要扩展,称为字扩展。本例中,每一行的存储器扩展即为位扩展,而扩展的第 2 行即为字扩展。

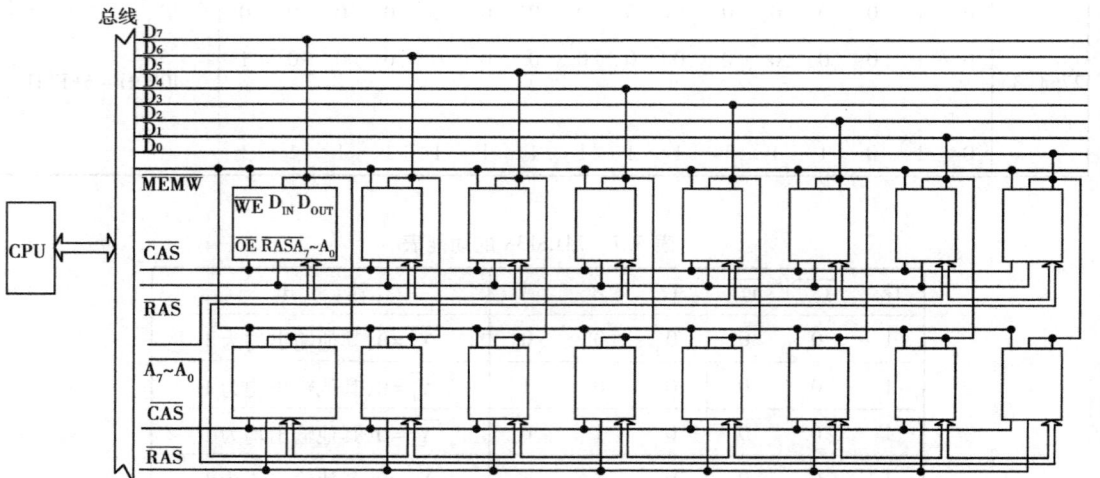

图 5.10　存储矩阵和存储模块举例

5.4 PC 微机存储器空间分布

8086/8088 微机系统中地址总线有 20 条,可寻址 1 MB 的存储空间。表 5.8 是 IBM PC/XT 存储器的空间分布。IBM PC/XT 将 1 MB 的地址空间分为地址 00000H ~ BFFFFH 共 768 KB RAM 存储区,地址 C0000H ~ FFFFFH 共 256 KB ROM 存储区。

表 5.8　IBM PC/XT 存储器空间分布

地址范围	存储区	空间大小
00000H ~ 003FFH	BIOS 中断向量表	1 KB
00400H ~ 004FFH	BIOS 数据区	0.5 KB
00500H ~ 9FFFFH	用户程序区	638.5 KB
A0000H ~ BFFFFH	显示缓冲区	128 KB
C0000H ~ F5FFFH	附加 ROM 区	216 KB
F6000H ~ FFFFFH	基本 ROM 区	40 KB

RAM 存储区的前 640 KB 空间存放的是部分系统程序和用户程序,称为基本内存(或常规内存)。A0000H ~ BFFFFH 的 128 KB RAM 空间是单色显示或彩色显示器的显示缓冲区,它存放单色或彩色显示器的字符或图形。

ROM 存储区位于存储器高地址端。当系统仅有基本配置时,一般只安装 40 KB 的基本 ROM 区,存放 IBM PC/XT 的基本输入/输出系统(BIOS)和 BASIC 解释程序;当使用附加 216 KB ROM 时,ROM 存储区空间可扩充到 256 KB。附加 ROM 中可存放新的设备驱动程序、汉字库等。

80386 微机系统中地址总线有 32 条,可寻址 4 GB 的物理地址空间。80386 微机系统实际内存容量通常为 4 MB 或 8 MB。如图 5.9 所示为 80386 微机系统 4 MB 内存空间分布图,其中,存储器低地址端 640 KB 为基本内存(常规内存),从 A0000H 到 FFFFFH 的 384 KB 是上位内存区,从 100000H 到 400000H 的 3 MB 是扩展内存(Extended Memory),扩展内存的第一个 64 KB 称为高端内存区(High Memory Area),此外还有 1 MB 的扩充内存(Expanded Memory)。

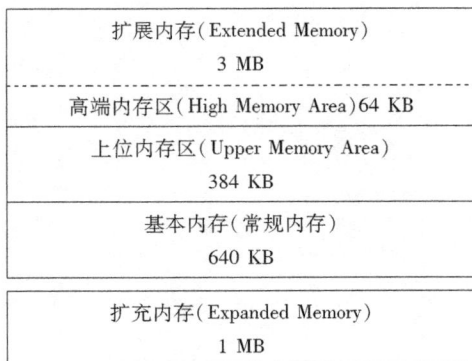

扩展内存(Extended Memory) 3 MB
高端内存区(High Memory Area)64 KB
上位内存区(Upper Memory Area) 384 KB
基本内存(常规内存) 640 KB
扩充内存(Expanded Memory) 1 MB

图 5.11　80386 微机系统 4 MB 内存空间分布

习题与思考题

1. 分别指出线选法、部分译码法和完全译码法的主要特点。
2. 微机系统中存储器与 CPU 系统连接时通常应该考虑哪几个方面的问题?

3. 动态 RAM 为什么必须定期刷新？

4. 某微机系统中，CPU 系统有 16 条地址线，扩展了 1 片 EPROM 2716、1 片静态 RAM 6116 和 1 片 EEPROM 2817A，它们的片选信号的连接如图 5.12 所示，分别计算它们的寻址空间。指出此译码电路的译码方式是部分译码还是完全译码。

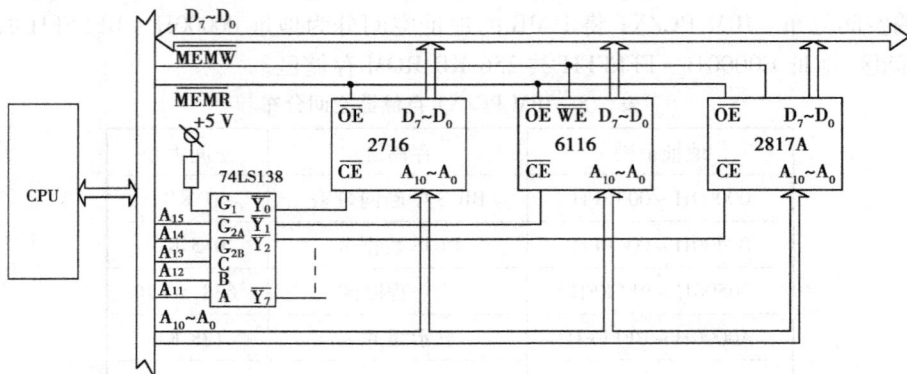

图 5.12　片选信号的连接

5. 指出 PC 微机内存中系统存储器、扩展存储器和扩充存储器的区别。

6. 某微机系统有 20 位地址线，8 位数据线，现用 2 片 EPROM 2764 组成 16 K×8 位的存储模块，并将它们的寻址空间分别安排在 42000H～43FFFH 和 44000H～45FFFH，试画出硬件连接图。

第6章
总线与I/O接口 ⚬⚬⚬⚬⚬⚬⚬⚬⚬⚬⚬⚬⚬⚬⚬⚬⚬⚬⚬⚬⚬⚬⚬⚬⚬⚬⚬⚬⚬⚬ ◯

6.1 总 线

6.1.1 总线概述

微型计算机基本上均采用了总线结构。总线是芯片内部各单元电路之间、芯片与芯片之间、模块与模块之间、设备与设备之间,甚至系统与系统之间传输信息的公共通路,在物理上它是一组信号线的集合。总线技术研究如何利用一组信号线有效地传递信息,并使其具有通用性强、扩展性好、升级容易等性能。微型计算机系统的大量工作就在于信息的传输,因此,总线的设计或选择直接影响系统的整体性能。正因为如此,微机系统的设计和开发人员以及一些大的公司和厂家先后推出多种总线标准,且性能不断提高、技术不断完善,以适应迅速发展的计算机其他技术的要求。本章将介绍总线的基本知识,具体介绍常见的系统总线和通信总线。

1)总线组成

微型计算机总线主要由 4 个部分组成:数据总线、地址总线、控制总线和电源。

(1)数据总线

数据总线是外部设备和总线主控设备之间进行数据传送的数据通道。通常用 $D_n \sim D_0$ 表示数据位的序号,序号和数据的位权是一致的。N 表示数据宽度。例如,STD 总线是 8 位总线,高位 $D_n = D_7$,$n = 7$;ISA 总线是 16 位总线,$D_n = D_{15}$,$n = 15$;PCI 总线数据宽度是 32 位,$D_n = D_{31}$,$n = 31$,PCI 总线一次可以传送 32 位数据,即 4 个字节。总线中的数据总线宽度基本上表示了总线数据传输的能力,反映了该总线的性能。

(2)地址总线

地址总线是外部设备与主控设备之间传送地址信息的通道。通常用 $A_0 \sim A_n$ 表示。地址总线的宽度,表明了该总线的寻址范围。如 IBM PC/XT 总线,有 20 位地址线,该总线构成的计算机系统所具有的寻址范围为 1 MB 存储空间。有些计算机系统将 I/O 端口地址另行编码,另外定义了专用访问 I/O 的指令。有些计算机将 I/O 端口地址与内存地址统一编码,从中划出一部分作为 I/O 端口地址。因此,这些外设的 I/O 端口地址,也由这些总线传送。在 PCI 总线构成的计算机系统中,有内存空间、I/O 空间、配置空间之分,但这 3 种不同的空间是从地址总线的译码空间分别画出的 3 个区域范围。PCI 总线有 32 条地址线,寻址能力达到 4 G 字节,可以构成相当大的计算机系统。

(3)控制总线

控制总线是专供各种控制信号使用的传递通道,总线操作各项功能都是由控制总线完成的。控制总线信号是总线信号中种类最多、变化最大、功能最强的信号,也是最能体现总线特色的信号。一种总线标准与另一种标准相比较最大的不同之处就在于控制总线,而它们的地址总线、数据总线、电源等可以相同或相似。

控制总线是总线中最有特点的部分,无论是哪种计算机总线,无论它们具有什么特色,都必须通过总线来实现。可以这样讲,数据总线看宽度,它表示构成计算机系统的计算能力和计算规模;地址总线看位数,它决定了系统寻址能力,表明构成计算机系统的规模;而控制总线则代表总线的特色,表示总线的设计思想、控制技巧。

(4)电源

+5 V、-5 V、+12 V、-12 V 是系统必备电源,其中-5 V 使用较少,+5 V 要求最大电流供电。PCI 总线还有 3.3 V 电源信号,这表明了计算机系统的电压向低压发展的趋势。

2)总线功能

总线功能是计算机总线研究的重点,计算机的地址总线、数据总线和控制总线须精心设计,以提高计算机总线的功能。这些功能体现在以下几点。

(1)数据传输功能

数据传输功能是总线的基本功能,用总线传输率来表示,即每秒传输的字节数,单位是Mbps(兆字节每秒)。影响总线传输率的因素有总线宽度、时钟频率等。

(2)多设备支持功能

多个设备使用一条总线,首先是总线占用权的问题,哪一个主设备申请占用总线,由总线仲裁器确定。在 ISA 总线中,DMA 控制器和微处理器争用总线。实际上 DMA 与微处理器对比而言,并非"公平"占用总线,而采取利用总线"周期窃取"的方法,"盗用"总线或"非法"使用总线。至于 Multi Bus、VME Bus、PCI Bus 则专门设有总线占用请求信号(REQ#)和总线占用权得到信号(GNT#),这时总线的占用是合法的、透明的,而不必再"盗用"。

(3)中断

中断是计算机对紧急事务响应的机制,是计算机反应灵敏与否的关键。当外部设备与主设备之间进行服务约定时,中断是实现服务约定的联络信号。中断信号线的多少,反映了系统响应多个中断源的能力。中断优先级是中断源申请服务的级别,由主设备确定。

(4)错误处理

错误处理包括奇偶校验错、系统错、电池失效等错误检测处理,以及提供相应的保护对策。总线的传输能力、控制能力和可靠性,都是目前用户关心的焦点,错误处理功能是保证正常工作所必不可少的,它是总线的可靠性、坚固性的主要保障。

3)总线规范的基本内容

无论是先由少数公司或厂家采用后被国际标准组织认可并推广使用,还是先由国际权威机构制定并颁布的总线标准,都必须制定详细的规范,以便大家共同遵循,规范的基本内容有以下 3 个方面。

(1)机械结构规范

规定模块尺寸、总线插头、边沿连接器等的规格。

(2)功能结构规范

确定引脚名称与功能,及其相互连接的协议。功能结构规范是总线的核心,通常以时序和状态描述信息的交流、流向及管理规则。总线在功能结构方面的规范包括:

- 数据线、地址线、读/写及其他控制线、状态线、时钟线、电源线和地线等;
- 中断机制;
- 总线主控仲裁;
- 应用逻辑,如联络(也称握手)线、复位、自启动、休眠维护等。

（3）电气规范

规定信号逻辑电平、负载能力及最大额定值、动态转换时间等。

4）总线的数据传送

若系统只有一个总线主设备,无须申请总线或仲裁总线控制权。而对于多 CPU 系统或含有 DMA 等多个总线主设备的系统,则需要总线仲裁机构来受理总线申请和分配总线控制权。这种情况下,在总线上完成一次信息交换要经过以下 4 个阶段。

（1）申请占用总线

需要使用总线的总线主设备(如 CPU、DMA 控制器等)向总线仲裁机构提出占用总线的请求,经总线仲裁机构判定,若满足响应条件,则发出响应信号,并把下一个总线传送周期的总线控制权授予申请者。

（2）寻址

获得总线控制权的总线主设备,通过地址总线发出本次要访问的存储器和 I/O 端口的地址,经地址译码选中被访问的模块并开始启动数据转换。

（3）传送数据

总线主设备也称为主模块,被访问的设备称为从模块。主模块对总线有控制权,从模块只能响应从主模块发来的总线指令。由主模块控制在模块间通过数据总线进行数据传送。

（4）结束

主、从模块的信息均从总线上撤除,让出总线,以便其他主模块使用。

5）微机总线的分类

按总线在微机中的位置和作用,微机总线可分为 3 类。

（1）片内总线

它是位于大规模、超大规模集成芯片内部各单元电路之间的总线,作为这些单元电路之间的信息通路,如 CPU 内部 ALU、寄存器组、控制器等部件之间的总线。内部总线的结构与器件本身有关,过去仅由生产厂家设计,使用芯片时用户不必关心其内部总线结构。但随着微电子学的发展,出现了 ASIC 技术,用户可按自己的要求借助 CAD 技术设计自己的专用芯片,这时用户就必须自己设计芯片内部总线。本章对片内总线不作详细讨论。

（2）系统总线

通常指微机主板上各部件之间的信息通路。由于是一块电路板内部的总线,故又称为在板局部总线。如 CPU 及其外围支持芯片构成的 CPU 子系统与在板存储器、I/O 接口电路之间一般就是通过三总线结构(数据总线 DATA BUS,地址总线 ADDR BUS、控制总线 CONTROL BUS)来连接的。较典型的局部总线有 ISA 总线、PCI 总线等。通过总线可共享主板上的资源,也可共享插在局部总线扩展槽上的功能扩展板上的资源。

（3）通信总线

它是微机系统与系统之间、微机系统与其他仪器仪表或设备之间的信息通路。这种总线往往不是计算机专有的,而是借用电子工业其他领域已有的总线标准并加以应用形成的。

通信总线的信息传送方式可以是并行的也可以是串行的,因此有并行总线和串行总线之分。总的来说其信息传输率较系统内总线要低。流行的通信总线有 EIA RS-232C、USB 通用串行总线等总线标准。

为与系统总线区别,通信总线又称为系统外总线。

各类总线之间的相互关系如图 6.1 所示。

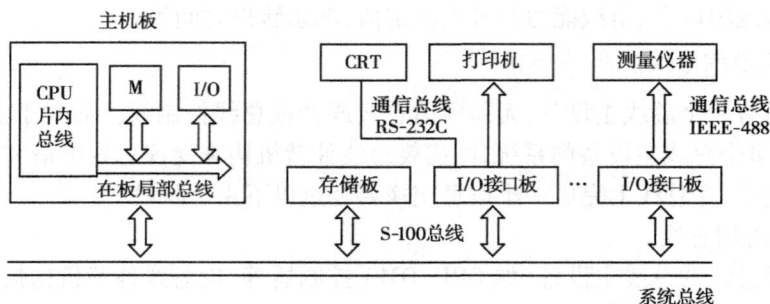

图 6.1 4 类总线之间的关系

6)使用标准总线的优点

在微机系统中,各种信息都是通过总线来传输的,高性能的 CPU 只有通过高性能的总线才能发挥其高效率。为此,人们研制了一系列性能优良的标准总线。现代微机都是采用某些标准总线构成系统的,它至少可以在以下几个方面提高系统性能。

(1)简化软、硬件设计

由于总线定义非常严格,任何厂家或个人都必须按其标准制作插件板,有了规范就给用户在硬件设计上带来了很大的方便,简化了设计过程。而由于硬件都是挂在总线上的相对独立的模块,这也使软件的编写、调试与修改更加容易。且编写的模块化程序可为多个用户重复使用,从而提高了效率,降低了成本。

(2)简化系统结构

采用标准总线,只要将各功能模块(板)挂在总线上就可以方便地构成微机的硬件系统。

(3)便于系统的扩充

对于采用标准总线构成的微机系统,只要按总线标准和用户扩充要求设计或直接购买插件板插到总线插槽上就达到了扩充的目的。当然,一般来说还要在硬件扩充的基础上编写或购置相应的软件。

(4)便于系统的更新

随着电子技术不断发展,新的器件不断涌现,微机系统也要不断更新,在采用标准总线的插件板上用新的器件取代原来的器件就可以很方便地提高系统性能,而不必做很大改动。当然,还要考虑选用速度等性能与新的器件相适应的标准总线。

6.1.2 PCI 总线

PCI(Peripheral Component Interconnect,即外围元件互连)总线是一种为主 CPU 和外设之间提供高性能数据通道的总线。其总线规范是由英特尔公司为首的一个 PCI 特别兴趣小组制定并维护的。它是一种 32 位局部总线,并且可进行 32 位寻址,既可用作单数据操作又可用作猝发传送。与其他总线不同的是它定义了一个特别的地址空间:配置空间。

PCI 总线的优势在于：

●数据线和地址线采用多路复用结构，减少了针脚数。一般而言，目标设备可以只用47条引脚，而总线主控可以只用49条引脚。

●PCI 总线定义了2种信号环境，即5 V 和3.3 V，并且它们之间可以很容易地相互转换。同时，3.3 V 环境的定义也为 PCI 总线用于便携机开辟了道路。

●PCI 总线独立于处理器，因而可支持多系列的 CPU 和未来的处理器。

●PCI 总线具有32/64 位总线透明性，允许32 位和64 位器件相互协作。

●允许 PCI 局部总线扩展板和元件的自动配置，在 PCI 上包含有寄存器，上面带有配置所需的器件信息。

PCI 总线的引脚排列如图6.2 所示。

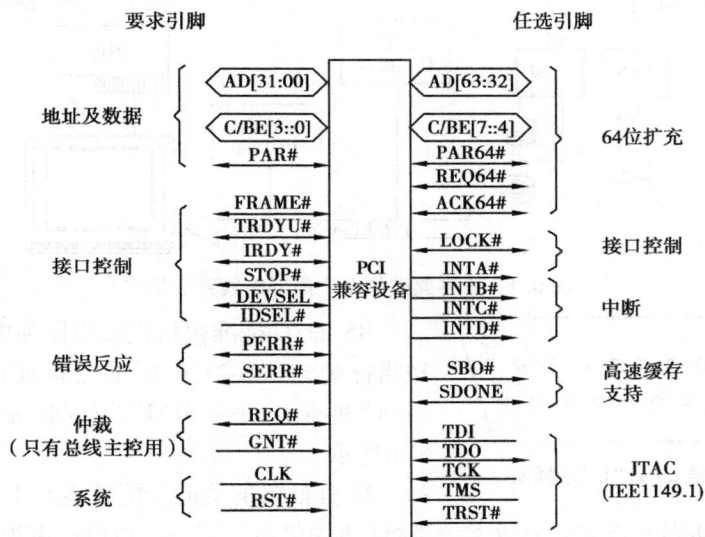

图6.2 PCI 局部总线的引脚排列

PCI 连接器是一种微通道类型的连接器，同一块 PCI 扩展卡能应用在基于 ISA、EISA 及MC 的系统中。为提供一种从5 V 到3.3 V 器件快速便捷的转换技术，PCI 规定了2 种扩展卡连接器：一种给5 V 信号环境；另一种给3.3 V 信号环境。PCI 扩展卡的大小也有2 种：标准卡和短卡。标准卡包括一个 ISA/EISA 扩充器，使其能利用 ISA/EISA 系统中的信号。为兼容5 V 和3.3 V 信号环境，并实现电压平滑转换，规定了3 种扩展卡电气类型：仅能插入5 V 连接器的5 V 卡；可用于5 V 和3.3 V 连接器的通用卡；仅能插入3.3 V 连接器的3.3 V卡。如图6.3 所示为一种典型的 PCI 局部总线系统结构，在这个例子中处理器/高速缓存/存储器子系统通过桥路与 PCI 总线相连。该桥路提供一种低时间延迟的通道，通过它，处理器能直接操作任何映射到存储器或 I/O 地址空间的设备。它也提供一条高带宽通道，使 PCI总线主控能直接操作主存储器。该桥路可以选择下列功能：数据缓存/驻留和 PCI 核心功能。

6.1.3 RS-232C

RS-232C 是一种串行通信总线标准，也是数据终端设备（DTE）和数据通信设备（DCE）之间的接口标准，是1969 年由美国电子工业协会（EIA）从 CCITT 远程通信标准中导出的标准。当初制定这一标准是为了使不同厂家生产的设备能达到接插的兼容性,即无论哪一家生产的设备,只要具有 RS-232C 标准接口,则不需要任何转换电路就可以互相接插起来,但这个标准只保证硬件兼容而不保证软件兼容。

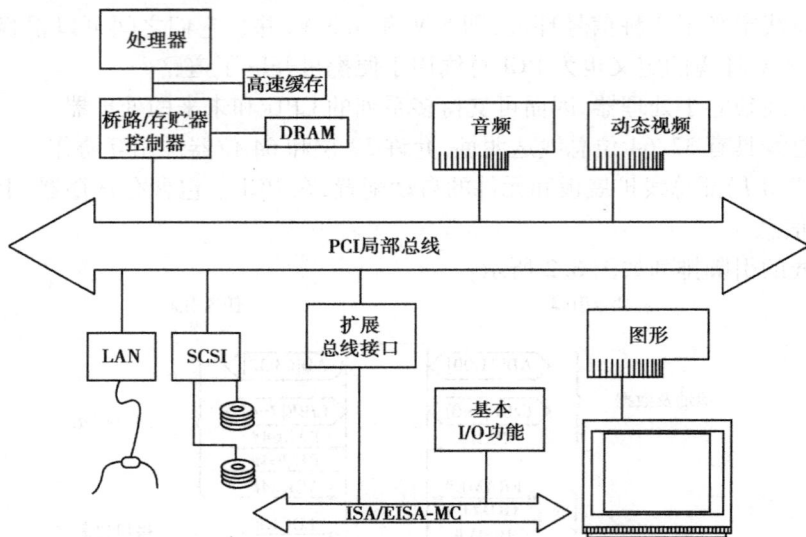

图 6.3 一种典型的 PCI 局部总线系统结构

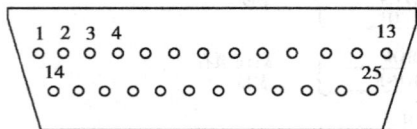

图 6.4 标准 25 针"D"形插头

RS-232C 标准包括机械指标和电气指标,其中机械指标规定,RS-232C 标准接口通向外部的连接器(插针和插座)是一个"D"形保护壳 25 针插头,如图 6.4 所示。

25 针插脚的功能分配见表 6.1,RS-232C 仅定义了其中的 22 个插脚并将它们分成主信道组(表中带有"∗"的)和辅信道组。大多数微机通信系统仅使用主信道组的信号线。在通信时并非所有的主信道信号都需要连接。在微机通信中通常使用其中的 9 个信号线就够了。

1)RS-232C 的主要特点

①信号线少:RS-232C 总线共有 25 根信号线,它包括主、副 2 个通道,用它可进行双工通信。实际应用中,多数只用主信号通道(即第一通道),并只使用其中几个信号(通常 3 ~ 9 根线)。

②传输距离远:由于 RS-232C 采用串行传输方式,并将 TTL 电平转换成了 RS-232C 电平,在基带传输时,距离可达 30 m。若是采用光电隔离 20 A 电流环传送,其传输距离可达 1 000 m。当然,如果在串行接口加上调制解调器,利用有线、无线或光纤进行传送,其距离会更远。

③可供选择的传输速率多:RS-232C 规定的标准传送速率有 50,75,110,150,300,600,1 200,2 400,4 800,9 600,19 200 Bd,可灵活用于不同速率的设备。

④抗干扰能力强:RS-232C 采用负逻辑,空载时以+3 ~ +25 V 任意电压表示逻辑 0,以 −25 ~ −3 V 任意电压表示逻辑 1,且它是无间隔不归零电平传送,从而大大提高了抗干扰能力。

2)RS-232C 总线的功能规范

①引脚分配:RS-232C 总线共有 25 根信号线,其中有 2 根地线、4 根数据线、11 根控制

线、3 根定时线、5 根备用线。引脚分配及定义见表6.1。

表6.1 RS-232C 总线引脚分配及定义

引脚	说　明	缩写	引脚	说　明	缩写
*1	保护地	PG	14	第二数据发送,输出	TXD
*2	数据发送,输出	TXD	*15	发送码元定时,输出	
*3	数据接收,输入	RXD	16	第二数据接收,输入	RXD
*4	请求发送,输出	RTS	*17	接收码元定时,输出	
*5	允许发送,输入	CTS	*18	未定义	
*6	数据设备准备好,输入	DSR	19	第二请求发送,输出	RTS
*7	信号地	SG	*20	数据终端准备好,输出	DTR
*8	接收信号检出,输入	DCD	*21	信号质量检测,输出	
9	电流环发送返回,输出		*22	振铃指示,输入	RI
10	空	备用	*23	数据信号速率选择	
11	电流环发送数据,输出		*24	发送信号码元定时,输出	
12	第二接收信号检出,输入	DCD	25	未定义	
13	第二允许发送,输入	CTS			

注:带"＊"者为主信道信号组。

②引脚信号说明:在 RS-232C 总线中,虽然绝大多数信号线均已定义使用,但在一般的微型计算机串行通信中,常用的只有 9 个信号线(表6.2),它们都是主信道组的信号线。

表6.2 微型计算机通信中常用的 RS-232C 接口信号

引脚号	符号	方向	功能
2	TXD	输出	发送数据
3	RXD	输入	接收数据
4	RTS	输出	请求发送
5	CTS	输入	允许发送
6	DSR	输入	数据设备准备好
7	GND	—	信号地
8	DCD	输入	数据载波检测
20	DTR	输出	数据终端准备好
22	RI	输入	振铃指示

这 9 根引脚分为 2 类:一类是基本的数据传送引脚;另一类是用于调制解调器(MODEM)的控制和反映其状态的引脚。

③基本的数据传送引脚:TXD,RXD,GND(2,3,7 号引脚)。

● TXD:数据发送引脚,数据传送时,发送数据由该引脚发出,送上通信线,在不传送数据时,异步串行通信接口维持该脚为逻辑 1。

- RXD:数据接收引脚,来自通信线的数据由该引脚进入接收设备。
- GND:信号地,该引脚为所有电路提供参考电位。

④MODEM 的控制和状态引脚:从计算机通过 RS-232C 接口送给 MODEM 的控制引脚,包括 DTR 和 RTS。从 MODEM 通过 RS-323C 接口送给计算机的状态信息引脚包括 DSR,CTS,DCD 和 RI。

- DTR:数据终端准备完毕引脚,用于通知 MODEM 计算机准备好,可以通信了。
- RTS:请求发送引脚,用于通知 MODEM 计算机请求发送数据。
- DSR:数据通信设备准备就绪引脚,用于通知计算机,MODEM 准备好了。
- CTS:允许发送引脚,用于通知计算机 MODEM 可以接收数据了。
- DCD:数据载体检测引脚,用于通知计算机 MODEM 与电话线另一端的 MODEM 已经建立联系。
- RI:振铃信号指示引脚,用于通知计算机,有来自电话网的信号。

3)RS-232C 电气规范

RS-232C 总线的电气规范见表 6.3。

表 6.3 RS-232C 总线的电气规范

带 3 ~ 7 kΩ 负载时驱动器的输出电平	逻辑 0:+5 ~ +15 V 逻辑 1:-15 ~ -5 V
不带负载时驱动器的输出电平	-25 ~ +25 V
驱动器断开时的输出阻抗	>300 Ω
输出短路电流	<0.5 A
驱动器转换速率	<30 V/μs
接收器输入阻抗	3 ~ 7 kΩ
接收器输入电压的允许范围	-25 ~ +25 V
输入开路时接收器的输出	逻辑 1
输入经 300 Ω 接地时接收器的输出	逻辑 1
+3 V 输入时接收器的输出	逻辑 0
-3 V 输入时接收器的输出	逻辑 1
最大负载电容	2 500 PF

从表 6.4 看出对于发送端,规定用-15 ~ -5 V 表示逻辑 1(或称 MARK 信号),+5 ~ +15 V 表示逻辑 0(或称 SPACE),内阻为几百欧姆,可带 2 500 PF 的电容负载。负载开路时电压不得超过±25 V;对于接收端,电压低于-3 V 表示逻辑 1,高于+3 V 表示逻辑 0,输入阻抗为 3 ~ 7 kΩ。接口应经得住短路而不得损坏。

4)RS-232C 电平与 TTL 电平之间的转换

由于 RS-232C 使用非常广泛,许多半导体厂家都生产专用于 TTL 电平与 RS-232C 电平的专用转换芯片。常用于将 TTL 电平转换为 RS-232C 电平的芯片,除 MC1488 外还有

75188、75150 等，用于将 RS-232C 电平转换为 TTL 电平的除 MC1489 外还有 75189、75154 等。采用 MC1488 和 MC1489 进行电平转换的原理如图 6.5 所示。

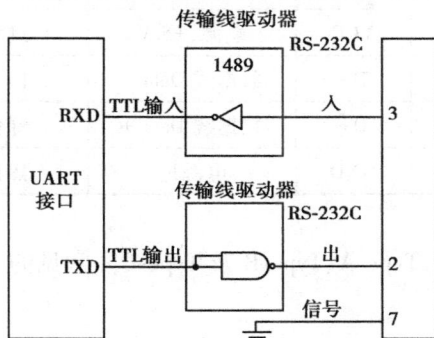

图 6.5 采用 MC1488 和 MC1489 的电平转换原理

6.1.4　通用串行总线(USB)

1) USB 发展历程

通用串行总线(Universal Serial Bus, USB)是由 Intel、Compaq、Digital、IBM、Microsoft、NEC 和 Northern Telecom 等公司共同推出的一种新型接口标准。它基于通用连接技术，实现外设的简单快速连接，达到方便用户、降低成本、扩展 PC 连接外设范围的目的。它可以为外设提供电源，而不像普通的使用串、并口的设备需要单独的供电系统。

从 1996 年 USB 1.0 出现至今，已有近 30 年的历史，随着接口速率提升，也从 USB 1.0 发展至 USB 4.0。在 1996 年，USB 1.0 的速度只有 1.5 Mbps。1998 年升级为 USB 1.1，速度也提升到 12 Mbps，称为 full speed。USB 2.0 规范是由 USB 1.1 规范演变而来的，它的传输速率达到 480 Mbps，称为 high speed。USB 3.0 提供了 10 倍于 USB 2.0 的传输速度和更高的节能效率，它的传输速率达到了 5 Gbps，称为 super speed。通用串行总线发展到今天的 USB 4.0，最大传输速率可达 40 Gbps。

2) USB 设备的主要优点

①可以热插拔。即用户在使用外接设备时，不需要关机再开机等动作，而是在电脑工作时，直接将 USB 插上使用。

②携带方便。USB 设备大多以"小、轻、薄"见长，对用户来说，随身携带大量数据时，USB 硬盘是首要之选。

③标准统一。常见的是 IDE 接口的硬盘，串口的鼠标键盘，并口的打印机、扫描仪，可是有了 USB 之后，这些应用外设均可用同样的标准与 PC 连接，这时就有了 USB 硬盘、USB 鼠标、USB 打印机等。

④可连接多个设备。USB 在 PC 上往往具有多个接口，可同时连接多个设备，如果接上一个有 4 个端口的 USB 扩展器时，就可以再连上 4 个 USB 设备，以此类推，可以实现将家里的设备都同时连在一台计算机上且不会有任何问题(注:最多可连接 127 个设备)。

3) USB 接口的定义

USB 2.0 的接口只有 4 根线，其中 2 根为信号线，如图 6.6 所示。USB 2.0 的接口引脚功能定义见表 6.4。

表 6.4　USB 2.0 接口引脚功能定义

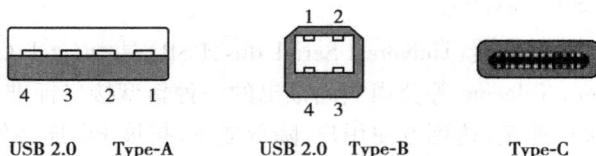

引脚	名称	功能描述	电缆颜色
1	VCC	电源,+5 V	红色
2	D−	数据线 Data −	白色
3	D+	数据线 Data +	绿色
4	GND	电源地	黑色

USB 的接口类型主要有 Type-A、Type-B 及 Type-C。常见的 USB 接口如图 6.7 所示。

图 6.6　USB 2.0 接口定义　　　　图 6.7　USB 的接口类型

Type-A 是计算机、电子配件中最广泛应用的接口标准,鼠标、U 盘、数据线上大多都是此接口,体积也最大。Type-B 一般用于打印机、扫描仪、USB 扩展器等外部 USB 设备。在各种移动设备和 PC 中,Type-C 成为发展前景最广的数据接口。

Type-C,又称 USB-C,拥有比 Type-A 及 Type-B 均小得多的体积,它是一种 USB 接口外形标准,由 Type-C 插头和 Type-C 插座组成,Type-C 插头端接口定义如图 6.8 所示。Type-C 接口有 4 对 TX/RX 分线,2 对 USB D+/D−,1 对 SBU,2 个 CC,以及 4 个 VBUS 和 4 个 GND。

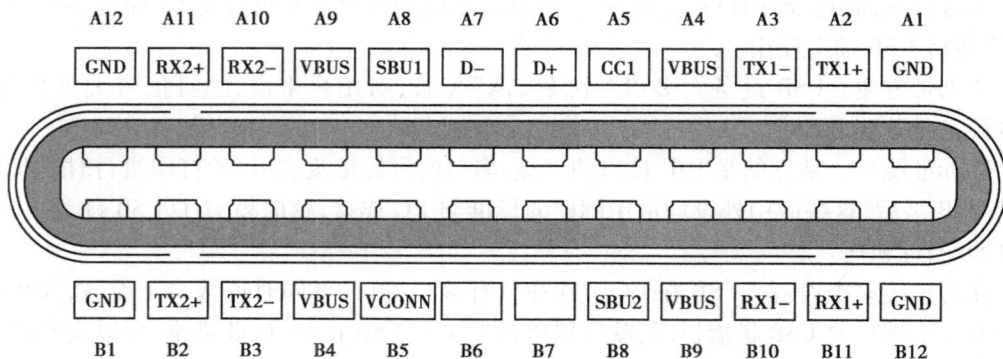

图 6.8　Type-C 插头端接口定义

Type-C 接口没有正反方向区别,可随意插拔,让用户摆脱插线的烦恼。更重要的是,Type-C 接口有着强大的兼容性,因此成为能够连接 PC、游戏主机、智能手机、存储设备等电子设备的标准化接口,并实现数据传输和供电的统一。Type-C 支持 USB 3.1 标准,可提供高达 100 W 的功率输出。Type-C 扩展能力强,可传输影音信号,可扩展为多种音频、视频输出接口,如 HDMI、DVI、VGA 接口等。

6.2 I/O接口

6.2.1 接口的基本概念

用户是通过外部设备使用计算机的,由于多种原因,外设往往不能与 CPU 直接相连,它们之间的信息交换需要一个中间环节(或称为界面),这就是接口电路。本章从以下方面引入接口的基本概念。

1)接口与接口技术

"接口"是微处理器 CPU 与外界连接的部件(电路),是 CPU 与外界进行信息交换的中转站。"接口技术"是研究 CPU 如何与外部世界进行最佳耦合与匹配,以实现双方高效、可靠地交换信息的一门技术,它是软硬件结合的体现,是微型计算机应用的关键。

2)为什么要用接口电路

输入/输出(Input/Output)是计算机与外部世界交换信息所必需的手段。一方面,程序、数据和现场物理量等要通过输入设备送给计算机;另一方面,计算机运行的结果和各种控制信号要通过输出设备进行显示、打印或实现实时控制等。计算机的输入/输出设备(以下简称"外设")有机械式、电子式、机电式等。这些外设的速度相差甚远,例如,键盘为秒数量级,而磁盘则以 0.26 MB/s 或更高的速度与主机交换数据。输入/输出信号的形式有数字量、模拟量,信息传送方式有串行、并行等。因此,在 CPU 与外设之间需要设置一种部件,使 CPU 和外设协调工作,有效地完成 CPU 与外界的信息交换,这种起界面作用的部件称为输入/输出接口电路。

3)接口电路的组成及其传递的信息

为完成 CPU 与外设之间的信息交换,通常在接口部件中需要传输 3 种信息。

(1)数据信息

数据信息是指 CPU 与外设之间要传送的数据本身。其形式有 3 种:数字量、模拟量和开关量。

- 数字量:常以 8 位或 16 位的二进制或 ASCII 码形式传输。
- 模拟量:模拟的电压或电流,甚至非电量(如温度、压力、流量等),需经传感器转换成连续变化的电信号,再经 A/D 转换器变成数字量形式传输。
- 开关量:通常用于表示 0 和 1 两种状态,如开关的通/断,电机的转/停,阀门的开/关等。

(2)状态信息

为实现 CPU 与外设配合工作,CPU 需要了解外设所处的现行状态,如打印机是否忙(BUSY),输入设备是否准备好(READY),用于表示外设工作状态的信号称为状态信息,它是由外设通过接口传递到 CPU 的。

（3）控制信息

在 CPU 与外设的信息传送过程中，需要向外设发出控制命令，这些控制信号由 CPU 发给接口电路，经接口电路解释并作适当变换后（若需要的话），控制外设的动作。

这 3 种信息均通过接口电路传递，因此，接口电路的典型结构如图 6.9 所示。其中，数据寄存器用于暂时存放从外设来的数据（输入时）或 CPU 写给外设的数据（输出时）；状态寄存器用于暂时存放外设的工作状态，供 CPU 查询（或向 CPU 申请中断），状态寄存器一般为只读的；控制寄存器用于暂时存放 CPU 发给外设的控制命令（也称为控制字或命令字），用于设置接口的工作方式，指定某些参数及功能等，控制寄存器一般为只写的。

以上部件用于与外设一侧传递信息。此外，接口通过总线与 CPU 之间传递的信息有地址、数据和控制信号。一般来说，相应地设有总线缓冲器（驱动器），以实现速度配合和满足驱动能力的需要。地址译码器，用以实现对内部寄存器的寻址。另外，还包括一些必不可少的控制逻辑电路。

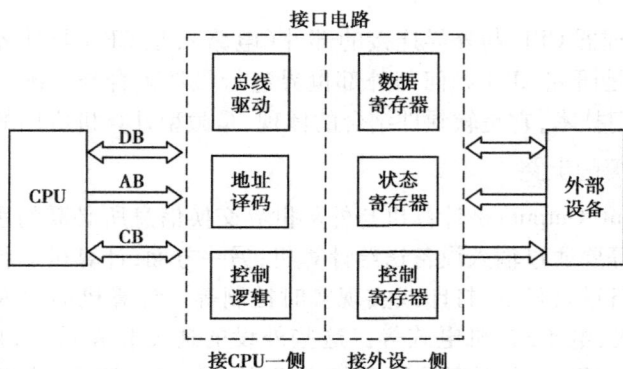

图 6.9 接口电路的典型结构

4）接口的作用和特点

（1）接口的作用

如前所述，接口主要负责接收、解释并执行 CPU 发出的命令，传送外设的状态，以及双方的数据传输。用于管理双方的工作逻辑、协调它们的工作时序。总之，接口部件作为 CPU 与外设之间的一个界面，使得双方有条不紊地协调动作，从而完成 CPU 与外界的信息交换。

（2）接口的功能特点

按 CPU 与外界交换信息的要求，一般来讲，接口部件应具有如下功能特点。

①数据缓冲功能。

接口中一般都设置有数据寄存器或锁存器，以解决高速 CPU 和低速外设之间的矛盾，避免丢失数据。另外，这些锁存器常常有驱动作用。

②设备选择功能。

微机系统中通常都有多台外设，而 CPU 在同一时间里只能与一台外设交换信息，这就要借助接口的地址译码对外设进行寻址。高位地址用于芯片（电路）选择，低位地址用于选择接口芯片（电路）内部寄存器或锁存器，从而选定需要与 CPU 交换信息的外设。

③信号转换功能。

由于外设所能提供和所需要的各种信号常与微机总线信号不兼容，因此信号转换不可避免，它是接口设计中的一个重要方面。通常遇到的信号转换包括信号电平转换、模/数和数/模转换、串/并和并/串转换、数据宽度转换及信号的逻辑关系和时序上的配合所要求的转换等。

④接受、解释并执行 CPU 命令的功能。

CPU 发往外设的各种命令都是以代码形式先发到接口电路,再由接口电路解释后,形成一系列控制信号送往外设(被控对象)的。为实现 CPU 与外设之间的联络,接口电路还必须提供寄存器的"空"或"满",外设"忙"或"闲"等状态信号。

⑤中断管理功能。

当外设需要及时得到 CPU 的服务,例如,在出现故障而要求 CPU 进行刻不容缓的处理时,就应在接口中设置中断控制逻辑,由它向 CPU 提出中断请求,进行中断优先级排队,接收中断响应信号以及向 CPU 提供中断类型或中断向量等有关中断事务工作。这样,除能使CPU 实现处理紧急情况外,还能使快速 CPU 与慢速外设并行工作,从而大大提高 CPU 的效率。

⑥可编程功能。

为使接口具有较强的通用性、灵活性和可扩充性,现在的接口芯片多数都是可编程的,这样在不改变硬件的条件下,只改变驱动程序即可改变接口的工作方式和功能,以适应不同的用途。

需要说明的是,上述功能并非每个接口芯片(电路)都同时具备,对不同配置和不同用途的微机系统,其接口芯片的功能及实现方式有所不同,接口电路的复杂程度相差甚远。

(3)CPU 与外设之间的数据传送方式

微机系统中 CPU 与外设之间的数据传送方式可归纳为以下 3 种。

①程序控制方式。

程序控制方式分为无条件传送方式和条件传送方式。

无条件传送方式(又称同步传送方式):在程序中的适当位置直接插入 I/O 指令,以完成数据的传输。在这种方式中,CPU 始终认为外设是准备好的。其特点是软硬件十分简单,但只适用于外设动作时间已知,并能确认外设已准备好的情况或无须了解外设状态的情况(如CPU 向发光二极管输出数据使其发光),因此实际应用中较少使用这种传送方式。

条件传送方式(又称查询传送方式):在每次执行 I/O 操作之前,CPU 先查询外设的状态,当外部设备准备好时才执行 I/O 指令实现数据传送。这种传送方式有效地解决了无条件传送方式难以保证 CPU 与外设同步动作的问题,但其传输速度慢,CPU 工作效率低,因为CPU 将花费大部分时间去查询外设的状态。

程序控制方式的具体实例参见 8.2 节"可编程并行接口芯片 8255A"。

②中断传送方式。

为提高 CPU 的效率,使系统具有实时处理能力,可采用中断传送方式进行 CPU 与外设间的数据传送。具体过程如下:当外设准备好进行数据传输时,通过接口向 CPU 提出中断请求,CPU 在满足响应中断的条件下,向接口发出中断响应(回答)信号,然后执行中断服务程序,完成数据传送。这种方式可使 CPU 与外设并行工作,从而大大提高了 CPU 的工作效率。关于详细的中断处理过程参见第 7 章中断技术。

③DMA 传送方式(直接存储器存取方式)。

在中断传送方式中,每传送一次数据,CPU 就要执行一些附加的保护断点和现场、恢复现场和断点的指令。故不能从根本上提高 CPU 的效率,且不能成块传送数据。因此,在内存与高速外设之间传送数据时,常采用 DMA 传送方式。DMA 传送方式是指用专门的硬件电路来控制高速外设与内存之间直接进行数据传送,而不通过 CPU,在传送期间由此硬件电路管理数据、地址和控制总线。在这种方式中,整个传送过程均由专用接口芯片 DMA 控制器(DMAC)来管理。当外设需要传送数据时,先通过 DMAC 向 CPU 提出请求,CPU 收到请求并发出总线响应(回答)信号,然后 CPU 释放总线,由 DMAC 接管总线并控制数据的传送过程。

DMA 控制器是用于实现以 DMA 方式进行数据传送的专门的硬件电路。在它控制下进行的数据传送,也要使用地址总线、数据总线和控制总线。但如上所述,系统总线通常是由 CPU 及其总线控制逻辑所管理的,所以,DMAC 要想得到总线控制权,必须要向 CPU 发出总线请求信号,CPU 在接到这一信号后,如果同意让出总线控制权,则会在完成现行总线周期后,向 DMAC 发出总线回答信号,并将其总线输出信号置于高阻状态,从而把总线控制权交给 DMAC。从此时开始,DMAC 应对系统总线实施有效控制,包括发出地址信号及读/写控制信号等,以完成 DMA 方式的数据传送。在 DMA 操作过程结束时,DMAC 应向 CPU 发出撤销总线请求的信号,将总线控制权交还给 CPU。

另外,DMAC 还要与相应的 I/O 接口结合在一起工作,I/O 接口与外设相连,在外设及 I/O 接口准备好的情况下,将向 DMAC 发出 DMA 请求信号,DMAC 收到此信号后,再向 CPU 发出总线请求信号,接着将按前述的工作过程完成 DMA 方式的数据传送。

5)常用外围接口芯片

正因为现代微机接口芯片大部分都是可编程的,所以在接口设计中,通常不需要繁杂的电路参数计算,而是要熟练地掌握和深入了解各类芯片的工作原理和外部特性,尤其要掌握它们的使用方法和编程技巧。以便用它们将 CPU 通过总线与外设合理地连接起来,并能编写相应的驱动程序。采用集成接口芯片不仅使接口部件体积小,功能强,可靠性和性价比高,易于扩展,应用灵活方便,而且推动接口向智能化方向发展,所以接口芯片在微机接口技术中起着极其重要的作用,应给予足够的重视。

微机外围接口芯片品种繁多,常用的有并行接口芯片 8255A,串行接口芯片 8251,定时器/计数器 8253,中断控制器 8259A,键盘/LED 专用控制器 8279 等。另外,在模拟接口中,还要用到 A/D 转换器(如 ADC0809)和 D/A 转换器(如 DAC0832)等。

6.2.2　接口的译码

CPU 通过接口与外设发生联系,那么 CPU 如何找到要与之传送信息的外设呢? 在 6.2.1 节中已经知道接口电路中一般包含多个寄存器,CPU 是通过这些寄存器发出命令、读取状态和传送数据的。因此,每个寄存器都被安排了一个地址,称为端口地址(Port Address),以便 CPU 能寻址它们。这些地址与存储单元地址又是怎样的关系呢? 这涉及 CPU 对 I/O 端口的编址方式及译码方法。

I/O 端口的编址方式已经在前面介绍,下面主要介绍 CPU 对 I/O 端口地址的译码方法。

一个接口芯片上可能有多个端口,要寻址某个端口,除找到该芯片外,还要能区分出不同端口。内部端口的区分是由接口电路内部的地址译码逻辑完成的。通常将低位地址线(一位或几位)直接连到接口芯片上,用于内部译码,而其余地址线作选择接口芯片的译码输入(也称外部译码)。本节内容的地址译码均指外部译码。

1)固定式地址译码

这种译码方式又分为以下 2 种。

（1）用逻辑门电路进行译码

这是一种最简单、最基本的端口地址译码方法,适用于系统中接口电路(芯片)较少,而参与译码的地址线又较多的情况。

[例 6.1] 设系统地址总线为 16 位,有一接口电路占用口地址为 2FFH,则可设计译码电路如图 6.10 所示。

（2）用译码器进行地址译码

当系统中有多个接口芯片或有多个端口时,可选用集成的译码器进行译码,因为一片译码器有多个输出端可用。常用的译码器有双 2 线－4 线译码器 74LS139,3 线－8 线译码器 74LS138 和 4 线－16 线译码器 74LS154 等。

2)开关式可选口地址译码

如果用户要求接口部件的端口地址能适应不同的地址分配场合,或为系统以后的扩充留有余地,可采用开关式可选口地址译码方法。这种方法可根据要求拨动开关来改变端口地址而无须改动硬件线路。以图 6.11 为例,分析其译码逻辑。

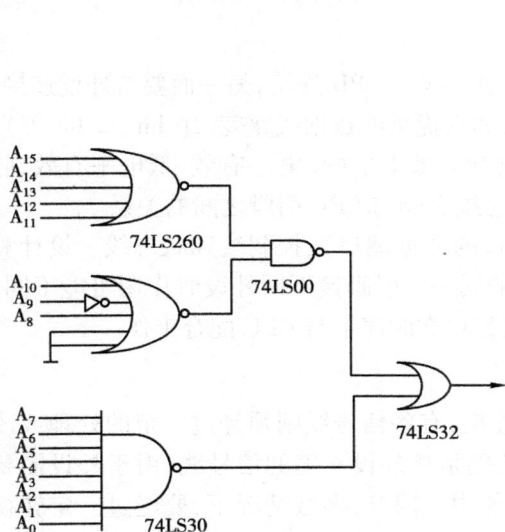

图 6.10 2FFH 端口地址译码逻辑电路   图 6.11 开关可选式地址译码逻辑电路

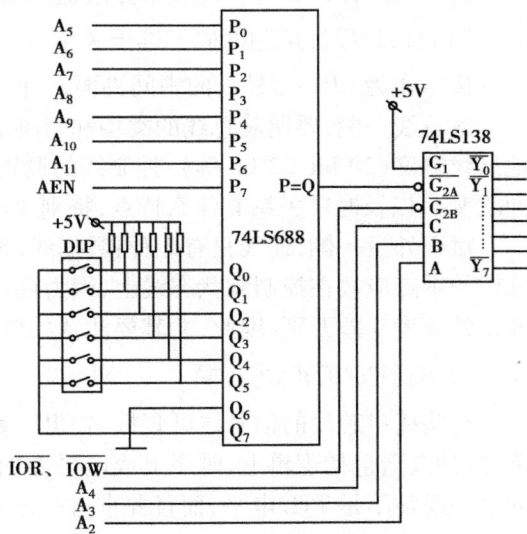

该译码逻辑主要使用了 DIP 开关,8 位比较器 74LS688 和 3 线－8 线译码器 74LS138。图中,当 $P_7 \sim P_0$ 与 $Q_7 \sim Q_0$ 状态相同时,P=Q 端输出低电平。那么 AEN=0(不进行 DMA 操作),地址线 $A_{11}=0$,$A_{10} \sim A_5$ 的状态分别与 6 位 DIP 开关状态相同时,比较器 74LS688 的 P=Q 端输出 0,且 CPU 进行读/写操作时,74LS138 工作,而输出取决于地址线 $A_4 \sim A_2$ 的状态。地址线 A_1、A_0 用于接口芯片内部译码,此逻辑电路的译码结果见表 6.5。

表 6.5 当对应于 $Q_5 \sim Q_0$ 的开关状态为 000111 时的译码结果

A_{10}	A_9	A_8	A_7	A_6	A_5	A_4	A_3	A_2	译码输出	选中地址范围
0	0	0	1	1	1	0	0	0	$\overline{Y_0}=0$	0E0H ~ 0E3H
0	0	0	1	1	1	0	0	1	$\overline{Y_1}=0$	0E4H ~ 0E7H
				⋮					⋮	⋮
0	0	0	1	1	1	1	1	1	$\overline{Y_7}=0$	0FCH ~ 0FFH

在计算机应用中,无论是扩展存储器还是扩展 I/O 接口都必须设计译码电路。另外,在很多情况下为给系统留有扩充余地,设计时可将每个译码输出的地址范围适当放宽,也可多留几个译码输出端。实际应用中应根据需要选择合适的译码方法,使译码尽量简单方便。

6.2.3 微机接口设计与分析的基本方法

尽管各种接口芯片的功能和引脚均不相同,但在使用方法上有共同之处,使用这些芯片进行接口电路设计和分析的基本方法也是相同的。

1) 分析和设计接口两侧的连接关系

接口作为 CPU 与外设的中间界面,一面要通过总线与 CPU 连接,另一面要与外设连接。

接总线一侧,要明确总线的类型和引脚定义,如它提供的数据线宽度(16 bit、32 bit 等)、地址线宽度(20 bit、32 bit 等)、控制线的逻辑定义和有效电平(高电平有效、低电平有效、脉冲跳变),以及时序关系有什么特点,特别要明确总线引脚与 CPU 引脚之间的关系。

对于外设一侧,连线只有 3 种:数据线(即接口的数据端口)、控制线和状态线。设计和分析的重点应放在控制和状态线上,因为接口上的同一个引脚接不同外设时作用可能不同。外设的速度千差万别,因此,尤其要注意如何借助接口在时序上与 CPU 配合工作。

2) 进行适当的信号转换

有些接口芯片的信号线可直接与 CPU 系统连接,有些信号线则须经过一定的处理或改造,这种改造包括逻辑上、时序上或电平上的。特别是接外设一侧的信号线,由于外设需要的电平通常不是 TTL 电平,而且要求有一定驱动能力。因此,多数情况下,要经过一定转换和改造才能连接。总之,CPU 和外设之间的各种信号都要由接口电路完成双方的匹配和协调,以保证信息正确传输。

3) 接口驱动程序分析与设计

现在使用的接口芯片多数是可编程的,因此设计接口不仅是硬件上的问题,而且还包括编写驱动程序。编制驱动程序可按以下 3 个步骤进行。首先,应熟练掌握接口芯片的编程方法,如控制字各位的含义、各控制字的使用顺序和使用场合、它们对应的端口等。其次,根据具体应用场合确定接口的工作方式,包括 CPU 与外设的数据传送方式和接口芯片本身的工作方式。最后,依据硬件连接关系编写出驱动程序,包括接口的初始化程序和接口控制的输入/输出工作程序。在对已有接口进行分析时,同样要进行硬件分析和软件分析。

4）接口设计与分析时应注意的问题

（1）软、硬件综合考虑

无论是在设计还是在分析接口时，都要对软、硬件进行综合考虑。一方面，有的功能既可由硬件实现，也可由软件实现，采用哪种方法以及为什么要采用该方法都是值得研究的。另一方面，软件和硬件是紧密相关的，不能截然分开，硬件的改动必然涉及软件的修改。一般应尽量简化硬件，在有些功能上以软代硬，但也不能使程序太冗长烦琐。

（2）逻辑关系和时序关系统筹考虑

初学者在设计和分析接口时，往往把注意力集中在逻辑关系上，而忽视时序上的配合。其实时序上的关系尤为重要，如果协调不好，即使逻辑上正确，也会丢失数据，甚至 CPU 根本与外设联络不上。因此，从一开始就要将双方的逻辑关系与时序关系统一考虑，从而确保信息正确传输。

（3）简单、通用和扩展性同时考虑

在选择接口芯片和设计接口电路时，应尽量使硬件节省，逻辑简洁，即够用为度。但有时所设计的接口需要带不同的外设，这就要考虑通用性问题，必要时可在适当位置设置开关以方便硬件变更。另外，系统的扩展任务往往落在接口电路上，因此，如果在以后的使用中系统有扩展的可能，应首先在接口上留足扩展余地。简单、通用和扩展三者如何兼顾要根据具体情况进行权衡。

由于微型计算机功能越来越丰富，它已成为生活、生产、科研等各个领域的重要工具，然而在微机系统中，微处理器的强大功能必须通过外部设备才能实现，而外设与微处理器之间的信息交换是靠接口完成的。所以，接口技术是直接影响微机系统的处理能力和微机推广应用的关键。因此，掌握微机接口技术是当代科技工作者和工程技术人员应用微型计算机所必不可少的基本技能。

习题与思考题

1. 什么是总线？微型计算机的总线通常分为哪几类？
2. 在微机系统中为什么要使用标准总线？
3. RS-232C 总线的逻辑电平是如何定义的？它与 TTL 电平之间如何转换？
4. RS-232C 与 RS-422A、RS-485 总线有何区别？
5. 简述为什么需要接口电路。
6. CPU 和外设之间传送数据的方式有哪几种？试比较它们各自的优缺点和适用场合。

第7章
中断技术 ·····································○

7.1　8086 中断系统

7.1.1　中断的基本概念

1）中断与中断源

在 CPU 执行程序（称为主程序）的过程中，如果发生内部、外部事件或程序预先安排的急需 CPU 处理的事件，则 CPU 会暂停正在执行的程序，转去执行与该事件对应的事件处理程序（称为中断服务程序）。该事件处理程序执行完毕后，CPU 再返回到被暂停的原程序处继续执行，这个过程就称为中断。中断是 CPU 与外设交换信息的一种方式，是 CPU 处理随机事件和外部请求的主要手段。

引起中断的因素很多，发出中断请求的外部设备或内部原因称为中断源。中断可能是由外部硬件引起的，也可能是由主机内部产生或者由程序预先安排的。中断通常可分为硬件中断和软件中断。硬件中断是由外部设备产生的中断，也称为外部中断。软件中断是由 CPU 的某些指令产生的或由指令运行后的某种特定的结果产生的，也称为内部中断。CPU 执行的主程序被中断时的下一条指令的地址称为断点地址。发生中断时，CPU 转去执行中断服务程序前的运行状态称为现场，主要是指 CPU 内部各寄存器的值。

当系统有多个中断源时，有时会出现几个中断源同时请求中断的情况。为此，应根据任务的轻重缓急，给每个中断源指定一个优先权（也称为优先级），使得当多个中断源同时请求中断时，CPU 按照它们的优先权顺序依次响应。给中断源指定优先权的方法有软件查询法和硬件排队法。

2）中断请求与中断屏蔽

（1）中断请求

对于硬件中断，当中断源要求 CPU 为其服务时，必须先向 CPU 提出申请，这是通过发出中断请求信号实现的。CPU 在执行完每条指令后，自动检测中断请求输入线，以确定是否有外部发来的中断请求信号。

（2）中断屏蔽

若 CPU 检测到有中断源提出中断请求，是否就会立即响应中断呢？对于非可屏蔽中断，无论在什么情况下，CPU 都要及时处理；而对于可屏蔽中断，则不一定。一般来说，CPU 内部有一个中断允许触发器 IF，若其为 1，则允许响应所有中断（即 CPU 开中断），否则所有可屏蔽中断被屏蔽（即 CPU 关中断）。

3）中断类型号、中断向量和中断向量表

每个中断源都被指定了一个 8 位的编号，以识别不同的中断源，这个 8 位的编号称为中断类型号，也称为中断类型码。中断服务程序的第一条可执行语句所在的地址，也就是它唯一确定的入口地址，称为中断向量。在 CPU 响应硬件中断时，中断向量是由硬件提供给 CPU 的。把所有的中断向量集中起来，按中断类型码从小到大的顺序放到存储器的某一个区域内，这个存放中断向量的存储区称为中断向量表。

4）中断隐操作与中断服务程序

CPU 响应中断时，首先执行一系列由硬件安排的处理过程，称为中断隐操作。CPU 响应可屏蔽中断时的关中断、保护断点就是中断隐操作。关中断是指 CPU 内部硬件自动将其中断允许标志位 IF 清零；这里的保护断点包括将断点地址 CS 和 IP 以及 PSW 的内容压入堆栈。所谓中断服务程序，是指为完成中断源所期望的功能而编写的程序。

5）可屏蔽中断的响应过程

对于可屏蔽中断，当 CPU 检测到有中断请求时，如果满足响应条件则应予以响应。具体过程如下所述。

步骤 1　关中断、保护断点。

步骤 2　保护现场。

在中断服务程序中要使用到某些寄存器，而这些寄存器也许在主程序被打断时存放着某些有用的内容，为了在中断服务程序返回后不破坏主程序在断点处的状态，应将这些寄存器的内容压栈保护，这样的过程就被称为保护现场。

步骤 3　开中断。

由于 CPU 响应中断时自动关闭了中断，如果不用指令打开中断，CPU 则不再响应可屏蔽中断。开中断指令放在什么位置，应该考虑两种情况。第一，如果希望在执行本次中断服务程序过程中，CPU 还可响应优先权更高的中断请求（即允许中断嵌套），则应将开中断指令置于保护现场之后。第二，如果在执行本次中断服务程序过程中，不希望 CPU 响应其他可屏蔽中断（即不允许中断嵌套），则应将开中断指令置于中断返回指令之前。

步骤 4　具体中断处理。

这是中断服务程序的主体，即 CPU 响应中断所要完成的具体任务。

步骤 5　关中断。

为安全起见，在保护现场和恢复现场时都应关中断（当然，如果在保护现场之后未开中断，这里就不必关中断）。

步骤 6　恢复现场。

转入中断服务程序时，已将一些有必要保护的内容（现场）入栈保护，因此，在返回断点之前，必须用出栈指令将它们还原给有关寄存器，这样的过程被称为恢复现场。

步骤 7　开中断、中断返回。

恢复现场是在关中断状态下进行的。为使 CPU 返回断点后，能响应可屏蔽中断，这里必须用指令开中断。中断返回指令 IRET 的执行将断点地址和标志寄存器内容从堆栈中弹出，使 CPU 返回到断点处继续执行被打断的程序。

7.1.2　8086 的中断系统

8086 的中断系统具有很强的中断处理能力,可管理 256 个中断源。8086 的中断系统结构如图 7.1 所示。

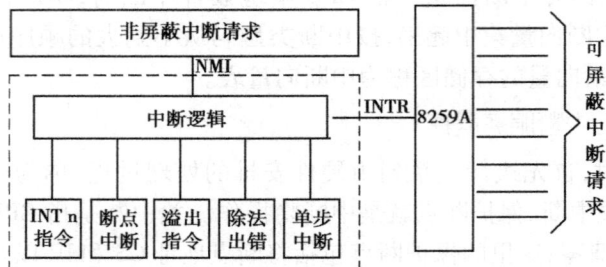

图 7.1　8086 中断系统结构

1)中断源

8086 的中断源可分为外部中断和内部中断。

(1)外部中断

外部中断也称为硬件中断,是由外部设备产生的中断;硬件中断又分为非可屏蔽中断和可屏蔽中断,硬件中断是通过 CPU 的 INTR 引脚或 NMI 引脚从外部引入的。8086 CPU 内部有一个中断允许触发器,其状态由 CPU 内部标志寄存器中的中断允许标志 IF 来表示。IF=1,对于 INTR 引脚上的任何中断请求都予以响应;IF=0,则对于引脚 INTR 上的中断请求不予响应,即对其施加了屏蔽。因此,INTR 引脚上的中断称为可屏蔽中断。但 NMI 引脚上的中断请求不受 IF 的影响,故称其为非屏蔽中断。IF 可由指令置"1"或清零。

①非屏蔽中断 NMI。

当 CPU 的 NMI 引脚上传来一个高电平时,CPU 自动产生类型码为 2 的中断,并由此转入相应的服务程序。由于 NMI 引脚上的请求不能被 CPU 屏蔽,故常用于紧急情况的故障处理。IBM PC/XT 机使用 NMI 中断服务程序对 RAM 奇偶校验错误、I/O 通道校验错误和8087 协处理器运算错误进行处理。这几个中断源的中断请求,是通过 NMI 请求产生逻辑电路送入 CPU 的。此电路中还设置了一个 NMI 中断允许触发器。所以,实际上在 CPU 外部是可以用此允许触发器来屏蔽 NMI 中断请求的。

②可屏蔽中断 INTR。

当 8086/8088 的 INTR 引脚上有一个正跳变信号时,便产生硬件可屏蔽中断请求,这种中断请求可用指令进行屏蔽(CPU 关中断)或允许(CPU 开中断)。当 INTR 的请求被允许时,如果现行指令执行完毕,其他中断响应条件也满足,CPU 就会从 $\overline{\text{INTA}}$ 引脚发出中断响应信号。这时,中断源要向 CPU 提供中断类型码,CPU 得到类型码后自动从中断向量表中取得相应的中断向量,从而转去执行中断服务程序,在 IBM PC/XT 中使用中断控制器 8259A管理 8 个可屏蔽中断源,类型号为 08H~0FH。

(2)内部中断

内部中断也称为软件中断,是由 8086 的中断指令 INT n 引起的中断,或由 CPU 的某些运算错误引起的中断,或由调试程序 DEBUG 设置的中断。

①由 8086 的中断指令 INT n 引起的中断。

8086 指令系统中有一条软件中断指令：INT n。执行这条指令会立即产生中断类型号为 n 的中断，调用与中断类型号 n 相对应的中断服务程序。对于 INT n 指令，从原则上讲，中断类型号可为 0～255 中的任何一个，所以当 n=0,1,3,4 时，即对应上述的 4 种内部中断。用软件中断指令的办法可调用任何一个中断服务程序，也就是说，即使某个中断服务程序原先是为某个外设的硬件中断动作而设计的，但是，一旦将中断服务程序装配到内存之后，也可通过软件中断的方法执行中断服务程序。

②由 CPU 的某些运算错误引起的中断。

CPU 在运行程序时，会发现一些运算中出现的错误，此时 CPU 就会中断程序，让用户去处理这些错误，主要有：

• 除法出错中断：在执行除法指令 DIV 或 IDIV 后，除数为 0 或商超出了存放它的目标寄存器所能表示的范围时，则除法出错。这时，除法指令相当于一个中断源，它向 CPU 发出中断类型号为 0 的中断，自动执行 0 型中断服务程序。

• 溢出中断：溢出中断类型号为 4，专用指令为 INTO。

通常在有符号数算术运算指令后，写一条溢出中断指令 INTO。

例如，测试加法的溢出：

```
ADD     AX,VAR
INTO
```

如果上一条指令使溢出标志位 OF=1，那么在执行溢出中断指令 INTO 时，立即执行 INT 4 中断指令，产生中断类型号为 4 的中断；否则，如果 OF=0，则 INTO 指令不起作用。因此，在加减法运算指令之后，应增加一条 INTO 指令，否则运算产生溢出后无法向 CPU 发出溢出中断请求。

除法指令可直接产生除法中断，那为什么产生算术运算结果溢出的加法指令不能直接产生中断呢？这是因为与加法指令操作有关的数据有两种：一种是无符号数，对于这种数的处理，是不存在溢出的；另一种是有符号数，所谓溢出的概念就是针对这种数操作的。用户在编程时，如果处理的是无符号数，则不用考虑溢出问题。如果处理的是有符号数，相应的方法就是紧跟在算术指令后，写一条溢出中断指令 INTO，并在中断向量表中设置 4 号中断的中断向量，同时编写完成溢出中断的中断服务程序。

③由调试程序 DEBUG 设置的中断。

在调试程序时，为了检查中间结果，在程序中可设置断点或进行单步跟踪，调试程序 DEBUG 有此功能，它也是由中断来实现的。

• 单步中断：当标志寄存器中的 TF=1 时，CPU 处于单步工作方式。在单步工作时，每执行完一条指令，CPU 就自动产生一个中断类型号为 1 的中断，自动执行 1 型中断服务程序。在单步中断过程中，可在每执行一条指令后打印或显示寄存器内容或存储单元的内容等信息，是程序调试的一种手段。

• 断点中断：断点可设置在程序任何一条指令的开始处，可阻止程序的正常运行，以便进行某些检查。在程序中设置断点，相当于在断点处插入 INT 3 中断指令。程序执行到断点处，产生一个中断类型号为 3 的中断，在此产生一个断点，故又称为断点中断。通常，在断点服务程序中，可安排显示寄存器或存储单元的内容，以方便调试。

单步中断和断点中断都是很有价值的程序调试手段。

总之,内部中断有以下特点:

a. 中断类型号包含在指令中或者是隐含规定。

b. 除单步中断外,任何内部中断不能被屏蔽禁止。

c. 硬件中断总是带有随机性的,而软件中断是由程序中的中断指令引起的,因此软件中断没有随机性。

2)中断类型码与中断向量表

8086 以存储器的 00000H ~ 003FFH 共 1 024 个单元作为中断向量存储区,由于每个中断向量占用 4 个存储单元(CS 的内容占 2 个单元,IP 的内容占 2 个单元),故这个向量表中可存放 256 个中断类型的中断向量。也就是说,8086 的中断系统最多能处理 256 个中断源。

8086 中断系统的中断向量表分为 3 个部分。

①专用中断,共 5 种,从类型 0 到类型 4。它们占表中 0000 ~ 0013H 单元,这 5 种中断的入口地址已由系统定义,不允许用户做任何修改。

②保留中断,类型 5 到类型 31,这是英特尔公司为软硬件开发保留的中断类型,一般提供给主板厂商用于 BIOS 功能调用。

③类型 32 到类型 255,可供用户使用。这些中断可由用户定义,如定义由 INT n 指令引入的软件中断,或是通过 INTR 引脚直接引入的可屏蔽中断。例如,在 PC 系统中,类型 21H 用作操作系统 DOS 功能调用的软件中断。

在微机系统中,如何转入中断服务程序是借助中断向量表实现的。

中断向量表安排的向量是按中断类型号值从小到大排序的,给定一个中断类型号 n,其所对应的向量在主存中的字节地址为向量地址,则向量地址与中断类型号有如下关系:

$$向量地址 = 0000 : n \times 4$$

通过 $n \times 4$ 即可计算某个中断类型的中断向量在整个中断向量表中的位置。

例如,类型号为 20H,则中断向量的存放位置为 20H × 4 = 80H,设中断服务子程序的入口地址为 4030:2010H,则在 0000:0080H ~ 0000:0083H 中应顺序放入 10H、20H、30H、40H。当系统响应 20H 号中断时,会自动查找中断向量,找出对应的中断向量装入 CS、IP,即转入该中断服务子程序。

CPU 根据中断类型计算出向量地址,然后在中断向量表中取出中断服务程序的入口地址,之后即可执行中断服务程序,对外部设备进行中断服务,服务之后恢复断点,返回到中断前的状态继续 CPU 原来的工作。

3)中断向量设置

用户在应用系统中使用中断时,需要在初始化程序中将中断服务程序的入口地址装入中断向量表指定的存储单元中,以便在 CPU 响应中断请求后,由中断向量自动引导到中断服务程序。中断向量的设置,一般可使用传送指令直接装入指定单元,也可采用串操作来实现。在 8086 微机系统中,还可以使用 DOS 系统功能调用 INT 21H 中的 25H 号功能调用装入。

4)中断的优先权

8086 的几种中断的优先权按从高到低的顺序依次为:

①内部中断(除法出错中断,溢出中断,INT n);

②非屏蔽中断(NMI);

③可屏蔽中断（INTR）；

④单步中断。

7.2 可编程中断控制器 8259A

7.2.1 8259A 的主要功能特性

8259A 芯片采用单一+5 V 电源,全静态工作,无须外加时钟。该芯片集中断源识别、判优、提供中断类型号于一体,每片 8259A 能管理 8 级中断,可提供 8 个 8 位的中断类型号。该芯片能用软件屏蔽中断请求输入,可通过编程设置多种不同的工作方式,以适应各种系统的要求。8259A 可级联使用,在不增加外部电路的情况下,最多可用 9 片 8259A 级联管理 64 级中断。

7.2.2 8259A 的内部结构

8259A 的内部主要由 8 个基本部分组成,其内部结构框图如图 7.2 所示。各部分的主要功能如下所述。

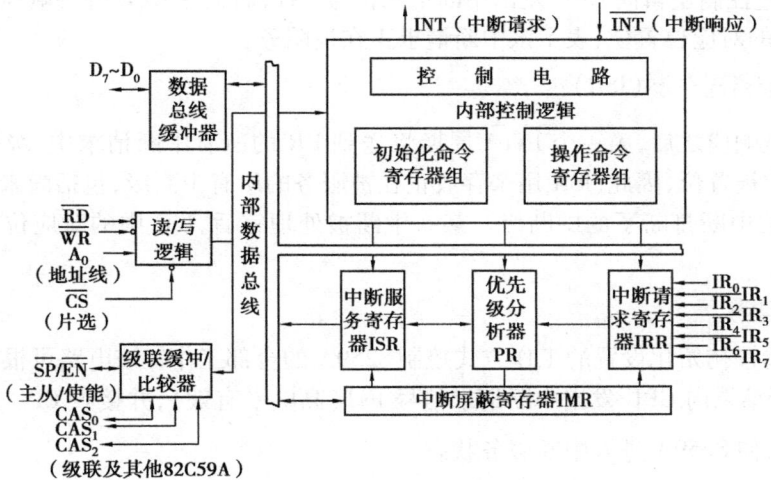

图 7.2　8259A 的内部结构框图

1）数据总线缓冲器

数据总线缓冲器是一个 8 位双向三态缓冲器。CPU 通过它向 8259A 写入命令字,读取有关寄存器的状态;8259A 通过它向 CPU 提供中断向量或中断类型码。

2）读/写逻辑

该部件接收来自 CPU 的读/写命令,完成规定的操作。操作过程由 $\overline{CS}$、A_0、$\overline{WR}$ 和 $\overline{RD}$ 输入信号共同控制。在 CPU 向 8259A 写入时,它控制将写入内容送至相应的寄存器中,在 CPU 从 8259A 读出时,它控制将相应寄存器的内容送到数据总线。

3）级联缓冲/比较器

它用于 8259A 的级联和缓冲方式,在级联方式中作为比较器。主控制器和从控制器之间将对应的 3 个引脚 CAS$_2$、CAS$_1$、CAS$_0$ 相连构成专用总线。当 CPU 响应中断发出第一个 $\overline{\text{INTA}}$ 脉冲后,主控制器将从控制器的标志号 ID 通过专用总线送到从控制器。从控制器收到标志号并与本身的标志号比较,若相符,则从控制器在下一个 $\overline{\text{INTA}}$ 脉冲到来时,将中断源的中断类型号送到数据总线。

4)中断请求寄存器(IRR)

IRR 是与外设接口的中断请求线相连的寄存器,请求中断的外设分别通过 IR$_0$ ~ IR$_7$ 向 8259A 请求中断服务,并把中断请求状态保持在中断请求寄存器中,即将 IRR 中的相应位置为 1。

5)中断屏蔽寄存器(IMR)

通过软件设置 IMR 可对 8259A 的 8 级中断请求独立地加以禁止和允许。当此寄存器的某位被置为 1 时,与之对应的中断请求则被禁止。

6)优先级分析器(PR)

当在 IR 端有中断请求时,请求通过 IRR 送到 PR。PR 检查中断服务寄存器(ISR)的状态,判别有无优先权更高的中断正在接受服务,若无,则把 IRR 中优先权最高的中断请求送入 ISR,并通过控制逻辑向 CPU 发出中断请求信号 INT,而且在 CPU 开始响应这个中断请求时,将 ISR 中的对应位置位,表示该中断请求正在被服务。

7)中断服务寄存器(ISR)

在中断被响应之后,第一个 $\overline{\text{INTA}}$ 周期将送到 PR 的所有中断请求中,级别最高中断源的 ISR 对应位被置位,因此,ISR 用来存放正在被服务的所有中断级,包括尚未服务完成而中途被更高级的中断打断了的中断级。某一中断被处理完后,ISR 中的对应位才以某种方式被复位。

8)控制电路

控制逻辑按初始化设置的工作方式控制 8259A 的全部工作。该电路可根据 IRR 的内容和 PR 的判断结果向 CPU 发出中断请求信号 INT(高电平有效),并接收 CPU 回送的中断响应信号 $\overline{\text{INTA}}$,使 8259A 进入中断服务状态。

7.2.3　8259A 的引脚功能

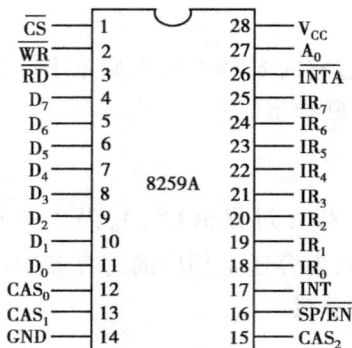

8259A 是一个 TTL 电平、双列直插式 28 脚的可编程中断控制器芯片,其引脚排列如图 7.3 所示。它的引线可分为 3 个部分:一是与 CPU 的接口引线;二是与外设的接口引线;三是用于级联的接口引线。

1)8259A 与 CPU 的接口引脚

• D$_7$ ~ D$_0$:数据线,双向,三态。与 CPU 数据总线直接相连,用于传送数据信息和状态信息,以及 8259A 向 CPU 提供的中断向量或中断类型号。

• $\overline{\text{WR}}$:写信号,输入,低电平有效。用于控制 CPU 对

图 7.3　8259A 的外部引脚

8259A 的写操作。此脚连接 CPU 系统控制总线的 $\overline{\text{IOW}}$。

- $\overline{\text{RD}}$：读信号，输入，低电平有效。用于控制 CPU 对 8259A 的读操作。此脚连接 CPU 系统控制总线的 $\overline{\text{IOR}}$。
- A_0：地址线，输入，用于寻址 8259A 内部的 2 个端口。此脚连接 CPU 系统地址线。
- $\overline{\text{CS}}$：片选信号，输入，低电平有效。当 $\overline{\text{CS}} = 0$ 时，8259A 被选中，允许 CPU 对其进行读/写操作。此脚连接译码电路输出端。
- INT：中断请求信号，输出，高电平有效。用于由 8259A 向 CPU 发出中断请求，此脚连接 CPU 的可屏蔽中断请求输入端 INTR。
- $\overline{\text{INTA}}$：中断响应信号，低电平有效。用于接收 CPU 送回的中断响应负脉冲。此脚连接 CPU 控制总线的 $\overline{\text{INTA}}$。

2）8259A 与外设的接口引线

- $\text{IR}_0 \sim \text{IR}_7$：中断请求，输入，高电平或上升沿有效。用于接收从外设来的中断请求信号。每个引脚分别连接一个中断源的中断请求输出端或连接一个 8259A 从片的 INT 端（级联方式时）。

3）8259A 级联时的接口引线

- $\text{CAS}_2 \sim \text{CAS}_0$：级联引脚，双向。用来构成 8259A 的主从式级联控制结构。在主从结构中，当 8259A 作为主片使用时，$\text{CAS}_2 \sim \text{CAS}_0$ 为输出，用于发送从设备标志；而 8259A 作为从片使用时，$\text{CAS}_2 \sim \text{CAS}_0$ 为输入，用于接收从设备标志。主从片 8259A 的这 3 条线全部对应相连。
- $\overline{\text{SP}}/\overline{\text{EN}}$：从片选择/允许缓冲器，双向，低电平有效。该引脚有 2 种功能。当 8259A 工作在缓冲方式时，它是输出信号，用于允许缓冲器接收和发送信息（$\overline{\text{EN}}$）。当 8259A 工作在非缓冲方式时，它是输入信号，用于指明该 8259A 是主片还是从片。作为主片时，$\overline{\text{SP}} = 1$（接高电平）；作为从片时，$\overline{\text{SP}} = 0$（接低电平）。单片使用时，$\overline{\text{SP}}/\overline{\text{EN}}$ 接高电平。

7.2.4 8259A 的工作方式

8259A 的中断操作功能很强，包括中断的请求、屏蔽、结束、排队、级联以及提供中断类型或中断向量等操作，既能实现向量中断又能实现查询中断，并且有多种不同的工作方式。

1）设置优先级方式

可用软件来指定 8259A 所管理的 8 个中断源的优先级别，指定优先级的方式有 2 种。

（1）固定优先级

当 OCW$_2$ 中的 R = 0 时，8259A 被设置成固定优先级方式，此时，从高级到低级的中断请求依次为 $\text{IR}_0 \sim \text{IR}_7$。

（2）旋转优先级

所谓旋转优先级，是指 8259A 在工作过程中，其 8 个中断源的优先级别不是一成不变的，而是随着中断响应的结束动态变化的。

例如，假设原来是 IR_0 最高，依次排列，IR_7 最低，当 IR_3、IR_5 引脚上有请求时，先响应

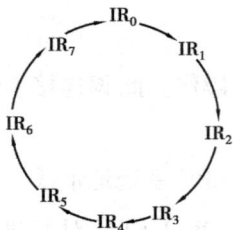

图 7.4　优先权旋转
示意图

IR$_3$，但从 IR$_3$ 的中断服务程序返回后，它就变成了最低级，而它原来的下一级即 IR$_4$ 变为最高级，IR$_5$ 其次，其余依次排列。因此，8 个中断源如同一个旋转的环，如图 7.4 所示。

优先权旋转方式适用于多个中断源中断请求的紧急程度相同的场合。优先权旋转又分为两种不同形式：

• 优先级自动旋转方式：在这种方式下，8259A 被初始化后的优先级自动安排为从高到低依次是 IR$_0$ ~ IR$_7$，以后则按旋转方式工作。

• 优先级特殊旋转方式：与自动旋转方式不同的是，在 8259A 被初始化后，并不自动安排中断源的优先级，而是要用命令字 OCW$_2$ 的 L$_2$ ~ L$_0$ 3 位编码指定一个最低优先级，以后则按旋转方式工作。

2）中断源屏蔽方式

8086 由 CLI 指令禁止所有可屏蔽中断进入，8259A 的中断优先级管理可对 8 条中断请求线进行单独屏蔽，对中断请求的屏蔽有两种方式。

（1）普通的中断屏蔽方式

对中断屏蔽寄存器 IMR 中的某一位或几位置 1，即可将对应位的中断请求屏蔽。可通过设置 OCW$_1$ 中断屏蔽操作命令字来实现。在这种方式下，优先权低的中断请求不能打断优先权高的中断请求。这时 OCW$_3$ 的 ESMM＝0，这就是普通屏蔽方式。

（2）特殊的中断屏蔽方式

在某些场合下，可能要求在软件的控制下动态地改变系统的优先权结构。如果 CPU 正在处理一个中断，希望能屏蔽一些较低优先权的中断源的中断，而允许另一些优先权更低的中断源申请中断。即无论 CPU 是否正在处理较高级的中断，只要未被屏蔽的中断请求到来（可能是较低级的），CPU 都会响应，就像优先权不起作用一样。当 OCW$_3$ 的 ESMM＝1，SMM＝1 即可设置这种屏蔽方式。这就是特殊的中断屏蔽方式。

3）中断嵌套方式

8259A 可实现中断嵌套管理，其中断嵌套方式有两种。

（1）普通完全嵌套方式

被设置为普通完全嵌套工作方式的 8259A，在被初始化后，8 个中断源优先级是固定的，且 IR$_0$ 最高，其次是 IR$_1$，依次排列，IR$_7$ 为级别最低的中断请求。除非用优先权旋转命令来改变。这种方式下，低级或同级中断请求，不能打断高级的中断服务。在写入 ICW$_4$ 时，使 SFNM＝0，即可将 8259A 设置为普通完全嵌套方式。

（2）特殊完全嵌套方式

在级联情况下，如果某一从片 8259A 上同时存在两个及以上中断请求，或者对从片而言较低级中断还未被处理完，又来了较高级的中断请求，CPU 应能给予响应。而对于主片来说，同一个从片上来的中断请求都是同级的，按照普通完全嵌套方式，新来的中断请求不能打断同级的中断服务。8259A 针对这种情况专门设有一种特殊完全嵌套方式。

在特殊完全嵌套方式下，对主片而言，能实现同级中断嵌套。但对从片而言，其新出现的中断请求，在级别上要高于正在处理的中断才能实现嵌套。这种工作方式的设置是使 ICW$_4$ 中的 SFNM＝1。

4）中断结束方式

8259A 所管理的中断服务过程是否结束，以 ISR 中的对应位是否复位为标志。因此，当一个中断服务程序完成时,必须给 8259A 发一个命令,复位 ISR 中的对应位,用以表示中断服务已经完成。为适应不同要求,8259A 可工作在不同的中断结束方式。

(1)自动 EOI 中断结束方式

这种工作方式是在 ICW$_4$ 中使 AEOI=1 来设置的。它不是靠软件发结束命令 EOI=1 来复位 ISR 中的对应位,而是在响应刚中断时的第二个 $\overline{\text{INTA}}$ 期间就由此 $\overline{\text{INTA}}$ 的后沿(上升沿)使 8259A 自动复位 ISR 中的对应位。此时中断服务并未完成,而是刚进入响应过程。使用自动中断结束命令,可避免程序员忘记在中断服务程序中发结束命令,而使 8259A 的较低级的中断请求永远得不到响应。可见,这种中断的自动结束方式,只适用于 8259A 的单片使用,以及中断请求不频繁且没有中断嵌套的情况。

(2)非自动 EOI 中断结束方式

在这种工作方式下,ICW$_4$ 中 AEOI=0,必须在中断服务程序中用软件向 8259A 发出结束命令 EOI,通常是在具体中断处理完成后,中断返回之前发出,具体做法是向 8259A 写入 OCW$_2$,且使 EOI 位为 1。这种中断结束方式又分为两种情况。

①普通 EOI 中断结束方式。

在完全嵌套工作方式下,任何一级中断处理结束返回上一级程序前,CPU 向 8259A 传送 EOI 结束命令字,8259A 收到 EOI 结束命令后,自动将 ISR 寄存器中级别最高的置 1 位清零(此位对应当前正在处理的中断),EOI 结束命令字必须放在返回指令 IRET 前,没有 EOI 结束命令,ISR 寄存器中对应位仍为 1,继续屏蔽同级或低级的中断请求。若 EOI 结束命令字放在中断服务程序中其他位置,会引起同级或低级中断在本级未处理完前进入,容易产生错误。

普通 EOI 结束命令字是设置 OCW$_2$ 中 EOI 位为 1,即 OCW$_2$ 中 R、SL、EOI 组合为 001。对 IBM PC/XT 机,发 EOI 结束命令字指令为:

```
MOV    AL,20H
OUT    20H,AL;8259A 端口为 20H,21H
```

②特殊 EOI 中断结束方式。

在非完全嵌套工作方式下,中断服务寄存器无法确定哪一级中断为最后响应和处理的,这时要采用特殊 EOI 结束方式。CPU 向 8259A 发特殊 EOI 结束命令字,命令字中将当前要清除的中断级别也传给 8259A。此时,8259 将 ISR 寄存器中指定级别的对应位清零,它在任何情况下均可使用。特殊 EOI 结束命令字是将 OCW$_2$ 中 R、SL、EOI 设置为 011,而 L$_2$ ~ L$_0$ 3 位指明了中断结束的对应位。

一般而言,8259A 单片或级联的从片使用采用普通完全嵌套方式,级联的主片总是采用特殊完全嵌套方式。对于工作在普通完全嵌套方式下的 8259A 单片或级联的从片,CPU 向 8259A 只发送一个普通 EOI 中断结束命令;而对于工作在特殊完全嵌套方式的 8259A 主片而言,则需 CPU 向主片发送特殊 EOI 中断结束命令;值得注意的是,8259A 级联时,主从片需要分别发送中断结束命令。

5)查询中断方式

在中断查询方式下,外部设备向 8259A 发送中断请求信号,中断请求可以是边沿触发,也可以是电平触发。但 8259A 不通过 INT 信号向 CPU 发送中断请求信号,因为 CPU 内部的中断允许触发器复位,所以禁止了 8259A 对 CPU 的中断请求。CPU 要使用软件查询来确定中断源,才能实现对外设的中断服务。

CPU 必须向 8259A 发送查询命令,才能实现它的中断查询功能。可通过设置 8259A 的操作命令字 OCW$_3$ 实现。若外设发出中断请求,8259A 的中断服务寄存器相应位置 1,CPU 即可在发出查询命令后的下一个读操作时,读取中断服务寄存器中的优先级。所以,CPU 所执行的查询程序应包括如下过程:

①系统关中断;

②用 OUT 指令使 CPU 向 8259A 偶地址端口送 OCW$_3$ 命令字,使 P=1;

③CPU 用 IN 指令从偶地址端口读取 8259A 的查询字。这个读命令被 8259A 看作中断响应信号,相当于 2 个 $\overline{INTA}$ 信号,使最高优先权的 ISR 对应位置位,并将查询字送到数据总线。查询字的格式和定义如下所述。

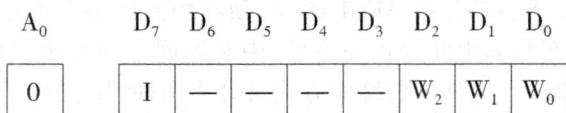

A$_0$		D$_7$	D$_6$	D$_5$	D$_4$	D$_3$	D$_2$	D$_1$	D$_0$
0		I	—	—	—	—	W$_2$	W$_1$	W$_0$

I 是中断特征位,如果 I=1,表示 8259A 有中断请求;如果 I=0,则表示 8259A 没有中断请求,可查询别的 8259A 片子。在 I=1 时,W$_2$ ~ W$_0$ 的编码,表明了当前优先级最高的中断请求是哪一个。W$_2$ ~ W$_0$=000 ~ 111 分别对应 IR$_0$ ~ IR$_7$。

如查询时,发现有中断请求,CPU 应转入到对 W$_2$ ~ W$_0$ 所指出的中断源进行中断处理的程序。中断查询方式一般用在多于 64 级中断的场合。一般除 8259A 外,还需要附加电路帮助完成查询功能。

6)读取状态方式

(1)读取 8259A 的 IRR 或 ISR

当 OCW$_3$ 的 P=0,RR=1 时,就构成了 CPU 对 8259A 的 IRR 或 ISR 的读命令。发出读命令后的下一个读操作,可将 IRR 或 ISR 的内容读出。当 OCW$_3$ 的 RIS=1 时,读出的是 ISR 的状态;当 RIS=0 时,读出的则是 IRR 的内容。读内部寄存器的过程与对 8259A 的查询过程一样,即先发出 OCW$_3$,随后从偶地址端口读取一个字节。读 ISR 的目的,是查看正在处理的中断是哪一个,读 IRR 的目的是查看还有哪些中断源提出了中断请求而未被响应。

(2)读取 8259A 的 IMR

8259A 的 IMR 的内容可随时读出,而不用发读命令,但它是从 8259A 的奇地址端口读出的,目的是查看哪些中断源被施加了屏蔽,或者通过运算改变某一位的状态而不影响其他位。例如,想要屏蔽 IR$_0$,而不影响其他位,可执行下列语句:

```
IN      AL,IMR 对应端口
OR      AL,01H
OUT     IMR 对应端口,AL
```

7)级联方式

在较大的微机应用系统中,可用多片 8259A 级联来扩展中断源。一个主 8259A 最多可级联 8 个从 8259A,从而把中断源扩展到 64 个。若 ICW$_1$ 中的 SNGL 位为 0,表示为级联方式。

8）连接系统总线的方式

（1）缓冲方式

当8259A在一个大系统中使用时，8259A通过总线驱动器和数据总线相连，这就是缓冲方式。

在缓冲方式下，存在对总线驱动器的选通问题。为此，将8259A的$\overline{\text{SP}}/\overline{\text{EN}}$引脚和总线驱动器的允许端相连，因为8259A工作在缓冲方式时，会在输出状态字或中断类型码的同时，从$\overline{\text{SP}}/\overline{\text{EN}}$输出一个低电平，此低电平正好可作为总线驱动器的选通信号。向8259A写命令时情况也类似。缓冲方式是用ICW_4的BUF＝1来设置的，这时的主片由M/S＝1指定，从片由M/S＝0指定。它适用于多片8259A级联情况。

（2）非缓冲方式

非缓冲方式是相对于缓冲方式而言的。当系统中只有单片使用或有少数几片级联而系统又不大时，8259A的数据线可直接与CPU系统的数据总线相连，而不用接驱动器。这时$\overline{\text{SP}}/\overline{\text{EN}}$为输入端。如前所述，主片的$\overline{\text{SP}}/\overline{\text{EN}}$接高电平，从片的$\overline{\text{SP}}/\overline{\text{EN}}$接低电平。当8259A单片使用时，其$\overline{\text{SP}}/\overline{\text{EN}}$必须接高电平。非缓冲方式的设置是使$ICW_4$的BUF＝0。

7.2.5 8259A 的控制字

8259A共有7个控制字，其中有4个初始化命令字，3个操作命令字。

1）初始化命令字

初始化命令字通常是系统开机时，由初始化程序填写的，而且在整个系统工作过程中保持不变。现在来讨论8259A初始化命令字$ICW_1 \sim ICW_4$的格式及各位的意义。

（1）ICW_1的格式和含义

ICW_1称为芯片控制初始化命令字。必须写入8259A的偶地址端口（即8259A的$A_0 = 0$）。其格式和各位的定义如下：

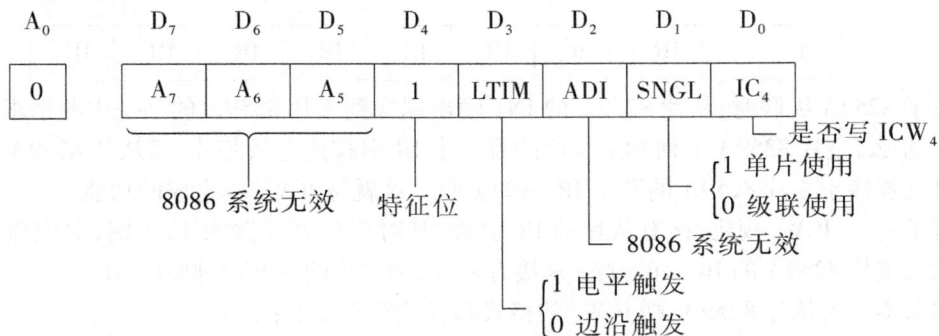

A_0	D_7	D_6	D_5	D_4	D_3	D_2	D_1	D_0
0	A_7	A_6	A_5	1	LTIM	ADI	SNGL	IC_4

是否写 ICW_4

$\begin{cases} 1 \text{ 单片使用} \\ 0 \text{ 级联使用} \end{cases}$

8086 系统无效

8086 系统无效　　特征位

$\begin{cases} 1 \text{ 电平触发} \\ 0 \text{ 边沿触发} \end{cases}$

● $D_7 \sim D_5$：在8086/8088系统中不使用，可为1，也可为0。只有在8080/8085系统中才使用，与ICW_2的8位一起组成中断服务程序的页面地址，此时，$D_7 \sim D_5$作为$A_7 \sim A_5$，而ICW_2的8位作为$A_{15} \sim A_8$。

● D_4：此位总是设置为1，它是特征位，表示现在设置的是初始化命令字ICW_1，而不是操作命令字OCW_2和OCW_3（详见8259A的操作命令字）。

● D_3：LTIM，用于设定中断请求信号$IR_0 \sim IR_7$的触发方式。若LTIM＝0，则表示$IR_0 \sim IR_7$被设定为边沿触发，即IR_i引脚传来一上升沿，就说明8259A所带的第i个中断源有中断请求。若 $LTIM=1$，则 $IR_0 \sim IR_7$ 被设定为电平触发，即 IR_i 引脚上为高电平表示第 i 个中断源有中断请求。

- D_2：ADI，用于规定 CALL 地址间隔，$ADI=1$，则地址间隔为 4；否则，地址间隔为 8。在 8086/8088 系统中这一位不起作用，即可为 1，也可为 0。

- D_1：SNGL，用来指出本片 8259A 是否与其他 8259A 处于级联状态。当系统中只使用一片 8259A 时，$SNGL=1$；否则 $SNGL=0$。

- D_0：IC_4，用来指出本片 8259A 初始化时是否需要写 ICW_4。如果初始化程序使用 ICW_4，则 $IC_4=1$；否则 8259A 不予辨认 ICW_4。注意，只有当 ICW_4 各位均为 0 时，才不用写入 ICW_4，这时 ICW_1 的 $D_0=0$。

（2）ICW_2 的格式和含义

ICW_2 是设置中断类型码的初始化命令字，必须写到 8259A 的奇地址端口（即 8259A 的 $A_0=1$）。其格式和各位定义如下：

A_0	D_7	D_6	D_5	D_4	D_3	D_2	D_1	D_0
1	A_{15}/T_7	A_{14}/T_6	A_{13}/T_5	A_{12}/T_4	A_{11}/T_3	A_{10}	A_9	A_8

在 16 位机 8086/8088 系统中，ICW_2 的高 5 位 $D_7 \sim D_3$ 用于规定 $IR_0 \sim IR_7$ 所对应的中断类型码的高 5 位，中断类型码的低 3 位由 8259A 硬件自动产生。因此，在 16 位机系统中 ICW_2 的低 3 位 $D_2 \sim D_0$ 不使用，它们可为 1，也可为 0。

（3）ICW_3 的格式和含义

ICW_3 是标志主片/从片的初始化命令字，必须写到 8259A 的奇地址端口（即 8259A 的 $A=1$）。只有在一个系统中使用了 2 片及以上 8259A 并级联时，才需要写入 ICW_3，也就是说只有 ICW_1 的 $SNGL=0$ 时，才需设置 ICW_3。对于主片和从片，ICW_3 的格式和含义是不同的。

如果本片为主片，则 ICW_3 的格式和各位定义如下：

A_0	D_7	D_6	D_5	D_4	D_3	D_2	D_1	D_0
1	IR_7	IR_6	IR_5	IR_4	IR_3	IR_2	IR_1	IR_0

由于 8259A 级联时，从片 8259A 的 INT 输出端接到主片 8259A 的某一中断请求输入端 IR 上。那么，主片 8259A 如何知道自己的哪一个 IR 引脚接有从芯片，而从片 8259A 又如何知道自己被接于主片 8259A 的哪个 IR 引脚上呢？这就是 ICW_3 应完成的功能。

对于主片，ICW_3 规定，接有从片的 IR 引脚，其对应位就设置为 1，否则，对应位设置为 0。例如，主片 8259A 的 IR_0、IR_3 上分别接有从片，则主片的 $ICW_3=00001001$。

如果本片为从片 8259A，则 ICW_3 的格式和各位定义如下：

A_0	D_7	D_6	D_5	D_4	D_3	D_2	D_1	D_0
1	0	0	0	0	0	ID_2	ID_1	ID_0

从片 ICW_3 的高 5 位不使用，但为和以后的产品兼容，厂家规定这几位为 0。$D_2 \sim D_0$ 这 3 位用于表示从片的 INT 输出端接到主片的哪一个 IR 引脚，它们的对应关系为：

编码	ID$_2$	0	0	0	0	1	1	1	1
	ID$_1$	0	0	1	1	0	0	1	1
	ID$_0$	0	1	0	1	0	1	0	1
从片 INT 接手主片 的引脚		IR$_0$	IR$_1$	IR$_2$	IR$_3$	IR$_4$	IR$_5$	IR$_6$	IR$_7$

从片的 CAS$_2$ ~ CAS$_0$ 接收主片发来的编码,并将这一编码和自身 ICW$_3$ 的 ID$_2$ ~ ID$_0$ 相比较,如果相等,则在第二个 $\overline{INTA}$ 脉冲到来时,将自己的中断类型码送到数据总线。可见,ICW$_3$ 实际上是一个标识码,也称为设备标志。

(4)ICW$_4$ 的格式和含义

ICW$_4$ 是方式控制初始化命令字,必须写入奇地址端口(即 8259A 的 A$_0$ = 1)。如前所述,ICW$_4$ 并不总是需要写入的,只有在 ICW$_1$ 的 D$_0$ = 1 时,才有必要设置 ICW$_4$。其格式和各位定义如下:

● D$_7$ ~ D$_5$:标志位,恒为 0,用来标志控制字为 ICW$_4$。

● D$_4$:SFNM,用于规定 8259A 的中断嵌套方式。若工作方式选为特殊完全嵌套,则初始化时,SFNM = 1;否则,SFNM = 0。

● D$_3$:BUF,用于规定 8259A 是否工作在缓冲方式。若 BUF = 1,则 8259A 被设置成缓冲方式;BUF = 0,则 8259A 工作在非缓冲方式,M/S 没有意义。

● D$_2$:M/S,用于规定 8259A 工作在缓冲方式时,本片是主片还是从片,若是主片,则 M/S = 1,否则 M/S = 0。可见,只有当 BUF = 1 时,M/S 才有意义;而 BUF = 0 时,M/S 为无关位。可为 1,也可为 0。

● D$_1$:AEOI,用于设置 8259A 的中断结束方式。若 AEOI = 1,则 8259A 被设置成中断自动结束方式,AEOI = 0,则 8259A 工作在一般中断结束方式。

● D$_0$:μPM,用于指出 8259A 在 16 位机系统中使用,还是在 8 位机系统中使用。如果本片 8259A 用于 8086/8088 系统中,则 μPM = 1;若 8259A 用于 8080/8085 系统时,μPM = 0。

A$_0$	D$_7$	D$_6$	D$_5$	D$_4$	D$_3$	D$_2$	D$_1$	D$_0$
1	0	0	0	SFNM	BUF	M/S	AEOI	μPM

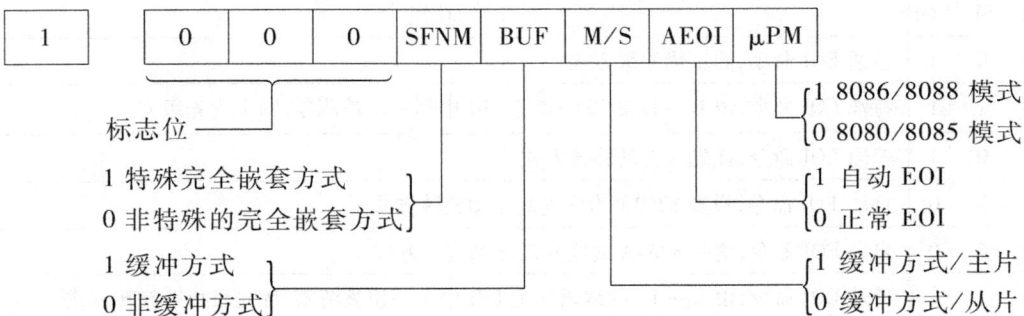

标志位

1 特殊完全嵌套方式
0 非特殊的完全嵌套方式

1 缓冲方式
0 非缓冲方式

1 8086/8088 模式
0 8080/8085 模式

1 自动 EOI
0 正常 EOI

1 缓冲方式/主片
0 缓冲方式/从片

2)操作命令字

操作命令字在 8259A 应用程序中使用,可根据需要随时写入,并且在写入次序上没有严格的要求。操作命令字有 3 个,OCW$_1$ ~ OCW$_3$,下面分别进行介绍。

（1）OCW_1 的格式和含义

OCW_1 是中断屏蔽操作命令字，必须写入 8259A 的奇地址端口（即 8259A 的 $A_0 = 1$）。其格式和各位定义如下：

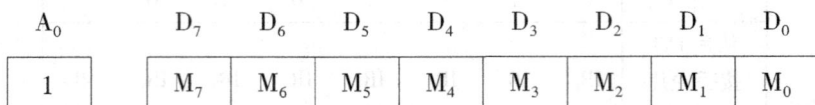

A_0	D_7	D_6	D_5	D_4	D_3	D_2	D_1	D_0
1	M_7	M_6	M_5	M_4	M_3	M_2	M_1	M_0

OCW_1 的 8 位 $M_7 \sim M_0$ 分别为 $IR_7 \sim IR_0$ 的中断请求屏蔽位。当某一位为 1 时，对应于这一位的中断请求就受到屏蔽；否则，表示对应中断请求得到允许。

例如，$OCW_1 = 08H$，则 IR_3 引脚上的中断请求被屏蔽，其他引脚上的中断请求则被允许。

（2）OCW_2 的格式和含义

OCW_2 是用来设置优先级循环方式和发送中断结束命令的操作命令字，必须写入偶地址端口（即 8259A 的 $A_0 = 0$）。其格式和各位定义如下：

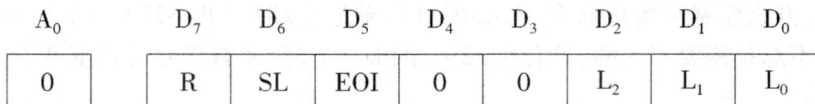

A_0	D_7	D_6	D_5	D_4	D_3	D_2	D_1	D_0
0	R	SL	EOI	0	0	L_2	L_1	L_0

- D_7：R，决定了 8259A 的中断优先级是否按循环方式来设置。R = 1，表示采用优先级循环方式；R = 0，则为非循环方式。

- D_6：SL，决定了本操作命令字中 $D_2 \sim D_0$ 位是否有效。若 SL = 1，表示 $L_2 \sim L_0$ 3 位编码有效；SL = 0，则表示 $L_2 \sim L_0$ 3 位编码无效。

- D_5：EOI，是中断结束命令位。当 EOI = 1 时，正在服务寄存器 ISR 中被服务的对应位复位；当 EOI = 0 时，表示不发送中断结束命令。EOI 只用于非中断自动结束方式，即 ICW_4 中的 AEOI = 0 时，EOI 才有效。

- D_4、D_3：标志位，恒为 0。

- $D_2 \sim D_0$：$L_2 \sim L_0$，其用处有 2 个，一是当 OCW_2 设置为特殊的中断结束命令时，由 $L_2 \sim L_0$ 的编码指出具体要清除中断服务寄存器 ISR 中的哪一位；二是当 OCW_2 设置为优先级特殊旋转方式时，由 $L_2 \sim L_0$ 指出循环开始时哪个中断源的优先级最低。

OCW_2 的组合控制功能见表 7.1。

表 7.1 OCW_2 的组合控制功能

R	SL	EOI	功能
0	0	1	普通 EOI 命令，固定优先级方式
0	1	1	特殊 EOI 命令，由 $L_2 \sim L_0$ 的编码指定 ISR 中哪一位被清零，固定优先级方式
1	0	1	普通 EOI 命令，优先级自动旋转方式
1	0	0	自动 EOI 命令，设置 8259A 为优先级自动旋转方式
0	0	0	自动 EOI 命令，清除 8259A 的优先级自动旋转方式
1	1	1	特殊 EOI 命令，由 $L_2 \sim L_0$ 的编码指定 ISR 中哪一位被清零，优先级特殊旋转方式
1	1	0	置优先级命令，设置 8259A 为优先级特殊旋转方式，由 $L_2 \sim L_0$ 的编码指定哪个中断源级别最低
0	1	0	无操作

（3）OCW$_3$ 的格式和含义

OCW$_3$ 的功能有 3 个:一是设置和撤消特殊屏蔽方式;二是设置中断查询方式;三是设置对 8259A 内部寄存器的读出命令。它必须写入偶地址端口(即 8259A 的 A$_0$=0)。其格式和各位定义如下:

A$_0$	D$_7$	D$_6$	D$_5$	D$_4$	D$_3$	D$_2$	D$_1$	D$_0$
0	×	ESSM	SMM	0	1	P	RR	RIS

- D$_7$:无关位,一般设置为 0。
- D$_6$:ESMM,特殊屏蔽允许位。若 ESMM=1,则允许 8259A 工作在特殊屏蔽方式;若 ESMM=0,则不允许 8259A 工作在特殊屏蔽方式。
- D$_5$:SMM,用于设置和撤除 8259A 的特殊屏蔽方式。若 SMM=1,表示将 8259A 设置成特殊屏蔽方式;若 SMM=0,则表示撤销特殊屏蔽方式,恢复成普通屏蔽方式。

可见,只有当 ESMM=1 时,SMM 才有效。反过来,并非是 ESMM=1,8259A 就工作在特殊屏蔽方式。实际上,在 ESMM=1 的情况下,8259A 何时工作在特殊屏蔽方式,还要由 SMM=1 来设置。

- D$_4$、D$_3$:标志位,D$_4$=0,D$_3$=1。
- D$_2$:P,8259A 的中断查询设置位。当 P=1 时,8259A 被设置为中断查询方式;P=0 表示 8259A 未被设置成中断查询方式。
- D$_1$:RR,用于发出 8259A 内部寄存器的读命令。当 RR=1 时,表示 CPU 向 8259A 发出读命令,准备读取内部寄存器的内容。当 RR=0 时,不读,RIS 没有意义。
- D$_0$:RIS,用于区别 CPU 要读的是哪个寄存器的内容。

若 RIS=1,则表示 CPU 要读 8259A 内部正在服务寄存器 ISR 的内容,即下一条输入指令读入的是 ISR 的内容。

若 RIS=0,则表示 CPU 要读 8259A 内部中断请求寄存器 IRR 的内容,即下一条输入指令读入的是 IRR 的内容。

7.2.6　8259A 的编程

8259A 的编程分为 2 种:初始化编程和工作方式编程。

为帮助读者进一步理解和记忆 8259A 的命令和状态字在读/写时的区别,以便正确对其进行编程,下面将 CPU 对 8259A 的读/写操作列于表 7.2。

表 7.2　8259A 的读/写操作

A$_0$	D$_4$	D$_3$	$\overline{RD}$	$\overline{WR}$	$\overline{CS}$	具体操作
0	—	—	0	1	0	IRR、ISR 或查询字→数据总线(注1)
1	—	—	0	1	0	IMR→数据总线
0	0	0	1	0	0	数据总线→OCW$_2$(写 OCW$_2$)
0	0	1	1	0	0	数据总线→OCW3(写 OCW$_3$)
0	1	×	1	0	0	数据总线→ICW$_1$(写 ICW$_1$)

续表

A_0	D_4	D_3	$\overline{RD}$	$\overline{WR}$	$\overline{CS}$	具体操作
1	×	×	1	0	0	数据总线→OCW_1、ICW_2、ICW_3、ICW_4（注2）

注：①IRR、ISR 和查询字的选择，取决于在读操作前写入的 OCW_3 的内容。

②$ICW_1 \sim ICW_4$ 的写入顺序由 8259A 内部的顺序逻辑队列决定。

1）初始化编程

初始化编程是由 CPU 向 8259A 写入 2~4 个字节的初始化命令字 ICW。目的是让 8259A 开始正常工作之前处于起始点。

8259A 的初始化顺序是严格的，如图 7.5 所示。

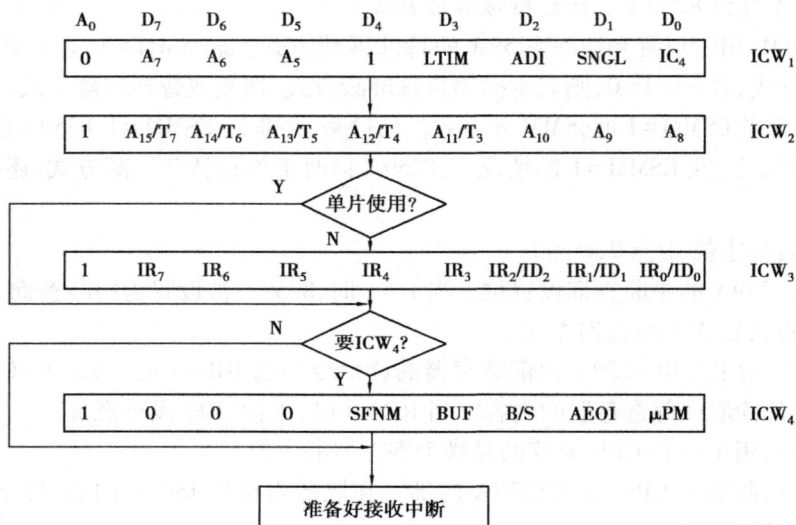

图 7.5　8259A 的初始化顺序

当 CPU 向 8259A 的偶地址端口写入一个命令字，且 $D_4 = 1$ 时，则被 8259A 内部逻辑解释为初始化命令字 ICW_1，启动 8259A 中的初始化顺序，紧接着向奇地址端口写入的一个字则被认为是 ICW_2。这 2 个命令字是必须写的，而 ICW_3 和 ICW_4 是否要写入，则视情况而定。若是级联使用（即 SNGL＝0），那么下一个向奇地址写入的命令自动辨认为 ICW_3，否则不必写入。如果根据系统要求所确定的 ICW_4 不等于 00H，那么继 ICW_3 之后，向奇地址端口写入的必定是 ICW_4。当 $ICW_4 = 00H$，即 $IC_4 = 0$，不必写入 ICW_4。

下面举例说明 8259A 的初始化编程。

[例 7.1]　设某 8088 系统中使用一片 8259A，其端口地址为 210H、211H，若按系统要求，中断请求为电平触发，其 8 个中断源的类型号为 60H~67H，试编写初始化程序段。

解：

①按要求确定初始化命令字：

ICW_1：00011011B

ICW_2：01100000B（只有前 5 位有效）

ICW_4：00000001B

②初始化程序段：

```
MOV    DX,210H        ;DX 指向偶地址端口
MOV    AL,1BH         ;写 ICW₁
OUT    DX,AL
MOV    DX,211H        ;DX 指向奇地址端口
MOV    AL,60H         ;写 ICW₂
OUT    DX,AL
MOV    AL,01H         ;写 ICW₄
OUT    DX,AL
```

2）工作方式编程

工作方式编程是 CPU 向 8259A 写入操作命令字 OCW_1、OCW_2 和 OCW_3，它们的作用是规定 8259A 的工作方式。工作方式命令字（即操作命令字）是在 8259A 已经初始化以后的任何时间写入的，并且写入顺序没有任何限制。

[例7.2]　某个以 8088 为 CPU 的数据采集系统中，使用 2 片 8259A 接成主从控制器，主片的端口地址为 20H 和 21H，中断类型码为 60H ~ 67H，从片的端口地址为 408H 和 409H，中断类型号为 68H ~ 6FH。按系统要求，所有中断请求采用边沿触发，普通屏蔽，主片用特殊完全嵌套，从片用非特殊完全嵌套方式，正常 EOI，优先权自动旋转方式。硬件接线如图 7.6 所示。试对这 2 片 8259A 进行初始化，并设置它们的工作方式。

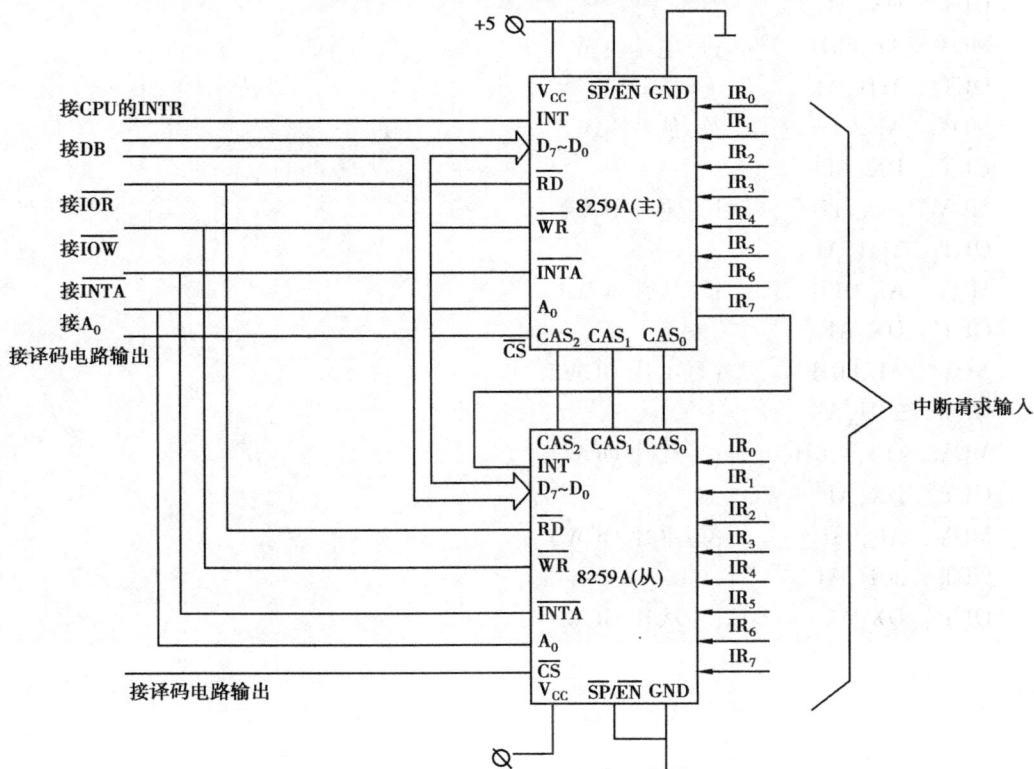

图 7.6　例 7.2 硬件接线图

解：

①确定初始化命令字和操作命令字：

ICW1：00010001B（主、从片相同）

ICW2：01100000B—主片，01101000B—从片

ICW3：10000000B—主片，00000111B—从片

ICW4：00010001B—主片，00000001B—从片

OCW$_1$：写入 ICW 后，8259A 自动将 IMR 清零，因此，如开放所有中断请求，则不必再写入 OCW$_1$。在使用中要改变这种情况时可随时写入。

OCW$_2$：10000000B（主、从片相同）

OCW$_3$：00001000B（主、从片相同）

②编程：

MOV	AL,11H	;写主片 ICW1
OUT	20H,AL	
MOV	DX,408H	;写从片 ICW1
OUT	DX,AL	
MOV	AL,60H	;写主片 ICW2
OUT	21H,AL	
MOV	DX,409H	;写从片 ICW2
MOV	AL,68H	
OUT	DX,AL	
MOV	AL,80H	;写主片 ICW3
OUT	21H,AL	
MOV	AL,07H	;写从片 ICW3
OUT	DX,AL	
MOV	AL,11H	;写主片 ICW4
OUT	21H,AL	
MOV	AL,01H	;写从片 ICW4
OUT	DX,AL	
NOV	AL,80H	;写主片 OCW2
OUT	20H,AL	
MOV	DX,408H	;写从片 OCW2
OUT	DX,AL	
MOV	AL,08H	;写主片 OCW3
OUT	20H,AL	
OUT	DX,AL	;写从片 OCW3

习题与思考题

1. 简述什么是中断，什么是中断向量。

2. 什么是 8086/8088 的中断类型号（或称为中断类型码）？它与中断向量的关系是什么？

3. 设置中断优先级的目的是什么？IBM PC/XT 的中断系统可处理哪几种中断源？它们的优先级是怎样排列的？

4. 8259A 的主要功能是什么？它内部的寄存器有哪几个？它们的作用分别是什么？

5. 8259A 的初始化命令字和操作命令字分别有哪些？它们的使用场合有什么不同？

6. 8259A 的中断屏蔽寄存器 IMR 和 8086/8088 内部的中断允许触发器 IF 有什么差别？在可屏蔽中断请求和中断响应过程中，它们是如何配合工作的？

7. 8259A 引入中断的方式之一是中断查询方式，简述其特点和适用场合。

8. 8259A 的 ICW_2 设置了中断类型码的哪几位？对 8259A 分别设置 ICW_2 为 30H、36H 和 38H 有什么不同？

9. 按照如下要求对 8259A 进行编程：单片 8259A 应用于 8088 系统，中断请求信号为边沿触发方式，中断类型码为 80H～87H，采用中断自动结束、非特殊完全嵌套、工作在非缓冲方式。其端口地址为 93H 和 94H。

10. 特殊屏蔽方式和普通屏蔽方式有什么不同？特殊屏蔽适用于什么场合？

11. 写出屏蔽 8259A 的中断请求 IR_2 和 IR_5 而开放其他中断请求的汇编语句，然后再写出撤销对 IR_2 和 IR_5 屏蔽的语句。

12. 设以 8086/8088 为 CPU 的系统中 2 片 8259A 接成主从式控制器，若从片接在主片的 IR_3 上，试画出硬件连接图。

第8章
并行接口

在计算机领域中,有两种基本数据传输方式,即串行数据传输方式和并行数据传输方式。在数据通信领域中则称为串行通信和并行通信。

不同权值的数据位在单条一位宽的传输线上按时间先后一位一位地进行传输,就是串行传输方式。不同权值的数据位在多条并行传输线上同时进行传输,就是并行传输方式。

本章讨论并行数据传输方式并主要介绍微型机中的并行技术。

8.1 并行接口技术概述

在计算机领域,特别是在微机系统中数据的并行传输,通常以字节为单位,每次传送一个或多个字节。在并行通信中通常传送的是字符,例如字符的 ASCⅡ 码。与串行传输相比,并行传输的特点是在同样的时钟速率下其传送速率高,但由于占用多条信号线,在长距离传输中,电缆的造价就成为突出问题。因此,并行传输(并行通信)适用于传输速率要求高,而传输距离较近的场合。

从硬件的角度看,不同的传输方式需要有不同的 I/O 接口电路(简称接口),实现并行传输的接口就是并行接口。一个并行接口可设计成只用于输出的接口或只用于输入的接口,也可设计成既能输入又能输出的接口。在后一种情况下又有两种方法可以采用,一种是利用同一个接口中的两个通路,一个作为输入通路,一个作为输出通路;另一种方法是用一个双向通路,既作为输入又作为输出。

从电路上来讲,有简单并行接口,有专用或通用可编程接口芯片。例如,可用锁存器/驱动器 74LS244 或 74LS373 等构成简单并行输入或输出接口,用 74LS245 等可构成双向并行接口,如图 8.1 所示。

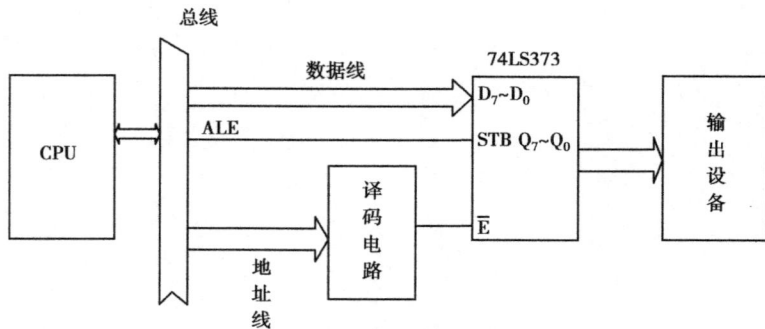

(a)用74LS373设计的并行输出接口

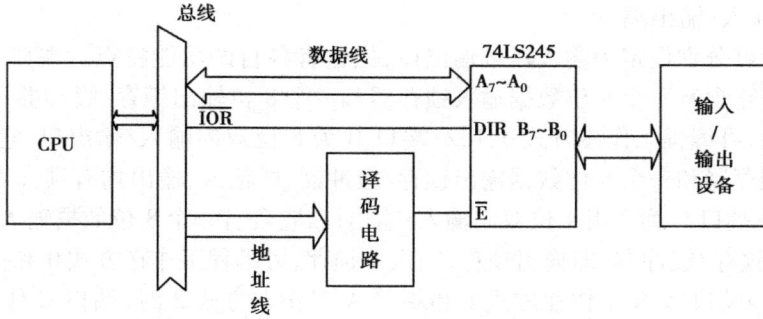

（b）用74LS245设计的双向并行接口

图8.1 简单并行接口

通用可编程并行接口芯片有8155A/8156A、8255A等，它们有多个并行端口，可用软件控制工作在不同方式，以适应不同应用场合，使用灵活，工作可靠，能与CPU或微机总线直接连接，特别适用于微机系统。本章将着重介绍8255A芯片。8155A/8156A与8255A最大的区别就是8155A片内有256字节的RAM和一个14位的定时器/计数器，其他功能大同小异。

8.2 可编程并行接口芯片 8255A

Intel 8255A CPU最初是为Intel 8080 CPU和8085 CPU微机系统设计的通用可编程并行接口芯片。由于其通用的性能也被广泛应用于其他微机系统之中。

8255A采用双列直插式封装，单一的+5 V电源，全部输入输出与TTL电平兼容，3个8位并行I/O端口，可编程工作在不同方式。因此，8255A连接外部设备时，通常不需要附加其他电路，使用方便灵活。

1）8255A 的内部结构

8255A的内部由3个端口寄存器（A口、B口、C口）、2组控制电路、1个数据总线缓冲器、1个读/写控制逻辑电路组成。其内部结构框图如图8.2所示，各部分功能描述如下。

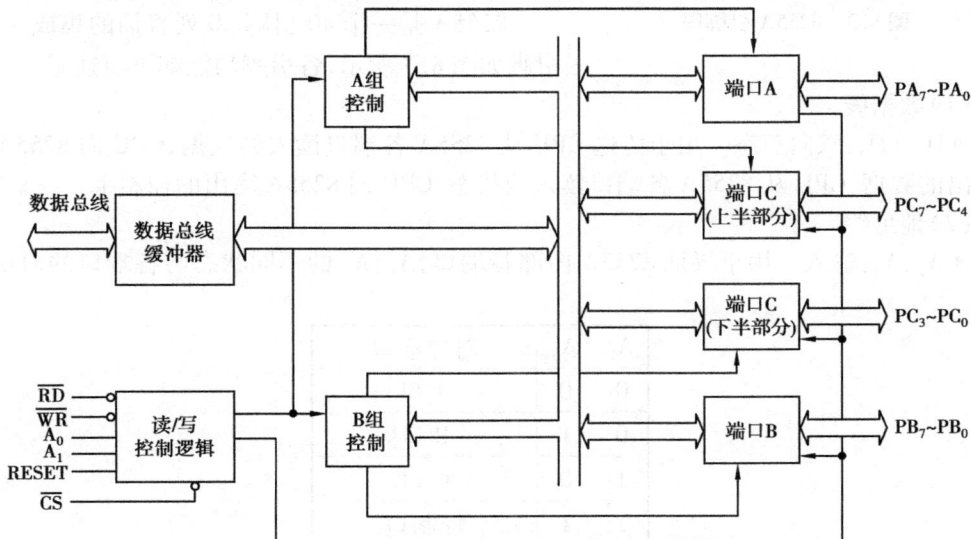

图8.2 8255A 的内部结构框图

(1)3 个输入/输出端口

各端口均可分别设定为输入口或输出口,但也有各自的功能特点。端口 A 为 8 位双向输入/输出口,它含有一个 8 位数据输入锁存器和一个 8 位输出锁存/缓冲器,即输入和输出均有锁存功能,可编程工作在方式 0、1、2;端口 B 为 8 位双向输入/输出口,它也含有一个 8 位数据输入锁存器和一个 8 位数据输出锁存/缓冲器,即输入、输出均有锁存功能,可编程工作在方式 0、1;端口 C 为 2 组 4 位双向输入/输出口,它含有一个 8 位数据输入缓冲器和一个 8 位数据输出锁存/缓冲器,即输出锁存,输入不锁存,可编程工作在方式 0 和按位置位/复位方式。另外,当端口 A、B 工作在方式 1 和端口 A 工作在方式 2 时,端口 C 作为联络信号使用,故将端口 C 分为上端口 C($PC_7 \sim PC_4$)和下端口 C($PC_3 \sim PC_0$),分别由端口 A、B 两组控制电路控制。

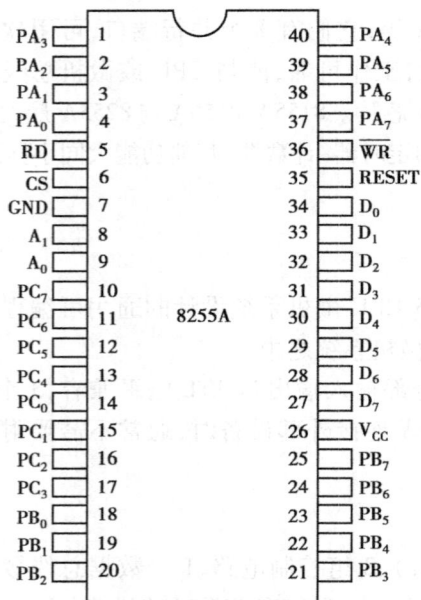

图 8.3　8255A 引脚图

(2)两组控制电路

A、B 两组控制电路分别实现对 A 组 I/O 端口线($PA_7 \sim PA_0$ 和 $PC_7 \sim PC_4$)和 B 组 I/O 端口线($PB_7 \sim PB_0$ 和 $PC_3 \sim PC_0$)的输入/输出控制。

(3)数据总线缓冲器

数据总线缓冲器为双向三态 8 位缓冲器,它是 8255A 与微机数据总线的接口。其传输的信息有输入数据、输出数据、CPU 写给 8255A 的控制字及 CPU 从 8255A 读入的状态信息。

(4)读/写控制逻辑电路

读/写控制逻辑负责管理 8255A 的数据传输过程。它接收片选信号 $\overline{CS}$ 以及来自地址总线的地址信息 A_1、A_0 和来自控制总线的信号 RESET,$\overline{RD}$,$\overline{WR}$,将这些信号组合后实现对 A 组部件和 B 组部件的控制。

2)8255A 的引脚信号

8255A 是一个 40 引脚、双列直插的集成芯片,其引脚如图 8.3 所示,各引脚功能如下所述。

(1)数据线

• $D_7 \sim D_0$:双向三态。用于传送 CPU 从 8255A 各端口读入的数据、CPU 向 8255A 各端口写出的数据、CPU 从 8255A 各端口读入的状态、CPU 向 8255A 写出的控制字。

(2)地址线

• A_1、A_0:输入。用于寻址 8255A 内部各端口,A_1、A_0 的不同状态与各端口的对应关系如下:

A_1	A_0	对应端口
0	0	A 口
0	1	B 口
1	0	C 口
1	1	控制口

（3）控制线

● 片选信号 $\overline{\text{CS}}$：输入。来自片外译码电路，用于选中 8255A 芯片，低电平有效，即当 $\overline{\text{CS}}$ = 0 时，8255A 才处于工作状态，这时 $\overline{\text{RD}}$、$\overline{\text{WR}}$ 才对 8255A 有效。

● 读信号 $\overline{\text{RD}}$：输入。连接微机总线 $\overline{\text{IOR}}$，用于控制 8255A 读操作，低电平有效，即当 $\overline{\text{RD}}$ = 0 时，CPU 从 8255A 读入数据或状态信息。

● 写信号 $\overline{\text{WR}}$：输入。连接微机总线 $\overline{\text{IOW}}$，用于控制 8255A 写操作，低电平有效，即当 $\overline{\text{WR}}$ = 0 时，CPU 向 8255A 写出数据或控制字。

● 复位信号 RESET：输入。连接微机总线的 RESET。用于使 8255A 复位，高电平有效，即当 RESET 引脚传来一上升沿，且使其高电平维持一定时间时，8255A 所有内部寄存器被清零，同时，3 个数据端口被自动设置为输入端口。

（4）I/O 端口线

● $\text{PA}_7 \sim \text{PA}_0$：双向。端口 A 数据信号线。

● $\text{PB}_7 \sim \text{PB}_0$：双向。端口 B 数据信号线。

● $\text{PC}_7 \sim \text{PC}_0$：双向。端口 C 数据信号线。

（5）电源与地线

● Vcc：电源线，+5 V。

● GND：接地端。

3）8255A 的编程

在使用 Intel 8255A 时，首先应根据需要对它进行初始化编程，在工作过程中若需改变工作方式或数据传送方向等，也必须对其编程。实际上对 8255A 的编程十分简单，即通过 CPU 向其控制端口写入相应控制字实现。8255A 的控制字只有两个。

（1）工作方式选择控制字

作用：规定 8255A I/O 端口的工作方式和数据传输方向。

格式：工作方式选择控制字的格式如图 8.4 所示。

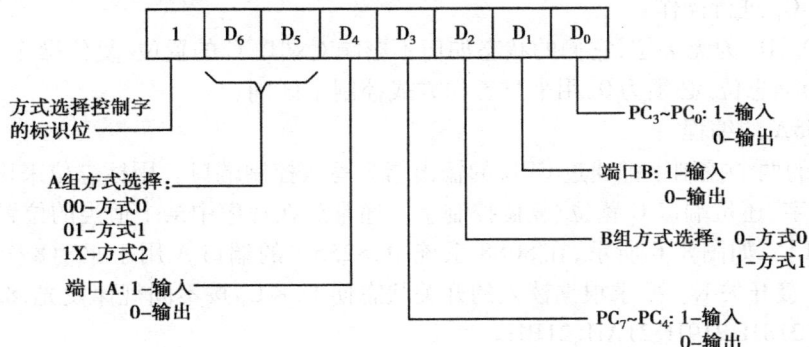

图 8.4　8255A 工作方式选择控制字的格式

关于 8255A 的工作方式选择控制字，作如下说明：

① 8255A 有 3 种基本工作方式：

● 方式 0：基本输入/输出方式。端口 A、B、C 都可工作在此方式。

● 方式 1：选通输入/输出方式。端口 A、B 可工作在此方式，端口 C 作联络信号。

• 方式 2:双向输入/输出方式。只有端口 A 可工作在此种方式,端口 C 作为它的联络信号。

②属于同一组的两个端口可同时工作在输入或输出方式,也可分别工作在输入或输出方式,不要求一定同为输入方式或同为输出方式。

③D_7 为标志位,必须为 1,用来与端口 C 置位/复位控制字区别。

（2）端口 C 置位/复位控制字

8255A 端口 C 的各数位常作为控制位来使用,故该芯片的设计者使得端口 C 各数位可按位操作,即用置位/复位控制字单独设置。

作用:将端口 C 某位置 1 或清零。

格式:端口 C 置位/复位控制字格式如图 8.5 所示。

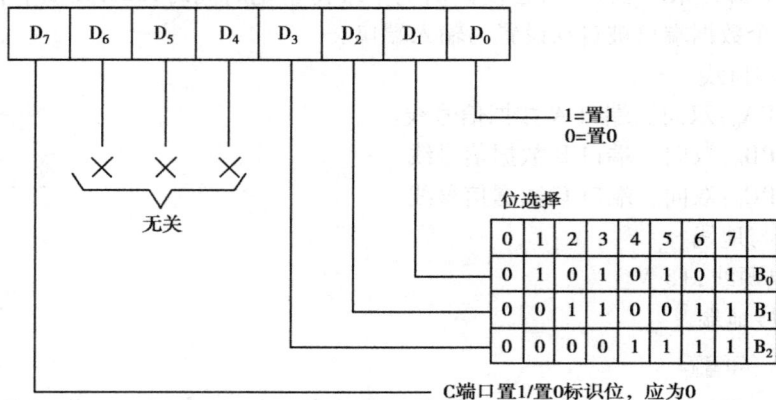

图 8.5　端口 C 置位/复位控制字格式

关于端口 C 置位/复位控制字,作如下说明:

• D_0 位决定了是置 1（也称置位）操作还是清零（也称复位）操作。如为 1,则使端口 C 中的某一位为高电平（即置 1）,若为 0,则使端口 C 中的某一位为低电平（即清零）。

• D_3、D_2、D_1 的状态决定了是对端口 C 的哪一位进行置位/复位操作。例如,$D_3D_2D_1$ = 001,则是对 C_1 进行操作。

• D_6、D_5、D_4 为无关位,它们的状态如何不影响对端口 C 的置位/复位操作。

• D_7 为标志位,必须为 0,用来与工作方式控制字区别。

（3）8255A 的编程

8255A 的两个控制字都通过 CPU 的输出指令写入控制端口。用标志位来识别是工作方式选择控制字,还是端口 C 置位/复位控制字。通常放在程序中某个适当的位置。

[例8.1]　如图 8.6 所示,在 8088 系统中,8255A 的端口 A 用于驱动 8 个发光二极管 $L_7 \sim L_0$,PB_0 接开关 K。要求根据读入的开关状态使 $L_7 \sim L_0$ 按不同规律发光,8255A 的端口地址分别为 218H、219H、21AH、21BH。

按题目要求可知,端口 A 应工作在方式 0,输出;端口 B 应工作在方式 0,输入。而当端口 A、端口 B 都工作在方式 0 时与端口 C 无关,则工作方式控制字可以是 1 000×01×B。其中,"×"表示可为 1,也可为 0。

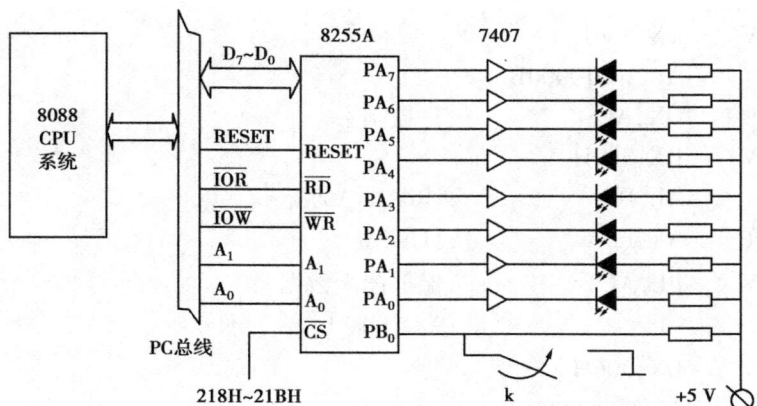

图 8.6　例 8.1 的硬件连接图

可见这种情况下方式控制字不唯一,具体有 4 种情况:82H、83H、8AH、8BH。若选择方式控制字为 82H,则初始化程序段如下:

```
MOV    DX,21BH          ;DX 指向 8255A 控制端口
MOV    AL,82H           ;工作方式控制字 82H 送 AL
OUT    DX,AL            ;将工作方式控制字写入 8255A 控制端口
```

[**例 8.2**]　如图 8.7 所示,8086 系统中,8255A 的 PC_0、PC_1 分别接外部设备 0 和外部设备 1 作为设备启停控制信号。PA_0、PA_1 分别接外部设备 0 和外部设备 1 的状态输出端,作为设备的状态指示。要求如下:

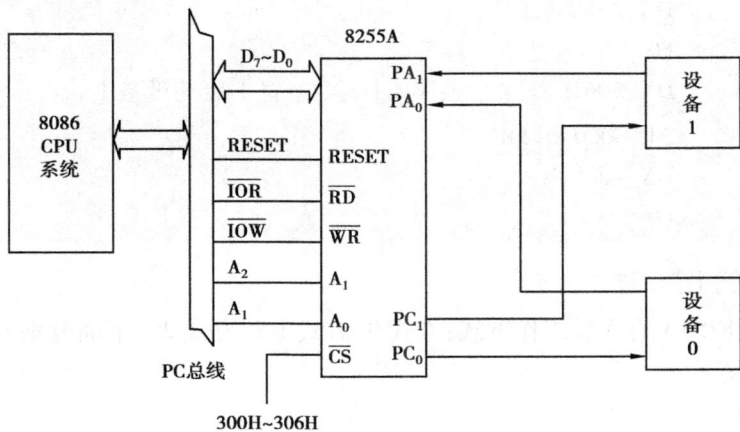

图 8.7　例 8.2 的硬件连接图

$PA_0 = 0$ 时,$PC_0 = 1$(启动设备 0);
$PA_0 = 1$ 时,$PC_0 = 0$(关闭设备 0);
$PA_1 = 0$ 时,$PC_1 = 0$(关闭设备 1);
$PA_1 = 1$ 时,$PC_1 = 1$(启动设备 1)。

设 8255A 的端口地址为 300H、302H、304H、306H。

由题意可知,可使端口 A 工作在方式 0,输入;端口 C 按位置位/复位。工作方式控制字为 $1001\times\times\times\times B$,设选用方式字为 10010000B,则有关程序段如下:

```
         MOV      DX,306H
         MOV      AL,10010000B
         OUT      DX,AL              ;写控制字
L0:      MOV      DX,300H
         IN       AL,DX             ;读端口 A 状态
         RCR      AL,1              ;判断 A₀
         MOV      BL,AL             ;保护读入数据
         JC       L1                ;A₀=1 转 L1
         MOV      DX,306H
         MOV      AL,00000001B
         OUT      DX,AL             ;A₀=0 时,C₀ 置 1 启动设备 0
         JMP      L2
L1:      MOV      DX,306H
         MOV      AL,00000000B
         OUT      DX,AL             ;A₀=1 时,C₀ 清 0 关闭设备 0
L2:      RCR      BL,1              ;判断 A₁
         JC       L3
         MOV      DX,306H           ;A₁=0 时,C₁ 清 0 关闭设备 1
         MOV      AL,00000010B
         OUT      DX,AL
         JMP      L0
L3:      MOV      DX,306H           ;A₁=1 时,C₁ 置 1 启动设备 1
         MOV      AL,00000011B
         OUT      DX,AL
         JMP      L0
```

4)8255A 的工作方式

前已述及,8255A 有 3 种工作方式:方式 0、方式 1 和方式 2。下面分别介绍这 3 种工作方式的具体含义。

(1)方式 0

①方式 0 的工作特点。

方式 0 也称为基本输入/输出方式。在这种方式下,端口 A 和端口 B 可通过方式选择字规定为输入口或输出口,端口 C 分为两个 4 位端口,高 4 位为一个端口,低 4 位为一个端口。这两个 4 位端口也可由方式选择字规定为输入口或输出口。

概括地说,方式 0 的基本特点如下:

● 任何一个端口可作为输入口,也可作为输出口,各端口之间没有必然的联系。

● 各个端口的输入或输出,可以有 16 种不同的组合,所以适用于多种使用场合。

②方式 0 的使用场合。

方式 0 的使用场合有 2 种,同步传送和查询式传送。

在同步传送时,发送方和接收方的动作由一个时序信号来管理,所以,双方互相知道对方的动作,不需要应答信号,也就是说,CPU 不需要查询外设的状态。这种情况下,对接口的要求很简单,只要能传送数据就行了。因此,在同步传输下使用 8255A 时,3 个数据端口可以实现 3 路数据传输。

查询方式传输时,需要有应答信号。但是,在方式 0 的情况下,没有规定固定的应答信号,所以,这时,将端口 A 和端口 B 作为数据端口,把端口 C 的 4 个数位(高 4 位或者低 4 位均可)规定为输出口,用来输出一些控制信号,而把端口 C 的另外 4 个数位规定为输入口,用来读入外设的状态。这样就可以利用端口 C 来配合端口 A 和端口 B 的输入/输出操作。

（2）方式 1

① 方式 1 的工作特点。

方式 1 也称为选通的输入/输出方式。和方式 0 相比,最重要的差别是端口 A 和端口 B 用方式 1 进行输入/输出传输时,要利用端口 C 提供的选通信号和应答信号,而这些信号与端口 C 的数位之间有着固定的对应关系,这种关系不是程序可以改变的,除非改变工作方式。

概括地讲,方式 1 有如下特点:

• 端口 A 和端口 B 可分别作为 2 个数据口工作在方式 1,并且,任何一个端口可作为输入口或者输出口。

• 如果 8255A 的端口 A 和端口 B 中只有一个端口工作于方式 1,那么,端口 C 就有 3 位被规定为配合方式 1 工作的信号,此时,另一个端口可以工作在方式 0,端口 C 的其他数位也可工作在方式 0,即作为输入或者输出。

• 如果 8255A 的端口 A 和端口 B 都工作在方式 1,那么,端口 C 就有 6 位被规定为配合方式 1 工作的信号,剩下的 2 位,仍可作为输入或输出。

② 方式 1 输入情况下有关信号的规定。

当端口 A 工作在方式 1 并作为输入端口时,端口 C 的数位 PC_4 作为选通信号输入端 $\overline{STB_A}$,PC_5 作为输入缓冲区满信号输出端 IBF_A,PC_3 则作为中断请求信号输出端 $INTR_A$。

当端口 B 工作在方式 1 并作为输入端口时,端口 C 的数位 PC_2 作为选通信号输入端 $\overline{STB_B}$,PC_1 作为输入缓冲区满信号输出端 IBF_B,PC_0 则作为中断请求信号输出端 $INTR_B$。

这些数位和信号之间的对应关系是在对端口设定工作方式时自动确定的,不需要程序员干预;而且,一旦确定了某个端口工作于方式 1,程序员也就无法改变端口 C 的数位与信号之间的对应关系,除非重新设置方式选择控制字。

当 8255A 的端口 A 和端口 B 都工作在方式 1 的输入情况时,端口 C 的 $PC_0 \sim PC_5$ 共 6 个数位都被定义,只剩下 PC_6、PC_7 还未用。此时,方式选择控制字的 D_3 位用来定义 PC_6 和 PC_7 的数据传输方向。当 D_3 为 1 时,PC_6 和 PC_7 作为输入来用;当 D_3 为 0 时,PC_6 和 PC_7 作为输出来用。

如图 8.8 所示是端口 A 和端口 B 工作于方式 1 情况下作为输入端口时,各控制信号的示意图,图中还给出了应设置的方式选择控制字。对于各控制信号,说明如下:

• $\overline{STB}$:选通信号输入端,低电平有效。它是由外设送往 8255A 的,当 $\overline{STB}$ 有效时,8255A 接收外设送来的一个 8 位数据,从而 8255A 的输入缓冲器中得到一个新的数据。

• IBF:缓冲器满信号,高电平有效。它是 8255A 输出的状态信号,当它有效时,表示当前已有一个新的数据在输入缓冲器中,此信号一般供 CPU 查询用。IBF 信号是由 $\overline{STB}$ 信号使其置位的,而由读信号 $\overline{RD}$ 的后沿即上升沿使其复位。

● INTR:它是 8255A 送往 CPU 的中断请求信号,高电平有效。INTR 端在 $\overline{STB}$、IBF 均为高时被置为高电平,也就是说,当选通信号结束,从而已将一个数据送进输入缓冲器中,并且输入缓冲器满信号已为高电平时,8255A 会向 CPU 发出中断请求信号,即将 INTR 端置为高电平。在 CPU 响应中断读取输入缓冲器中的数据时,由读信号 $\overline{RD}$ 的下降沿将 INTR 降为低电平。

● INTE:中断允许信号,实际上,它就是控制中断允许或中断屏蔽的信号。INTE 没有外部引出端,它是由软件通过对端口 C 的置 1 指令或置 0 指令来实现对中断的控制的。具体来讲,对 PC_4 置 1,则使 A 端口处于中断允许状态;对 PC_2 置 0,则使 B 端口处于中断屏蔽状态。当然,如果要使用中断功能,应用软件使相应的端口处于中断允许状态。

A组工作方式1输入的控制字

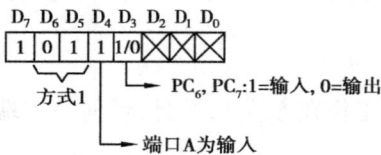

B组工作方式1输入的控制字

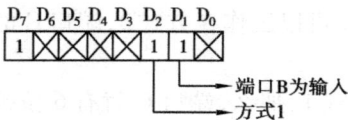

A组和B组都工作于方式1输入的控制字

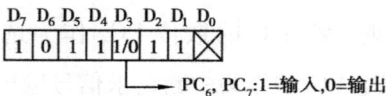

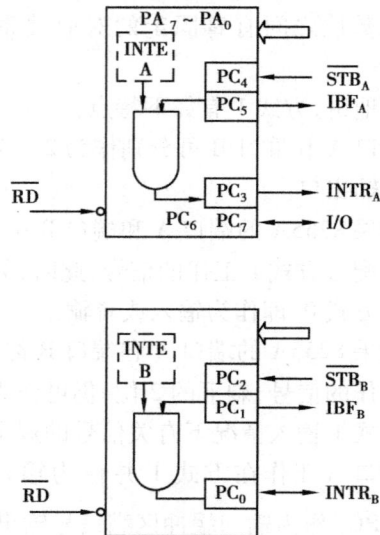

图 8.8   8255A 方式 1 输入对应的控制信号

③方式 1 输出情况下有关信号的规定。

当端口 A 工作在方式 1 并作为输出端口时,端口 C 的数位 PC_7 作为输出缓冲器满信号 $\overline{OBF_A}$ 输出端,PC_6 作为外设接收数据后的响应信号 $\overline{ACK_A}$ 输入端,PC_3 则作为中断请求信号 $INTR_A$ 输出端。

当端口 B 工作在方式 1 并作为输出端口时,端口 C 的数位 PC_1 作为输出缓冲器满信号 $\overline{OBF_B}$ 输出端,PC_2 作为外设接收数据后的响应信号 $\overline{ACK_B}$ 输入端,PC_0 则作为中断请求信号 $INTR_B$ 输出端。

和作为输入端口时的情况一样,端口 A、端口 B 和这些信号之间的对应关系是在对 8255A 设定工作在方式 1 时自动确定的,不需要程序员干预。

当端口 A 和端口 B 都工作在方式 1 输出情况时,端口 C 共有 6 个数位被定义为控制信号端和状态信号端使用,仅剩下 PC_4、PC_5。此时,方式选择字的 D_3 位用来定义 PC_4、PC_5 的传输方向。当 D_3 为 1 时,PC_4、PC_5 作为输出使用。

如图8.9所示是端口A和端口B工作在方式1情况下作为端口时应设置的方式选择字和各控制信号、状态信号的示意图。

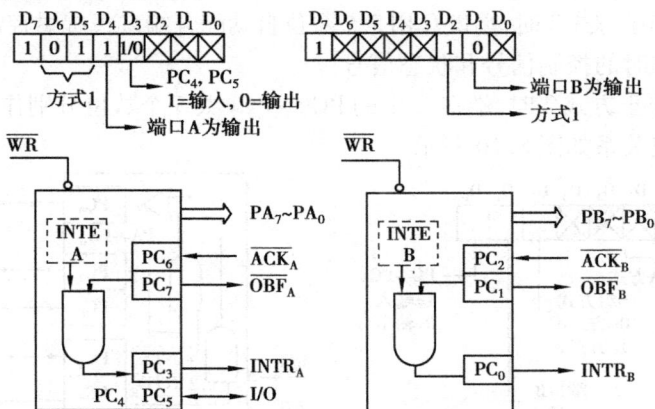

图8.9 8255A方式1输出对应的控制信号

对于方式1时输出端口对应的控制信号和状态信号,作如下说明:

• $\overline{OBF}$:输出缓冲器满信号,低电平有效。$\overline{OBF}$由8255A送给外设,当$\overline{OBF}$有效时,表示CPU已经向指定的端口输出了数据,所以$\overline{OBF}$是8255A用来通知外设取走数据的信号。$\overline{OBF}$由写信号$\overline{WR}$的上升沿置成有效电平即低电平,而由$\overline{ACK}$的有效信号使它恢复为高电平。

• $\overline{ACK}$:外设响应信号,它是由外设送给8255A的,低电平有效。当$\overline{ACK}$有效时,表明CPU通过8255A输出的数据已送到外设。

• INTR:中断请求信号,高电平有效。当输出设备从8255A端口中提取数据,从而发出$\overline{ACK}$信号后,8255A便向CPU发送新的中断请求信号,以便CPU再次输出数据,所以,当$\overline{ACK}$变为高电平,并且$\overline{OBF}$也变为高电平时,INTR便成为高电平即有效电平,而当写信号$\overline{WR}$的下降沿来到时,INTR变为低电平即复位。

• INTE:中断允许信号。与端口A、端口B工作在方式1输入情况时INTE的含义一样,INTE为1时,使端口处于中断允许状态,而INTE为0时,使端口处于中断屏蔽状态。在使用时,INTE也是由软件来设置的,具体地说,PC_6为1,则使端口A的INTE为1,PC_6为0,则使端口A的INTE为0。PC_2为1,使端口B的INTE为1,PC_2为0,则使端口B的INTE为0。

④方式1的使用场合。

在方式1下,规定一个端口作为输入口或输出口的同时,自动规定了有关的控制信号和状态信号,尤其是规定了相应的中断请求信号。这样,在许多采用中断方式进行输入/输出的场合,如果外部设备能为8255A提供选通信号或数据接收应答信号,那么,可常使8255A的端口工作于方式1。用方式1工作比用方式0更加方便有效。

(3)方式2

①方式2的工作特点。

方式2也称为双向传输方式,这种方式只适用于端口A。在方式2下,外设可以在8位数据线上,既往CPU发送数据,又从CPU接收数据。此外,和工作于方式1情况类似,端口C在端口A工作于方式2时自动提供相应的控制信号和状态信号。

概括起来,方式 2 有如下特点:

- 方式 2 只适用于端口 A。
- 端口 A 工作于方式 2 时,端口 C 用 5 个数位自动配合端口 A 提供控制信号和状态信号。

②方式 2 工作时的控制信号和状态信号。

当端口 A 工作于方式 2 时,端口 C 中的 $PC_3 \sim PC_7$ 共 5 个数位分别作为控制信号和状态信号端。具体对应关系如图 8.10 所示。

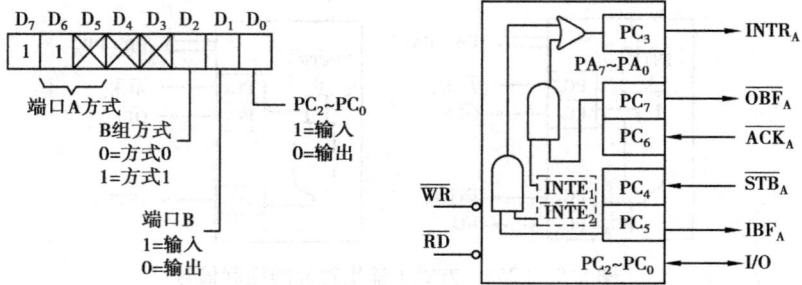

图 8.10　8255A 方式 2 的控制信号

图 8.10 中给出了 8255A 的端口 A 工作于方式 2 时的各信号和方式选择控制字格式。各控制信号和状态信号的含义如下:

- $INTR_A$:中断请求信号,高电平有效。不管是输入动作还是输出动作,当一个动作完成而要进入下一个动作时,8255A 都通过这一引脚向 CPU 发出中断请求信号。

- $\overline{STB}_A$:外设供给 8255A 的选通信号,低电平有效。此信号将外设送到 8255A 的数据送至输入锁存器。

- IBF_A:8255A 送往 CPU 的状态信息,表示当前已有一个新的数据送到输入缓冲器中,等待 CPU 取走。IBF_A 可作为供 CPU 查询的信号。

- $\overline{OBF}_A$:输出缓冲器满信号。实际上,它是一个由 8255A 送给外设的状态信号,低电平有效。有效时,表示 CPU 已将一个数据写入 8255A 的端口 A,通知外设将数据取走。

- $\overline{ACK}_A$:外设对 $\overline{OBF}_A$ 信号的响应信号,低电平有效。它使 8255A 的端口 A 的输出缓冲器开启,送出数据。否则,输出缓冲器处于高阻状态。

- $INTE_1$:中断允许信号。$INTE_1$ 为 1 时,允许 8255A 由 INTR 往 CPU 发中断请求信号,以通知 CPU 在 8255A 的端口 A 输出一个数据;$INTE_1$ 为 0 时,则屏蔽了中断请求,这时即使 8255A 的数据输出缓冲器空了,也不能在 INTR 端产生中断请求,$INTE_1$ 到底为 0 还是 1,这是由软件通过对 PC_6 的设置来决定的,PC_6 为 1,则 $INTE_1$ 为 1,PC_6 为 0,则 $INTE_1$ 为 0。

- $INTE_2$:中断允许信号。当 $INTE_2$ 为 1 时,端口 A 的输入处于中断允许状态,当 $INTE_2$ 为 0 时,端口 A 的输入处于中断屏蔽状态。$INTE_2$ 是软件通过对 PC_4 的设置来决定为 1 还是为 0 的,将 PC_4 置之不理时,使 $INTE_2$ 为 0。

③方式 2 的使用场合。

方式 2 是一种双向工作方式,如果一个并行外部设备既可作为输入设备,又可作为输出设备,并且输入输出的动作不会同时进行,那么,将这个外设和 8255A 的端口 A 相连,并使它工作在方式 2,就会非常合适。

8.3 8255A 在微机系统中的应用

作为通用可编程并行接口芯片,8255A 在微机系统中有着广泛的应用,下面举例加以说明。

[例8.3] 用 8255A 作为并行打印机接口,如图 8.11 所示,端口 A 作为数据输出口,端口 C 作为联络信号,端口 B 及端口 C 其余 I/O 线未使用,它们可设定为输入也可设定为输出。

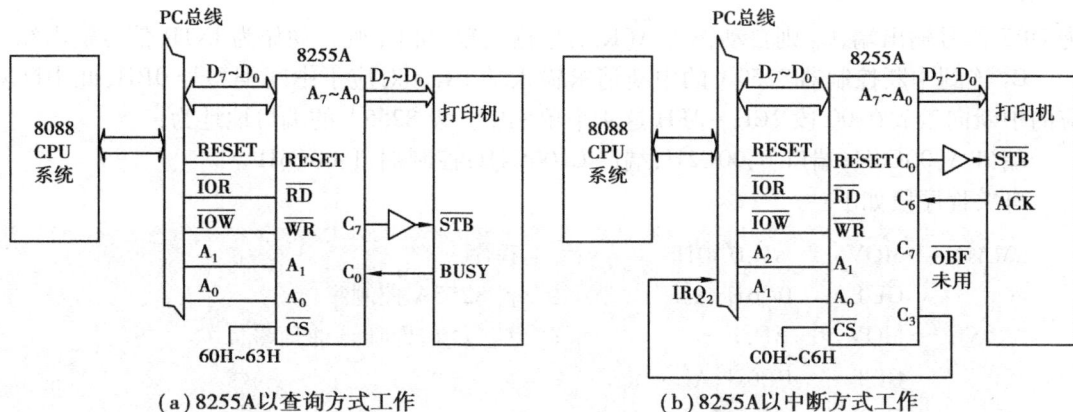

(a) 8255A 以查询方式工作　　(b) 8255A 以中断方式工作

图 8.11 8255A 用作并行打印机接口

如图 8.11(a)所示为工作在查询方式的并行打印机接口,其端口 A 工作在方式 0,输出;C_7 作为 $\overline{STB}$ 信号,使数据选通输出到打印机;C_0 作为 BUSY 信号读回打印机的状态信息。设 8255A 的端口地址为 60H、61H、62H、63H,且欲输出的数据已存在于 CL 中。其工作过程如下:主机要往打印机输出字符时,先查询打印机是否忙,BUSY=1,表示打印机忙,反之,打印机不忙(可以送入字符数据)。因此,当从 C_0 读入的信号状态为 0 时 CPU 可通过 8255A 的端口 A 往打印机送出一个字符的数据。此时,要通过 C_7 将选通信号 $\overline{STB}$ 置成低电平,然后再使其为高电平。这样,相当于在 $\overline{STB}$ 端输出一个负脉冲,此脉冲作为选通脉冲将字符数据选通到打印机输入缓冲器中。

具体程序段如下:

PRINT0:	MOV AL,81H	;写控制字,规定端口 A、B、C 均工作在方式 0,端口 A 为输出
	OUT 63H,AL	;端口 B 为输出,上端口 C 为输出,下端口 C 为输入
	MOV AL,0FH	;写控制字,将 C_7 置 1,即设置 $\overline{STB}$ 初态为高电平
	OUT 63H,AL	
PRINT1:	IN AL,62H	;读端口 C
	AND AL,01H	;查询打印机是否忙
	JNZ PRINT1	;打印机忙,继续查询
	MOV AL,CL	;不忙,将字符数据从端口 A 输出

```
        OUT    60H,AL

        MOV    AL,0EH     ;使 STB = 0

        OUT    63H,AL

        INC    AL         ;使 STB = 1

        OUT    63H,AL
```

如图 8.11(b)所示为工作在中断方式的并行打印机接口,8255A 工作于方式 1,作为以中断方式工作的字符打印机的接口。8255A 的端口 A 工作于方式 1,输出,这时 C_7 自动作为 $\overline{OBF}$ 信号输出端,C_6 则自动作为 $\overline{ACK}$ 信号输入端,而 C_3 则自动作为 INTR 信号输出端。

C_3 连到中断控制器 8259A 的中断请求输入端 IR_3。对应于中断类型号 0BH,此中断对应的中断向量放在 00 段 2CH ~ 2FH 这 4 个单元中。设 8255A 的端口地址为:

端口 A:00C0H;端口 B:00C2H;端口 C:00C4H;控制端口:00C6H

有关程序段如下:

```
MAIN:  MOV    AL,0A0H            ;主程序

       OUT    0C6H,AL           ;设置 8255A 控制字

       MOV    AL,1              ;使 C₀ 为 1,即让选通信号无效

       OUT    0C6H,AL

       XOR    AX,AX

       MOV    DS,AX             ;设置中断向量 1000H:2000H 至 2CH ~ 2FH 中

       MOV    AX,2000H

       MOV    WORD  PTR  [002CH],AX

       MOV    AX,1000H

       MOV    WORD  PTR  [002EH],AX

       MOV    AL,0DH            ;使 C₆ 为 1,允许 8255A 中断

       OUT    0C6H,AL

       STI                      ;开中断
```

中断处理子程序的主要程序段如下:

```
ROUTINTR:  MOV  AL,[DI]         ;DI 为打印字符缓冲区指针

           OUT  0C0H,AL

           MOV  AL,0

           OUT  0C6H,AL         ;使 C₀ 为 0,产生选通信号

           INC  AL

           OUT  0C6H,AL         ;使 C₀ 为 1,撤销选通信号

           ⋮                    ;后续处理

           IRET                 ;中断返回
```

习题与思考题

1. 什么是并行数据传输？它的特点是什么？适用于什么样的应用场合？

2. 可编程并行接口芯片 8255A 有哪些控制字？它们的格式及各位含义是怎样规定的？

3. 8255A 有哪几种工作方式？指出每一种工作方式所适用的端口和适用场合。

4. 某 8086 系统中使用一片 8255A，其端口地址为 90H、92H、94H、96H，欲使：端口 A 工作在方式 1，输入；端口 B 工作在方式 0，输出；下端口 C 工作在方式 0，输出。试对此 8255A 进行初始化编程。

5. 用端口 C 置位/复位控制字使 8255A 的 C_5 为高电平，C_1 为低电平。写出 8086 的指令语句。

6. 按下述要求用所提供的简单外设和接口芯片设计一个简单的微机应用系统。简单外设：发光二极管 8 只，拨动开关 1 个，8255A 芯片，8088CPU。设计要求：当开关拨到 ON 时，8 只二极管中的偶数位（即 L_0、L_2、L_4、L_6）亮，其余不亮；当开关拨到 OFF 时，8 只发光二极管中的奇数位（即 L_1、L_3、L_5、L_7）亮，其余不亮。画出硬件连接图，并编写相应的汇编程序段。

第9章
定时/计数技术及接口 ·····················○

9.1　定时/计数技术概述

　　计算机是一种严格按时序进行工作的数字化、智能化机器，因此，它离不开定时与计数。计算机系统本身的时间基准就是它的主时钟频率（简称主频），在此基础上，由若干个时钟周期构成总线周期或机器周期，进而形成指令周期，多条指令组成一段程序，完成某种要求的运算或处理，这就是计算机工作的本质。为了使机器各部件的工作能在时序上同步，系统中各个时钟信号都源于同一个主频。本章讨论微机系定时/计数技术，并着重介绍可编程定时器/计数器芯片 Intel 8253 CPU。

　　定时/计数的方法归纳起来有两大类：软件定时和硬件定时。

　　1）软件定时

　　软件定时是实现系统定时或延时控制最简单的方法。软件定时是指 CPU 执行一段具有固定延迟时间的循环程序。这种程序常用汇编语言编写，因为汇编语言的每一条指令所占用的时钟周期（T 状态）数是确定的。只要将整个循环体内每条指令的 T 状态数累加起来，乘以系统的时钟周期，就是该程序执行一遍所需的固定延迟时间。程序设计者可选择不同周期数的指令和不同的循环次数来实现不同的时间延迟。

　　软件定时的优点是不需要外加硬件电路且定时精确。缺点是定时过程中，CPU 一直在执行该定时程序，不能做其他工作，定时时间越长，CPU 的开销越大，而且不能响应中断，否则定时就不准确了。因此这种方法多用于较短时间的定时，如用软件延时来消除机械按键的抖动等。

　　2）硬件定时

　　硬件定时是指由硬件电路来实现的定时。对于较长时间的定时，一般用硬件电路来完成，以减轻 CPU 的负担，使得在定时期间 CPU 能做其他工作。硬件定时又分为不可编程的和可编程的。

　　不可编程的硬件定时如 555 时基电路、单稳延时电路或计数电路等，是通过外部的 RC 元件来实现的。但元件参数一经设定就不能改变，电路调试也比较麻烦。另外，时间一长，电阻、电容器件老化，电路工作不稳定，会严重影响定时准确度和稳定性。

　　可编程的硬件定时，实际上是一种软硬件结合的定时方法，是为了克服单独的软件定时和硬件定时的缺点，而将硬件电路做成通用的定时器/计数器并集成到一个芯片上，其定时参数和工作方式又可由软件来控制。这种定时器/计数器芯片可直接对系统时钟进行计数，通过写入不同的计数初值，可方便地改变定时时间，且定时期间不需要 CPU 管理。

9.2　可编程定时器/计数器 8253

8253 是为微型计算机配套而设计的一个可编程定时器/计数器芯片,24 引脚双列直插式封装。其主要特性是:

①单一+5 V 电源,NMOS 工艺制成。

②片内具有 3 个独立的 16 位减法计数器(或称计数通道),每个计数器又可分成 2 个 8 位的计数器。

③计数频率为 0 ~ 2 MHz。

④2 种计数方式,即二进制或 BCD 码方式计数。

⑤6 种工作方式,既可对系统时钟脉冲计数实现定时,又可对外部事件进行计数。

⑥可由软件或硬件控制开始计数或停止计数。

9.2.1　8253 的内部结构

8253 内部结构如图 9.1 所示。主要由以下几部分组成。

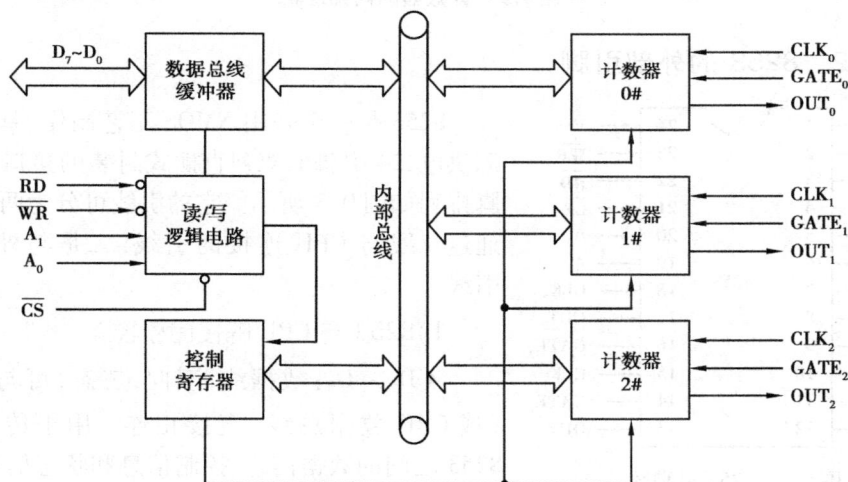

图 9.1　8253 内部结构

1)数据总线缓冲器

数据总线缓冲器为 8 位、双向、三态的缓冲器,CPU 通过它,一方面可向控制寄存器写入控制字,向计数器写入计数初值;另一方面可从计数器读取当前计数值。

2)读/写控制逻辑电路

读/写控制逻辑电路从系统总线接收输入信号,经过译码,实现对 8253 各部分的控制。

3)控制字寄存器

接收从 CPU 来的控制字,并由控制字的 D_7、D_6 位的编码决定控制字写入哪个计数器的控制寄存器。

4)计数器

8253 的 3 个计数器是相互独立且内部结构完全相同的。每个计数器中都有一个控制单元,用以控制该计数器的工作方式。一个计数初值寄存器,分为高 8 位和低 8 位,只能写入,不能读出,使计数器能从某个设定的初值开始计数。一个 16 位的计数单元,这是计数器的核心部分,一般当初值寄存器的内容装入计数单元后,就可启动它以输入时钟的速率进行递减计数。一个输出锁存器,分为高 8 位和低 8 位,CPU 可从该锁存器读取当前计数值。计数器的内部逻辑如图 9.2 所示。

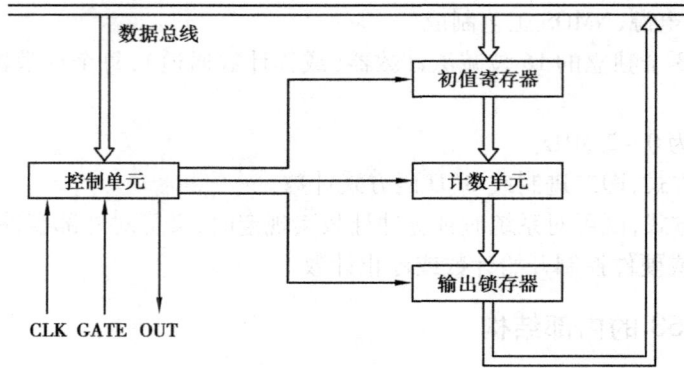

图 9.2　计数器的内部逻辑

9.2.2　8253 的外部引脚

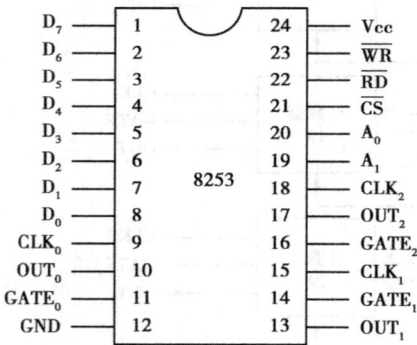

图 9.3　8253 引脚图

8253 是一个采用 NMOS 工艺制作,单一+5 V 电源供电,24 引脚的双列直插式封装的接口芯片,其引脚排列如图 9.3 所示。它的引线可分为两部分:一是通过总线与 CPU 连接的引线,二是与外设的接口引线。

1)8253 与 CPU 的接口引线

● $D_7 \sim D_0$:数据线,双向,三态,可与微机总线(或 CPU 数据总线)直接相连。用于传递 CPU 与 8253 之间的数据信息、控制信息和状态信息。

● $\overline{WR}$:写信号,输入,低电平有效。用于控制 CPU 对 8253 的写操作。此脚连接 CPU 系统控制总线的 $\overline{IOW}$。

● $\overline{RD}$:读信号,输入,低电平有效。用于控制 CPU 对 8253 的读操作。此脚连接 CPU 系统控制总线的 $\overline{IOR}$。

● A_1、A_0:地址线,输入。用于寻址 8253 内部的 4 个端口,即 3 个计数器和 1 个控制字寄存器。与 CPU 系统地址总线相连。

● $\overline{CS}$:片选信号,输入,低电平有效。当 $\overline{CS}=0$ 时,8253 被选中,允许 CPU 对其进行读/写操作。此脚连接译码电路输出端。

表 9.1 列出了 $\overline{CS}$、$\overline{RD}$、$\overline{WR}$、A_1、A_0 各信号组合所实现通道的各种操作。

表9.1 8253端口操作中各信号组合所实现的功能

$\overline{\text{CS}}$	$\overline{\text{RD}}$	$\overline{\text{WR}}$	A_1	A_0	操　作
0	1	0	0	0	对计数器0设置计数初值
0	1	0	0	1	对计数器1设置计数初值
0	1	0	1	0	对计数器2设置计数初值
0	1	0	1	1	控制字写入控制寄存器
0	0	1	0	0	从计数器0读计数值
0	0	1	0	1	从计数器1读计数值
0	0	1	1	0	从计数器2读计数值
0	0	1	1	1	无操作,三态
0	1	1	×	×	无操作,三态
1	×	×	×	×	未选中

2)8253与外设的接口引线

● $CLK_{0～2}$:计数时钟,输入。用于输入定时脉冲或计数脉冲信号。CLK可以是系统时钟脉冲,也可由系统时钟分频或其他脉冲源提供。

当用于定时时,这个脉冲必须是均匀的、连续的、周期精确的,而用于计数时,这个脉冲可以是不均匀的、断续的、周期不定的。

● $GATE_{0～2}$:门控信号,输入。用于外部控制计数器的启动计数和停止计数的操作。2个或2个以上计数器连用时,可用此信号来同步,也可用于与外部某信号同步。

● $OUT_{0～2}$:计数输出端。当计数器从初值开始完成计数操作时,OUT引脚上输出相应的信号(详见9.2.3节8253工作方式)。

9.2.3　8253工作方式

8253作为一个可编程的定时/计数器,可编程选择6种不同的工作方式,不论哪种工作方式,都遵守以下基本原则:

①控制字写入计数器时,所有的控制逻辑电路立即复位,输出端OUT进入初始状态(高电平或者低电平)。

②初值写入以后,要经过一个时钟上升沿和一个时钟下降沿,计数执行部件才开始计数。

③通常,在时钟脉冲CLK的上升沿,门控信号GATE被采样。对于一种给定的工作方式,门控信号的触发方式有具体规定,即或者用电平触发,或者用边沿触发。在有的工作方式中,2种触发方式都允许。具体来讲,8253的方式0、4中,门控信号为电平触发;方式1、5中,门控信号为上升沿触发;而在方式2、3中,既可用电平触发,也可用上升沿触发。

④在时钟脉冲的下降沿,计数器作减1计数。0是计数器所能容纳的最大值,因为用二进制计数时,16位计数器中,0相当于 2^{16},用BCD码计数时,0相当于 10^4。

下面介绍8253的6种工作方式。

1) 方式 0—计数结束产生中断

（1）计数过程

写入控制字后的时钟上升沿输出端 OUT 变为低电平,并且计数过程中一直维持低电平。写入计数初值后的第 1 个时钟下降沿,计数器从初值开始减 1 计数,减到 0 时,输出端 OUT 变为高电平,并一直维持高电平,除非写入新的计数值。

（2）门控信号的影响

门控信号 GATE = 1 时,允许计数;GATE = 0 时,暂停计数,门控恢复为高电平后,继续计数。但门控不影响输出端 OUT 的电平。所以,如果在计数过程中,有一段时间 GATE 变为低电平,那么,输出端 OUT 的低电平持续时间会因此而延长相应的长度。

（3）新的初值对计数过程的影响

如果在计数过程中写入新的初值,那么,在写入新值后的下一个时钟下降沿计数器将按新的初值计数。如果新的计数值是 16 位的,在写入第 1 个字节后,计数器停止计数,写入第 2 个字节后,计数器按新初值开始计数,即新的初值立即有效。

（4）输出脉冲宽度

正常情况下,若计数初值为 N,则从计数开始到计数结束经过了 N 个时钟周期。8253 方式 0 输出波形如图 9.4 所示。

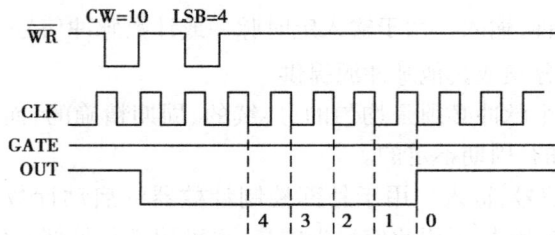

（a）方式0波形

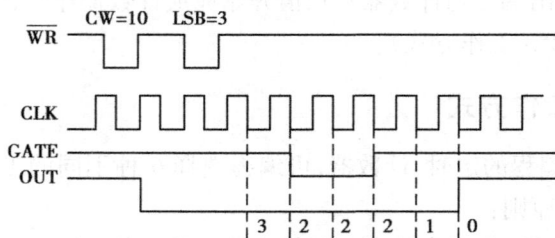

（b）方式0时GATE信号的作用波形

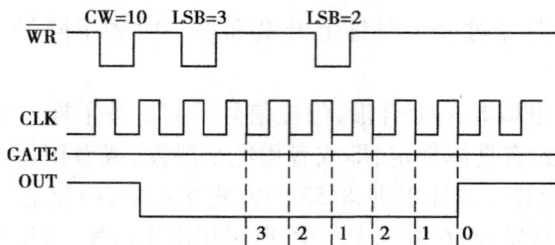

（c）方式0在计数过程中改变计数值

图9.4　方式 0 波形图

说明:8253 内部没有中断控制电路,也没有专用的中断请求引线,所以若要用于中断,则可用 OUT 信号作为中断请求信号(故称为计数结束请求中断方式),但须有外接的中断优先权排队电路与中断向量产生电路。

2)方式1——可重触发的单稳态触发器

(1)计数过程

写入控制字后的时钟上升沿输出端 OUT 变为高电平,写入计数初值后计数器并不开始计数。门控信号上升沿到来后的下一个时钟下降沿,输出 OUT 变为低电平,同时计数器从初值开始减 1 计数,计数过程中 OUT 端一直维持低电平。当计数减到 0 时,输出端 OUT 变为高电平,并且在下一次触发之前,一直维持高电平。

(2)门控信号的影响

方式 1 中,门控信号的作用可从两个方面进行说明。第一,在计数结束后,若再来一个门控信号上升沿,则在下一个时钟周期的下降沿又从初值开始计数,而不需要重新写入计数初值,即门控脉冲可重新触发计数。第二,在计数过程中,若来一个门控上升沿,也在下一个时钟下降沿从初值起重新计数,即终止原来的计数过程,开始新的计数过程。

(3)新的初值对计数过程的影响

如果在计数过程中写入新的初值,不会立即影响计数过程。只有下一个门控上升沿到来后的第一个时钟下降沿,才终止原来的计数过程,而按新值开始计数。若计数结束前没有新的门控上升沿,则原计数过程将正常结束,OUT 输出高电平,直到下一个门控上升沿到来后的第一个时钟下降沿,才按新的初值计数,即新的初值下次有效(下一个触发的门控上升后有效)。

(4)输出脉冲宽度

正常情况下,若计数初值为 N,从门控上升沿到来的下一个时钟下降沿,即开始计数,到计数结束 OUT 变高,在输出端 OUT 有 N 个时钟周期的负脉冲。

8253 方式 1 输出波形如图 9.5 所示。

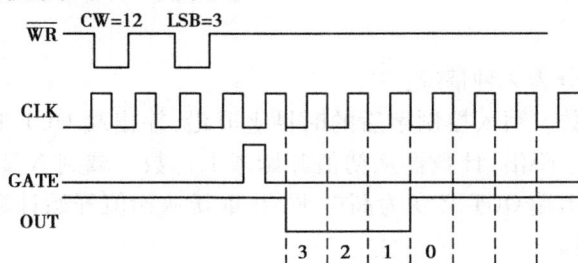

图9.5 方式 1 波形图

3)方式2——分频器

(1)计数过程

写入控制字后的时钟上升沿,输出端 OUT 变成高电平,写入计数初值后的第一个时钟下降沿开始减 1 计数。减到 1 时,输出端 OUT 变为低电平,经过一个 CLK 周期减到 0 时,输出端 OUT 又变为高电平,同时从初值开始进行新的计数过程。

由此可见,不用重新写入计数值,计数器就能连续工作,输出固定频率的脉冲。因此称为分频器,或称为速率发生器。

（2）门控信号的影响

门控信号为低电平终止计数,而由低电平恢复为高电平后的第一个时钟下降沿重新从初值开始计数。

由此可见,GATE 一直维持高电平时,计数器为一个 N 分频器。GATE 端输入的负脉冲可用来使计数器同步,这种同步是通过硬件给出门控信号来实现的,称为硬件同步。

（3）新的初值对计数过程的影响

如果在计数过程中改变初值,即写入新的计数初值,有 2 种情况:

①若 GATE 一直维持高电平,则新的初值不影响当前的计数过程,但在计数结束后的下一个计数周期将按新的初值计数,这相当于通过写入新的初值使计数器同步,称为软件同步。

②若写入新的初值后遇到门控信号的上升沿,则结束现行计数过程,从下一个时钟下降沿开始按新的初值进行计数。

（4）输出脉冲宽度

在正常情况下,即 GATE 一直保持高电平,若写入的初值为 N,则在每个计数周期 OUT 端输出 N-1 个时钟周期的高电平,1 个时钟周期的低电平,并形成连续的脉冲波。

8253 方式 2 输出波形如图 9.6 所示。

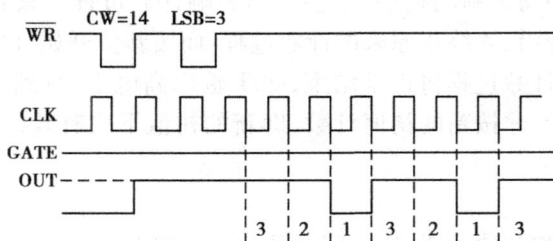

图 9.6　方式 2 波形图

4）方式 3——方波发生器

（1）计数过程

方式 3 计数过程分为 2 种情况:

①计数初值是偶数。写入控制字后的时钟上升沿,输出端 OUT 变为高电平,写入计数初值后的第一个时钟下降沿,计数器从初值开始减 1 计数。减到 N/2 时,输出端 OUT 变为低电平,减到 0 时,输出端 OUT 又变为高电平,并重新从初值开始计数。若 GATE = 1,则一直重复同样的计数过程。

可见,输出端 OUT 的波形是连续的方波,故方式 3 称为方波发生器。

②计数初值为奇数。写入控制字后的时钟上升沿,输出端 OUT 变为高电平,写入计数初值后的第一个时钟下降沿,计数器从初值开始减 1 计数。减到（N+1）/2 以后,输出端 OUT 变为低电平,减到 0 时,OUT 端又变为高电平,并重新开始一个计数过程。这时输出端的波形为连续的近似方波。

（2）门控信号的影响

门控信号能使计数过程重新开始。GATE = 1,允许计数,GATE = 0,禁止计数。如果在输出端 OUT 为低电平期间,GATE 变低,则 OUT 将立即变高,并停止计数。当 GATE 变高以后,计数器重新装入初值并重新开始计数。

（3）新的初值对计数过程的影响

在计数过程中写入新的计数初值,若这时门控信号一直保持高电平,则新的初值不影响当前的计数过程,只有在下一个计数周期开始时,才按新的初值开始计数。但若在写入初值后传来一个门控上升沿,则在下一个时钟下降沿时,终止现行计数过程而按新值开始计数。即新的初值下次有效。

（4）输出脉冲宽度

在正常计数过程中,即 GATE 一直保持高电平,设写入的计数初值为 N,对于方式 3,有 2 种情况:

①当计数初值为偶数时,OUT 端的输出波形为严格的连续方波。即在每个计数周期内,有 N/2 个时钟周期的高电平,N/2 个时钟周期的低电平。

②当计数初值为奇数时,OUT 端的输出波形为近似的连续方波。在每个计数周期内,有（N+1）/2 个时钟周期的高电平,（N−1）/2 个时钟周期的低电平。

例如,N=4,则每个计数过程包含 2 个时钟周期的高电平,2 个时钟周期的低电平;而若 N=5,则每个计数过程包含 3 个时钟周期的高电平,2 个时钟周期的低电平。

8253 方式 3 输出波形如图 9.7 所示。

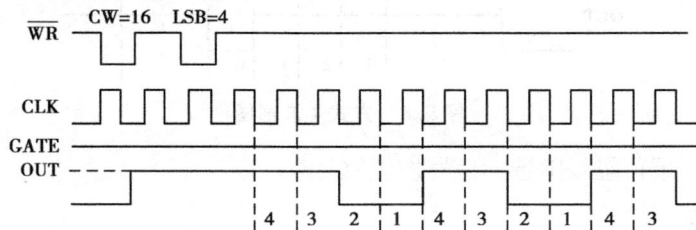

（a）方式3在计数值为偶数时的波形

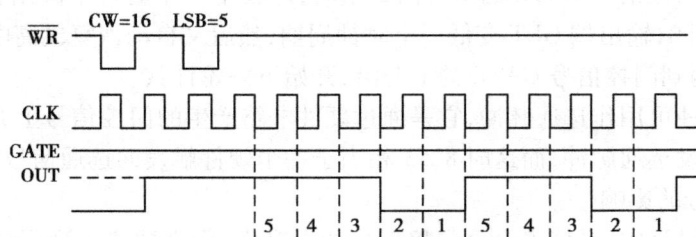

（b）方式3在计数值为奇数时的波形

图 9.7　方式 3 波形图

5）方式 4——软件触发的选通信号发生器

（1）计数过程

写入控制字后的时钟上升沿,输出端 OUT 变为高电平,写入计数初值后的第一个时钟下降沿,计数器开始减 1 计数,减到 0 时（注意:不是减到 1 时）,输出端变低一个时钟周期,然后自动恢复成高电平,并一直维持高电平,除非写入新的计数初值。

（2）门控信号的影响

GATE=1 时,允许计数;GATE=0 时,禁止计数,而输出维持当时的电平。只有在计数器减为 0 时,才使输出端产生电平的变化而出现一个负脉冲。

（3）新的初值对计数过程的影响

在计数过程中，如果写入新的计数初值，则立即终止现行的计数过程，并在下一个时钟下降沿，按新的初值开始计数。若在计数结束后，写入新的初值，也会立即按新值计数。也就是说，在方式4中新的计数初值是立即有效的，所以称为软件触发，即在任何时候由软件写入计数初值，只要当时 GATE=1，就会立即触发一个计数过程（但只有一次，计数过程不自动重复）。

（4）输出脉冲宽度

在正常情况下，若写入的计数初值为 N，则在一个计数过程中输出端 OUT 自写入初值后，维持 N 个时钟周期的高电平，1 个时钟周期的低电平。这个负脉冲可作为选通信号使用，所以方式4称为软件触发的选通信号发生器。

8253 方式4输出波形如图9.8 所示。

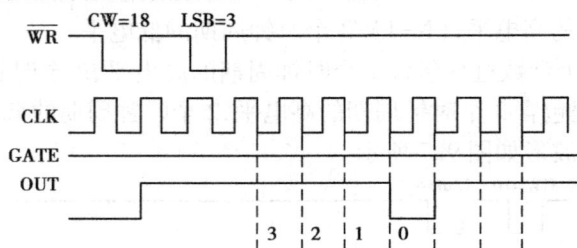

图9.8 方式4 波形图

6）方式5——硬件触发的选通信号发生器

（1）计数过程

写入控制字后的时钟上升沿，输出端 OUT 就成为高电平，写入计数初值后，计数器并不开始计数。当有门控信号 GATE 的上升沿到来时，才在下一个时钟下降沿，从初值开始减1计数，计数器减到0，输出端 OUT 变低一个时钟周期，然后又自动恢复成高电平，并一直保持高电平，直到再遇到门控信号 GATE 的上升沿，开始下一轮计数。

此输出负脉冲可用作选通脉冲，它是通过硬件电路产生的门控信号上升沿触发得到的，所以称为硬件触发选通脉冲，而这时 8253 相当于一个硬件触发的选通信号发生器。

（2）门控信号的影响

如果在计数过程中，又传来一个门控信号的上升沿，则立即终止现行的计数过程，且在下一个时钟下降沿，又从初值开始计数。如果计数过程结束后，传来一个门控上升沿，计数器也会在下一个时钟下降沿，从上一个初值开始减1计数，而不用重新写入初值。即门控信号上升沿任何时候到来都会立即触发一个计数过程。

（3）写入新的初值对计数过程的影响

在计数过程中写入新的计数初值，若这时无门控信号上升沿触发，则新初值的写入不会影响现行的计数过程。直到下一个门控信号上升沿到来后的下一个时钟下降沿，才从新的初值开始减1计数。若在计数结束后写入新的初值，同样也要等到门控信号上升沿触发后才有效。即新的计数初值在下一个门控信号上升沿触发后有效。

（4）输出脉冲宽度

在正常计数情况下，即门控信号触发后且计数过程结束前，未来第2次触发，如果写入的计数初值为 N，则一个计数过程中输出端 OUT 自动触发后维持 N 个时钟周期的高电平，1

个时钟周期的低电平。

8253 方式 5 输出波形如图 9.9 所示。

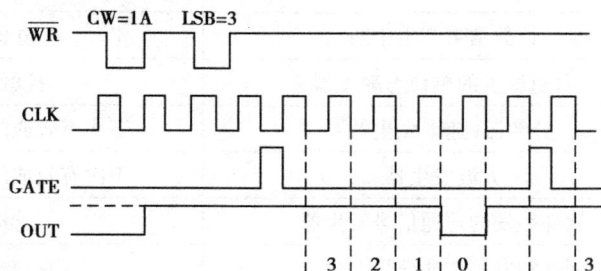

图 9.9 方式 5 波形图

7)8253 的 6 种工作方式比较

8253 的工作方式较多,加上要考虑门控信号的作用和改变计数值对计数过程的影响,使得情况比较复杂,初学者难于记忆,下面从 4 个方面对这 6 种工作方式作对比,从而使读者掌握它们的联系与区别,以便更好地运用 8253 芯片。

这 4 个方面的对比分别列于表 9.2、表 9.3、表 9.4 和表 9.5 中。

表 9.2 计数值 N 与输出波形

工作方式	功 能	N 与波形的关系
0	计数结束产生中断	写入初值后经 N+1 个时钟周期 OUT 变高
1	可重触发的单稳态触发器	输出宽度为 N 个时钟周期的单次负脉冲
2	分频器(速率发生器)	输出占空比为(N−1)/N 的连续脉冲波
3	方波发生器	输出占空比 N/2(N 为偶数)或(N+1)/2 个正脉冲、(N−1)/2 个负脉冲(N 为奇数)的连续方波
4	软件触发的选通信号发生器	写入初值后经 N 个时钟周期,OUT 变低 1 个时钟周期
5	硬件触发的选通信号发生器	门控触发后经 N 个时钟周期,OUT 变低 1 个时钟周期

表 9.3 门控信号 GATE 的作用

工作方式	功 能	GATE=1	GATE=0	GATE 上升沿
0	计数结束产生中断	允许计数	暂停计数	不受影响
1	可重触发的单稳态触发器	不受影响	不受影响	触发从初值开始计数
2	分频器(速率发生器)	允许计数	禁止计数	重新计数
3	方波发生器	允许计数	禁止计数	重新计数
4	软件触发的选通信号发生器	允许计数	暂停计数	不受影响
5	硬件触发的选通信号发生器	不受影响	不受影响	触发从初值开始计数

表9.4 写入新的初值对计数过程的影响

工作方式	功　能	写入新值产生的影响
0	计数结束产生中断	立即有效
1	可重触发的单稳态触发器	门控触发后有效
2	分频器(速率发生器)	下次有效或门控触发后有效
3	方波发生器	下次有效或门控触发后有效
4	软件触发的选通信号发生器	立即有效
5	硬件触发的选通信号发生器	门控触发后有效

表9.5 输出波形的连续性

工作方式	功　能	波形连续性
0	计数结束产生中断	单次负脉冲(软触发)
1	可重触发的单稳态触发器	单次单拍负脉冲(硬触发)
2	分频器(速率发生器)	连续脉冲波
3	方波发生器	连续方波
4	软件触发的选通信号发生器	单次单拍负脉冲(软触发)
5	硬件触发的选通信号发生器	单次单拍负脉冲(硬触发)

在使用8253时,应根据具体使用场合选择适当的工作方式。

9.2.4　8253方式控制字(CW)

为了让定时器/计数器8253按用户要求工作,必须先由CPU向8253发命令,即将控制字写入控制寄存器。只要了解控制字的格式,就能掌握控制字的含义及设置方法。

8253控制字的格式如下:

D_7	D_6	D_5	D_4	D_3	D_2	D_1	D_0
SC_1	SC_0	RW_1	RW_0	M_2	M_1	M_0	BCD

其中:BCD位,用来选择计数格式。$D_0 = 0$,计数器按二进制格式计数;$D_0 = 1$,计数器按BCD码格式(即十进制)计数。

M_2、M_1、M_0为工作方式选择位。8253有6种工作方式可选,每种工作方式下的输出波形各不相同。选择哪种工作模式是通过对控制寄存器的D_3、D_2、D_1 3位的设置来决定的。具体对应关系如下:

M_2	M_1	M_0	工作方式选择
0	0	0	方式0
0	0	1	方式1

续表

M₂	M₁	M₀	工作方式选择
×	1	0	方式 2
×	1	1	方式 3
1	0	0	方式 4
1	0	1	方式 5

RW_1、RW_0 是读/写指示位。CPU 向某个计数器写入初值和读取它们的当前值时,有几种不同的格式,具体为:

RW₁	RW₀	读/写格式
0	0	锁定当前计数值(供 CPU 读取)
0	1	只读/写低 8 位
1	0	只读/写高 8 位
1	1	先读/写低 8 位,后读/写高 8 位

这里有两点需要指出:

①8253 的读操作:为了对计数器的计数值进行实时显示、实时检测或对计数值进行数据处理,有时需要读回计数器的当前计数值。8253 有 2 种读计数值的办法。

● 读之前先停止计数:

这种方法在读之前,可用 GATE 信号停止计数器工作,然后用 IN 指令读取计数值。具体读取格式取决于控制字的 D_5、D_4 位。若 $D_5D_4=11$,则同一端口地址要读 2 次,先读的是低位字节,后读的是高位字节;$D_5D_4=10$,则只读 1 次,读出的是高位字节;$D_5D_4=01$,只读 1 次,且读出的是低位字节。

● 读之前先送计数锁存命令:

这种方法是在计数过程中读,读时并不影响当时正在进行的计数。具体分 2 步进行:第 1 步,用 OUT 指令写入锁存控制字到控制寄存器,即令控制寄存器的 $D_5D_4=00$,其他位按要求设定。这样就将计数器当前计数值锁存到 8253 内部的锁存器中(图 9.2)。第 2 步,用 IN 指令读取被锁存的计数值,读取格式取决于控制字的 D_5、D_4 2 位,具体情况同上。

在没有收到锁存命令之前,锁存器的内容随计数器的内容变化,一旦收到锁存命令,就将当前值锁定,即锁存器的内容不再随计数器的内容变化,但当 CPU 读取数据或重新编程后,锁存器解除锁存状态,又开始随计数器内容变化。由于 8253 具有随时对计数值进行锁存而不影响计数的功能,故读计数值时可不停止计数器的计数。

②当写计数初值时:若 $D_5D_4=01$,则计数初值只有 8 位,并送入计数初值寄存器的低 8 位,而高 8 位自动清零;若 $D_5D_4=10$,也只有 8 位计数初值,但写入计数初值寄存器的高 8 位,同样,低 8 位也将自动清零;若 $D_5D_4=11$,计数初值为 16 位,分 2 次写入计数初值寄存器,先写低 8 位,后写高 8 位。

SC$_1$	SC$_0$	所选计数器
0	0	计数器 0
0	1	计数器 1
1	0	计数器 2
1	1	无意义

9.2.5　8253 初始化编程

在任何情况下,使用 8253 之前,必须先对其进行初始化编程,初始化编程包括对所使用的计数器写入控制字和计数初值。每个计数器必须由 CPU 写入控制字和计数初值后,该计数器才能处于工作状态,但写入初值后是否就立即计数,还要看具体工作方式。

初始化编程的顺序是,对某一指定计数器,必须先写控制字,再写计数初值,这是因为计数初值写入的格式是由控制字的 D$_5$ 和 D$_4$ 的编码决定的。对于 3 个计数器的控制字的写入,在顺序上无任何限制,因为它们是完全独立的,即 0 通道的控制字不一定最先写入,而 2 通道的控制字未必最后写入。

初始化编程的具体步骤为:

①写入计数器的控制字,规定其工作方式等;

②写入计数初值:

- 若规定只写低 8 位,则写入的为计数值的低 8 位,高 8 位自动置 0;
- 若规定只写高 8 位,则写入的是计数值的高 8 位,低 8 位自动置 0;
- 若规定写 16 位计数值,则分两次写入,先写的必是低 8 位,后写的必是高 8 位。

无论哪个通道的控制字都必须写入同一个端口,即控制端口,对应地址 A$_1$A$_0$=11。计数初值则要写入指定计数器对应的端口地址,即计数器 0 对应地址为 A$_1$A$_0$=00,计数器 1 对应地址为 A$_1$A$_0$=01,计数器 2 对应地址为 A$_1$A$_0$=10。高位地址由片外译码电路确定。

[例 9.1]　某微机系统中 8253 的端口地址为 40H～43H,要求计数器 0 工作在方式 0,计数初值为 FFH,按二进制计数;计数器 1 工作在方式 2,计数初值为 1000,按 BCD 码计数。试写出初始化程序段。

解:

①按要求找出所用计数器的控制字。

计数器 0 的控制字:

0	0	0	1	0	0	0	0

　　选计数器 0　　　　只写低 8 位　　　　选工作方式 0　　　二进制计数

计数器 1 的控制字:

0	1	1	0	0	1	0	1

　　选计数器 1　　　　只写高 8 位　　　　选工作方式 2　　　BCD 计数

说明:由于通道 0 的计数初值只有 8 位,也可看成 00FFH,但只写低 8 位后,高 8 位会自动清零,所以控制字的 $D_5D_4=01$。因此,控制字为 10H。

其实把 00FFH 当成 16 位来写也是可以的。

通道 1 的计数初值为 16 位。可以有两种写法:可以先写低 8 位 00H,再写高 8 位 10H;也可以只写高 8 位,因为低 8 位会自动清零。因此,控制字为 65H。

由此可见,计数初值有时可以当成 8 位来写,也可以当成 16 位来写,故控制字是不唯一的。在本例中都只写 8 位。读者可自己找出把计数值当成 16 位来写的控制字。

②初始化程序段:

```
MOV    AL,10H      ;写通道 0 控制字
OUT    43H,AL
MOV    AL, 0FFH    ;写通道 0 计数初值
OUT    40H,AL
MOV    AL, 65H     ;写通道 1 控制字
OUT    43H,AL
MOV    AL, 10H     ;写通道 1 计数初值
OUT    41H,AL
```

[例 9.2] 设 8253 端口地址为 FFF0H ~ FFF3H,要求计数器 2 工作在方式 5,二进制计数,初值为 F03FH。试按上述要求完成 8253 的初始化。

解:

①确定控制字:

1	0	1	1	1	0	1	0

  选计数器 2   先写低 8 位 再写高 8 位   选工作方式 5   二进制计数

控制字为 BAH。

说明:与上例不同,此例中计数初值为 16 位,且高 8 位、低 8 位均不为 0,故必须按先写低 8 位,后写高 8 位的格式写入计数初值,即 $D_5D_4=11$,也就是说,这种情况下控制字是唯一的。

②初始化程序段:

```
MOV    DX,0FFF3H     ;DX 指向控制端口
MOV    AL,0BAH       ;写控制字
OUT    DX,AL
MOV    DX,0FFF2H     ;DX 指向通道 2
MOV    AL,3FH        ;写初值低 8 位
OUT    DX,AL
MOV    AL,0F0H       ;写初值高 8 位
OUT    DX,AL
```

9.2.6 8253 应用举例

到现在为止,已经学习了可编程定时/计数器 8253 的内部结构、编程原理和工作方式,下面举两个实例说明 8253 的使用方法。

[例9.3]　IBM PC/XT 微机的某扩展板上使用一片 8253,其端口地址为 200H ~ 203H。要求从定时器 0 的输出端 OUT_0 得到 500 Hz 的方波信号,从定时器 1 的输出端 OUT_1 得到 50 Hz 的连续单拍负脉冲信号。已知系统提供的计数脉冲频率为 250 kHz,其硬件连接如图 9.10 所示。试编写初始化此 8253 的程序段。

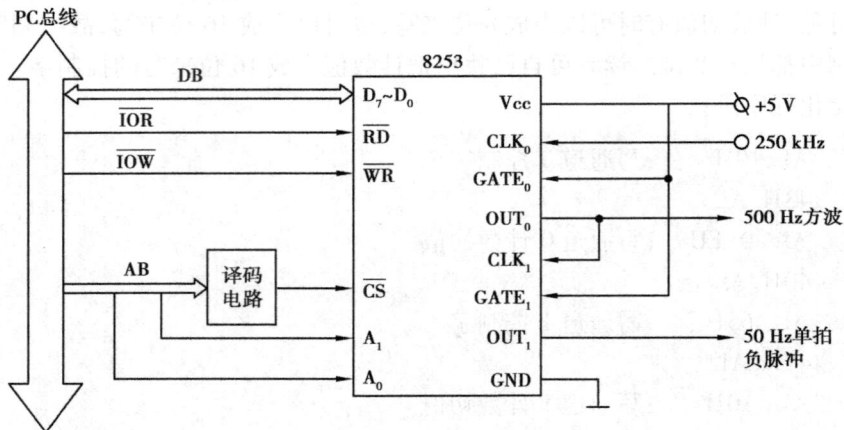

图 9.10　例 9.3 的硬件连接图

解:

①确定工作方式:

根据题目要求可知,OUT_0 端输出的是连续方波,所以定时器 0 工作在方式 3,而 OUT_1 端输出连续单拍负脉冲,那么,定时器 1 必须工作在方式 2。

②计算计数初值:

若 8253 的定时器工作在方式 2 或方式 3,实际上相当于分频器,即 OUT 端的输出信号频率是由 CLK 端的信号频率经定时器分频得到的,而分频系数就是从计数初值开始减到 1 时所计得的时钟周期数。那么,计数初值 N 就是定时器的分频系数所对应的数字。也就是说,存在如下关系式:

$$计数初值 = 分频系数 = f_{clk}/f_{out}$$

由于题目中未指定计数格式,所以可规定按二进制计数,也可规定按 BCD 码计数(实际上是十进制计数),两种情况下的满度值不同。这里选择按二进制计数,其满度值为 $2^{16}-1$。

现在计算本例中定时器 0 和定时器 1 的计数初值。

● 定时器 0:

$N = f_{clk0} / f_{out0}$

　$= 250000/500$

　$= 500$

化为十六进制为 01F4H。

● 定时器 1:

$N = f_{clk1} / f_{out1}$

　$= 500/50$

　$= 10$

化成十六进制为 0AH。

③确定控制字：

根据所选工作方式和计数格式，以及计算出的计数初值，可确定定时器 0 和定时器 1 的控制字如下：

定时器 0：

0	0	1	1	0	1	1	0

选定时器 0　　　先写低 8 位　　后写高 8 位　　　　选工作方式 3　　　二进制计数

控制字为 36H。

定时器 1：

0	1	0	1	0	1	0	0

选定时器 1　　　只写低 8 位　　　　　　选工作方式 2　　　二进制计数

控制字为 54H。

④初始化程序段：

```
MOV    DX,203H        ;写定时器 0 控制字
MOV    AL,36H
OUT    DX,AL
MOV    DX,200H        ;写定时器 0 计数初值低 8 位
MOV    AL,0F4H
OUT    DX,AL
MOV    AL,01H         ;写定时器 0 计数初值高 8 位
OUT    DX,AL
MOV    DX,203H        ;写定时器 1 控制字
MOV    AL,54H
OUT    DX,AL
MOV    DX,201H        ;写定时器 1 计数初值
MOV    AL,0AH
OUT    DX,AL
```

[**例 9.4**]　某 IBM PC/XT 应用系统中，当某一外部事件发生时（给出一高电平信号），1 s 后向主机申请中断。若用 8253 实现此延迟，试设计硬件连接图并对 8253 进行初始化。设 8253 的端口地址为 40H ~ 43H。

解： 从 8253 的 6 种工作方式的输出波形来看，本例选用工作方式 0 最为合适，因为按方式 0 工作时，写入控制字后 OUT 端立即变低，可以用事件发生所给出的高电平作为门控信号。也就是说，由于事件未发生时，门控信号为低电平，故写入初值后不会计数，直到事件发生时，门控信号变为高电平，计数器才从初值开始减 1 计数，达到预定时间刚好计完并在 OUT 端输出高电平作为中断请求信号，且能保持此请求信号直到被响应。请求信号的撤除可在中断服务程序中完成，例如，想办法使门控信号复位，对定时器写入控制字而使 OUT 端变低。

现在使用 IBM PC/XT 机中晶振频率（14.318 18 MHz）经 12 分频以后的 1.19 MHz 时钟信号作为计数脉冲。而 8253 的一个计数通道能否完成 1 s 的定时呢？

因为计数初值 $N = f_{clk}/f_{out}$

$$= 1\ 190\ 000\ Hz/1\ Hz$$

$$= 1\ 190\ 000$$

可见已超出 1 个定时器的满度值,所以至少应用 2 个计数通道。

这里,选 BCD 码计数(也可选二进制),用定时器 1 和定时器 2,将定时器 1 的初值选为 0,这里相当于最大数值 10^4。那么,定时器 2 的初值就是 119。用定时器 1 作为对 1.19 MHz 信号的分频器,选工作方式 2。定时器 2 用于产生中断请求信号,选工作方式 0。

因此,通道 1 和通道 2 的控制字分别为 01010101B 和 10110001B。

本例的硬件连接如图 9.11 所示。

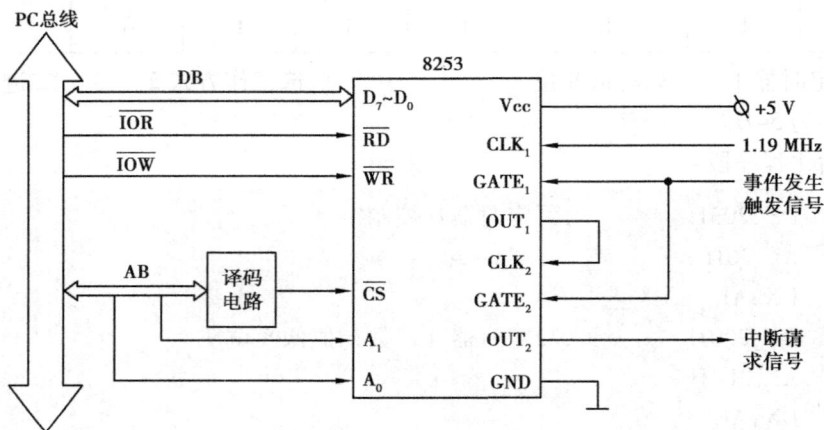

图 9.11　例 9.4 硬件连接图

初始化程序段:

```
MOV    AL,01010101B      ;写通道 1 控制字
OUT    43H,AL
MOV    AL,0              ;写通道 1 计数初值
OUT    41H,AL
MOV    AL,10110001B      ;写通道 2 控制字
OUT    43H,AL
MOV    AL,19H            ;写通道 2 计数初值低 8 位
OUT    42H,AL
MOV    AL,1              ;写通道 2 计数初值高 8 位
OUT    42H,AL
```

9.3　8253 在微机系统中的应用

9.3.1　IBM PC/XT 系统板上的 8253-5

IBM PC/XT 系统中使用了一片定时器/计数器 8253-5,其原理与 8253 相同,它在系统板上的使用情况及与其他电路的连接关系见第 2 章。其中 3 个通道的计数脉冲均为 1.19

MHz,这是由系统主频 4.77 MHz 进行 4 分频产生的,周期为 840 ns。

该 8253-5 的通道 0 工作在方式 3,输出周期性方波,写入其锁存器的计数初值为 0000H,这对应于最大的方波周期 $T = 65\ 536 \times 840$ ns ≈ 55 ms。OUT_0 接到 IRQ_0,它是中断控制器 8259A 的 0 通道中断请求输入端。由于 8259A 编程为上升沿触发中断,因此每隔 55 ms 遇到上升沿时便请求一次中断。在 IBM PC/XT 中用 0040:006CH 字单元存放计数值,每次 IRQ_0 中断将它加 1。这 16 位的字单元进位恰好是 1 h 左右一次,因为 55 ms$\times$65 536$\approx$3 604.5 s$\approx$1 h。用 0040:006EH 字单元存放小时数,每逢 0040:006CH 字单元进位它就加 1。类似地用 0040:0070H 单元进行天计数。在 ROM BIOS 中的 IRQ_0 中断服务程序除了进行上述计数进位操作,还进行近似误差的修正。此外还用来控制磁盘驱动器的电机转动时间。在 ROM BIOS 中的 IRQ_0 中断服务程序中还有一条自中断指令 INT 1CH,用户可对其编程。这就能保证每隔 55 ms,这个用户程序就被调用一次。

通道 1 工作在方式 2,输出周期性的负脉冲。其计数初值为 18,因此 1 通道输出周期为 18$\times$840 ns$\approx$15 μs 的负脉冲。这个负脉冲用来将 DMA 控制器的 DRQ_0 触发器置 1,从而请求 DMA 操作。每一次请求,使 DMA 控制器读动态存储器一个单元,并将地址加 1。其 DMA 应答信号 $\overline{DACK_0}$ 将 DRQ_0 触发器清零。每 15 μs 读动态存储器一个单元,也就是说每 1.92 ms 将读相邻的 128 个单元(15 μs$\times$128$=$1.92 ms)。只要能在 2 ms 内读动态存储器的任意相邻 128 个单元,整个动态存储器将被刷新一遍。

在 8253-5 的驱动程序中对 0 通道和 1 通道的设置可由下述程序段完成:

```
MOV    AL,00010110B        ;设置 0 通道工作方式 3,只写低 8 位,二进制计数
OUT    43H,AL
MOV    AL,0                ;写 0 通道计数初值
OUT    40H,AL
MOV    AL,01010100B        ;设置 1 通道工作方式 2,只写低 8 位,二进制计数
OUT    43H,AL
MOV    AL,18               ;写 1 通道计数初值
OUT    41H,AL
```

通道 2 用于扬声器发声,用户也可以使用。

9.3.2 IBM PC/XT 中的扬声器接口

在 IBM PC/XT 系统中,扬声器是通过以下方法被驱动发声的,如图 9.12 所示是扬声器的接口电路。

图中,SPKRDATA 接主板上的 8255A-5 的 PB_1,作为扬声器的数据允许信号,控制发声的持续时间。TIME2GATESPK 接主板上的 8255A-5 的 PB_0,作为控制扬声器发声的定时器 2 的门控信号。通过软件编程使 8253-5 的通道 2 输出一定频率的波形,经驱动并滤除高次谐波后,送到扬声器。接口电路中的 T/C2OUT 接主板上的 8255A-5 的 PC_5,CPU 通过读取 PC_5 的值即可了解 8253-5 的通道 2 的输出状态。系统中驱动器 U_{85} 的输出端 Y 还连接到 8255A-5 的 PC_4,因此,CPU 也可以通过读取 PC_4 的值来了解驱动器输出状态。

当用户在应用程序中需要使扬声器发声时,可根据 8253-5 的端口地址及硬件连接关系编写相应程序。

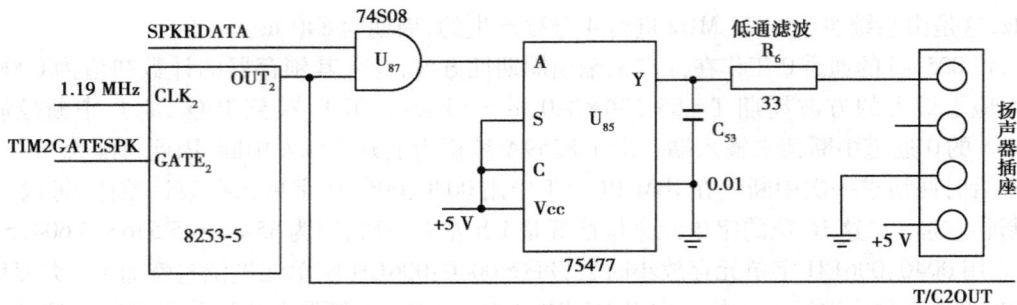

图 9.12　IBM PC/XT 系统中的扬声器接口电路

例如,要使 IBM PC/XT 系统中的扬声器发出 600 Hz 的声音,相应的程序段为:

```
IN      AL,61H         ;读 8255A-5 的端口 B
OR      AL,3
OUT     61H,AL         ;将 PB0 和 PB1 置 1,打开通道 2 的门,接通扬声器
MOV     AL,10110111B
OUT     43H,AL         ;置通道 2 工作在方式 3,先写低 8 位后写高 8 位,BCD 计数
MOV     AX,1989        ;计数初值 = 1.19 MH/600 Hz = 1989
OUT     42H,AL         ;写初值低 8 位
MOV     AL,AH
OUT     42H,AL         ;写初值高 8 位
```

习题与思考题

1. 试述定时与计数技术在微机系统中的用途。

2. 简述软件和硬件定时方法的优缺点。

3. 比较 8253 的 6 种工作方式的特点,举例说明每种工作方式的适用场合。

4. 8253 的工作方式 2 和 3,工作方式 4 和 5 的差别分别是什么?

5. 8253 内部有几个独立的定时/计数器? 是多少位的? 它们的 CLK 端和 GATE 端的作用分别是什么?

6. 现用 8253 的通道 0 对外界事件进行计数,要求每计到 100 时产生一个中断请求信号,设 8253 的端口地址为 200H~203H。

　①画出该 8253 外部硬件连接图;

　②对该 8253 进行初始化。

7. 若某系统中 8253 的时钟脉冲为 2 MHz,实现 1 s 定时需要几个通道? 1 片 8253 最多能定时多长时间? 2 片 8253 级联最多能定时多长时间?

第10章
数/模和模/数转换 ·· ◯

10.1　概　述

当用微型计算机构成数据采集或过程控制系统时,所要采集的外部信号或被控制对象的参数,往往是温度、流量、压力、声音等传感器传递过来的连续变化的模拟量。但是,计算机只能处理不连续的数字量。因此,必须用 A/D 模数转换器,将模拟量转换成数字量后,才能由计算机进行处理。计算机处理后的结果,有时也要经过 D/A 数模转换器,转换成模拟量后才能驱动执行部件,达到控制的目的。一个包含 A/D 和 D/A 转换器的实时控制系统的构成框图如图 10.1 所示。

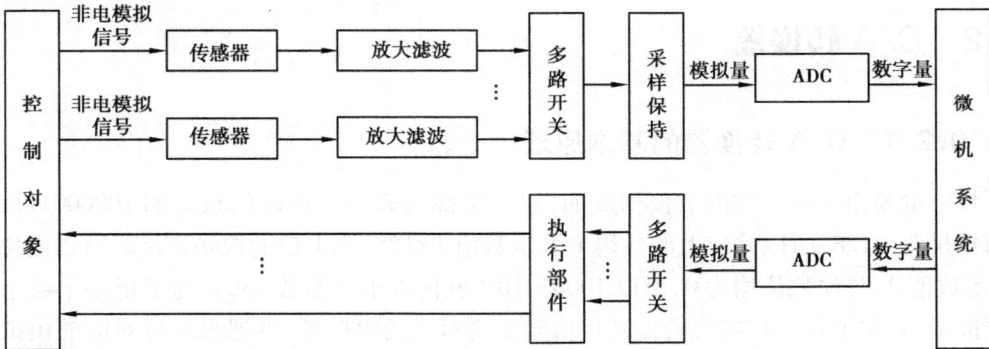

图 10.1　包含 ADC 和 DAC 的实时控制系统构成图

在图 10.1 中,ADC(即模数转换器)和 DAC(即数模转换器)分别是模拟量输入和模拟量输出通路中的核心部件,后面将对它们作详细的介绍。如果将实时控制系统中 D/A 转换通路去掉,则成了一个将现场模拟信号转换为数字信号,并送微型计算机进行处理的数据采集系统。反之,若系统中只包含 D/A 转换通道,就构成了一个程序控制系统。

在实际应用中,来自外界输入的各种非电模拟信号,都要像图 10.1 中那样,先由传感器把它们转换成模拟电流或电压信号后,才能被进一步处理,最后由 A/D 转换器转换成数字量。

传感器的种类很多。同一种物理量可以采用不同的传感器进行测量,同一种传感器,根据它们的特性又可分成不同型号。例如,体温和室温常用热敏电阻测量;如果测量的是工业窑炉的炉温,则可选用各种热电偶;压力可用压阻式、振动式等压力传感器来测量;若测人体血压,则应采用专门的血压传感器。此外,还有光传感器、位移传感器、流量传感器等各种不同功能的传感器。大多数传感器产生的信号都很微弱,通常只有 μA 或 mV 量级,必须用高输入阻抗的运算放大器对其进行放大,使它们达到一定的幅度(通常为几伏量级)。必要时还要进行滤波,选取信号中一定频率范围内的成分,去掉各种干扰和噪声。若信号的大小与A/D转换器的输入范围不一致,还需要电平转换。所有这些数字化之前的处理称为信号的预处理。

在实时控制或多路数据采集系统中,常常要同时测量几路甚至几十路信号,若每路使用一个A/D转换器,由于它们价格较高,则显著增加系统成本。为此,常采用多路开关对被测试信号进行切换,使各路信号共用一个A/D转换器,这样还能减小系统的功耗。当然也可选用内部带多路开关的A/D转换器,例如,后面将要介绍的ADC0809,就是带有8路模拟开关的A/D转换器。

若模拟信号变化比较缓慢,可直接加到A/D转换器的输入端;如果信号变化比较快,为了保证模数转换的准确性,还需要使用采样保持器。

A/D转换的3个关键过程为采样、量化和编码。由传感器、放大电路、滤波电路、多路开关以及采样保持电路构成采样过程,即将待A/D转换的模拟信号获取送到A/D转换器。量化是把采样到的模拟信号转换为数字量,即A/D转换的核心过程,量化时所分的等级数N越大,A/D转换的分辨率越高,误差越小(如256级与128级相比)。编码是将量化后的数字量用相应的二进制编码表示出来的过程,有很多种编码方案供选择,如二进制编码、BCD码等。

10.2 D/A转换器

10.2.1 D/A转换器的基本原理

数字量是由一位一位的数位构成的,每一位都代表一个确定的权。如10000010B,第7位的权是$2^7=128$,所以此位上的代码1表示数值1×128,第1位的权是$2^1=2$,所以此位上的1表示数值2,其他数位均为0,所以10000010B就代表十进制数130。为了把一个数字量变为模拟量,必须把每一位的代码按其权值转换为对应的模拟量,再把每一位对应的模拟量相加,这样得到的总模拟量便对应于给定的数据。

多数D/A转换器把数字量变成模拟电流,如果将其转换成模拟电压还要使用电流/电压转换器(I/V)来实现。少数D/A转换器内部有I/V变换电路,可直接输出模拟电压值。I/V转换电路由运算放大器构成。

10.2.2 D/A转换器的性能指标

1)输入数字量

它包括输入数字量的编制、数据格式和他们的逻辑电平,手册上均有说明。多数D/A转换器只接受自然二进制编码;输入数据的格式一般是并行码;输入数据的逻辑电平一般是TTL电平。

2)单级DAC的输出电压

给定一个数字量M,DAC的输出模拟电压为:

$$V_0 = -\frac{M}{2^n}V_{REF}$$

其中 V_{REF} 为基准电压,n 为数字量的位数。由于 $M \leqslant 2^{n-1}$,因此 $V_0 < V_{REF}$。

3)DAC 的分辨率

通过电阻网络,可以把不同的数字量转换成大小不同的电流,从而可以在运算放大器输出端得到大小不同的电压。如果由数值 0 每次增加 1,一直变化到 n,那么就可以得到一个阶梯电压,阶梯波的每一级增量对应于输入数据的最低数位 1,即表示 DAC 的分辨率。一个 n 位二进制 DAC 的分辨率可以表示 $1/2^n$,也常用百分比表示,位数 n 越多,分辨率就越高。

4)转换精度

转换精度通常又分为绝对转换精度和相对转换精度。

所谓绝对转换精度,就是指每个输出电压接近理想值的程度,它与标准电源的精度和权电阻的精度有关。

相对转换精度更常用,其描述输出电压接近理想值程度的指标,一般由绝对转换精度相对于满量程输出的百分比表示,有时也用最低位(LSB)的几分之几表示。例如,一个 DAC 的相对转换精度为 LSB/2。这就表示可能出现的相对误差为:

$$\Delta A = V_{FSR}/2^{n+1}$$

其中 V_{FSR} 为满量程输出电压。

5)转换速率

一般指信号工作时,模拟输出电压的最大变化速度,单位为 $V/\mu s$,这项参数主要取决于运算放大器的参数。

6)建立时间

一般指信号工作时间,DAC 有模拟输出电压达到某个规定范围所需要的时间,所谓规定范围一般指终值的 ±LSB/2。显然,建立时间越长,转换速率越低。

7)线性误差

理想情况下 DAC 的转换特性应该是线性的,但是实际上输出特性并不是线性。一般将实际转换特性偏离理想转换特性的最大值称为线性误差。

10.2.3　典型的 D/A 转换器

当前使用的 DAC 器件中,既有分辨率和价格均较低的通用 8 位芯片。也有速度和分辨率较高,价格也较高的 16 位乃至 20 位及其以上的芯片。既有电流输出型芯片,也有电压输出型芯片,即内部带有运算放大器的芯片。DAC0832 是 8 位 D/A 转换器,是 DAC0800 系列的一种。DAC0832 与微机接口方便,转换控制容易,且价格便宜,因此在实际中得到广泛的应用。

1)主要特性

DAC0832 具有以下主要特性:

- 输入端具有双重缓冲功能,可双缓冲、单缓冲或直通数字输入。
- 所有通用微处理器可直接连接。
- 满足 TTL 电平规范的逻辑输入。
- 分辨率为 8 位,满刻度误差 ±1 LSB,建立时间为 1 μs,功耗 20 mW。
- 电流输出型 D/A 转换器。

2）内部结构及引脚功能

DAC0832 采用 T 型电阻解码网络,由二级缓冲寄存器和 D/A 转换电路及转换控制电路组成。内部结构和外部引脚如图 10.2 所示。

DAC0832 为 20 引脚双列直插式封装,图 10.2 同时给出了引脚信号,其功能分述如下:

- ILE:输入锁存允许信号,高电平有效。
- $\overline{CS}$:片选信号,输入寄存器选择信号,低电平有效。
- $\overline{WR_1}$:写信号 1,输入寄存器写选通信号,低电平有效。

输入锁存器的锁存信号 $\overline{LE_1}$ 由 ILE、$\overline{CS}$ 和 $\overline{WR_1}$ 的逻辑组合产生。当 ILE 为高电平,$\overline{CS}$、$\overline{WR_1}$ 同时为低电平时,$\overline{LE_1}$ 为高电平,输入寄存器的输出随输入变化;当 $\overline{WR_1}$ 变为高电平时,$\overline{LE_1}$ 成为低电平,输入数据被锁存在输入寄存器中。

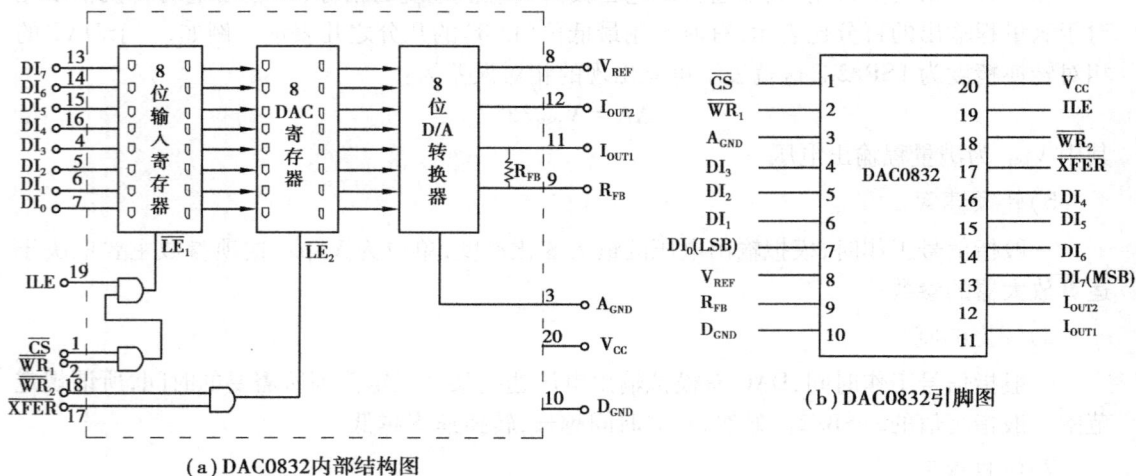

（a）DAC0832内部结构图

（b）DAC0832引脚图

图 10.2 DAC0832 内部结构和外部引脚

- $\overline{WR_2}$:写信号 2,DAC 寄存器的写选通信号,低电平有效。
- $\overline{XFER}$:数据传送控制信号,低电平有效。

DAC 寄存器的锁存信号 $\overline{LE_2}$ 由 $\overline{WR_2}$、$\overline{XFER}$ 的逻辑组合产生。当 $\overline{WR_2}$、$\overline{XFER}$ 同时为低电平时,$\overline{LE_2}$ 为高电平,DAC 寄存器的输出随输入变化;当 $\overline{WR_2}$ 变为高电平时,$\overline{LE_2}$ 成为低电平,$\overline{LE_2}$ 的负跳变将输入寄存器的数据锁存在 DAC 寄存器中。

- $DI_7 \sim DI_0$:8 位数字量输入端。
- I_{out1}:DAC 电流输出端 1,它是数字输入端逻辑电平为 1 的各位输出电流之和。DAC 寄存器内容随输入数据的变化而变化,DAC 寄存器内容为全 1 时,I_{out1} 最大,DAC 寄存器内容为全 0 时,I_{out1} 最小。
- I_{out2}:DAC 电流输出端 2,它等于常数减去 I_{out1},即 $I_{out1} + I_{out2} =$ 常数。此常数对应于固定基准电压的满量程电流。
- R_{FB}:反馈电阻。反馈电阻被制作在芯片内部,用作 DAC 提供输出电压的运放的反馈电阻。
- V_{REF}:基准电压输入端。V_{REF} 一般在-10 ~ +10 V 范围内,由外电路提供。

- V_{CC}:逻辑电源输入端,取值范围为+5 ~ +15 V,+15 V 最佳。
- A_{GND}:模拟地,芯片模拟电路接地点。
- D_{GND}:数字地,芯片数字电路接地点。在使用时模拟地与数字地相接。

为保证 DAC0832 可靠地工作,要求 $\overline{WR_1}$ 和 $\overline{WR_2}$ 的宽度不小于 500 ns,若 $V_{CC}=15$ V,则可为 100 ns。对于输入数据的保持时间应不小于 90 ns。这在与微机接口时都容易满足。同时不用的数字输入端不能悬空,应根据要求接地或接 V_{CC}。

3)工作方式

改变 DAC0832 控制信号的时序和电平,就可以使它处于 3 种不同的工作方式,具体情况如下:

- 双缓冲方式:即数据经过双重缓冲后再送入 D/A 转换电路,执行 2 次写操作才能完成一次 D/A 转换。这种方式可在 D/A 转换的同时进行下一个数据的输入,以提高转换速率。更重要的是这种方式特别适用于要求同时输出多个模拟量的场合。此时,要用多片 DAC0832 组成模拟输出系统,每片对应一个模拟量。

- 单缓冲方式:不需要多个模拟量同时输出时,可采用此种方式。此时,两个寄存器之一处于直通状态,输入数据只经过一级缓冲送入 D/A 转换电路。这种方式只须执行一次写操作,即可完成 D/A 转换。

- 直通方式:此时两个寄存器均处于直通状态,因此要将 $\overline{CS}$、$\overline{WR_1}$、$\overline{WR_2}$、$\overline{XFER}$ 端都接数字地,ILE 接高电平。数据直接送入 D/A 转换电路进行 D/A 转换。这种方式可用于不采用微机的控制系统中。

4)D/A 转换器的应用

如图 10.3 所示是 DAC0832 的外部结构图。由于在 DAC0832 内部有数据锁存器,所以在控制信号作用下,可对总线上的数据直接进行锁存。$\overline{WR_1}$ 和 $\overline{CS}$ 信号在 CPU 执行输出指令时处于有效电平。

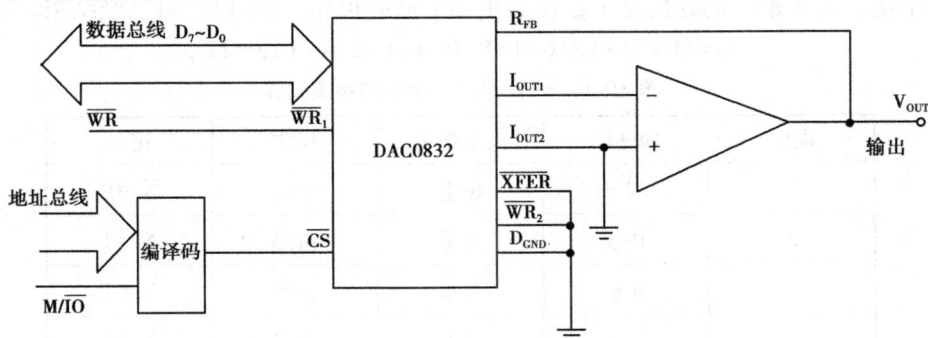

图 10.3 DAC0832 的外部结构

在实际应用中,经常需要用一个线性增长的电压去控制某一个检测过程。为了说明 D/A 转换器的应用,如下所述为利用 D/A 转换器产生一个锯齿电压的示例。

对于上图的电路,执行下面的程序时,就可以产生一个锯齿电压。

```
        MOV    DX,PORTA      ;PORTA 为 D/A 转换器端口地址
        MOV    AL,0FFH       ;初值为 0FFH
LOP1：  INC    AL
        OUT    DX,AL         ;往 D/A 转换器输出数据
        JMP    LOP1
```

实际上,上面程序在执行时得到的输出电压会有 256 个小台阶,不过从宏观来看,仍为连续上升的锯齿波。对于锯齿波的周期,可利用延迟进行调整。延迟的时间如果比较短,就可以利用 NOP 指令来实现,如果比较长,则可用延迟子程序。

10.3 A/D 转换器

10.3.1 A/D 转换器的基本原理

实现 A/D 转换的基本方法有很多,常用的有逐次逼近式、计数式、双积分法式等。由于逐次逼近式 A/D 转换具有速度快、分辨率高等优点,而且采用这种方法的 ADC 芯片成本较低,因此在计算机采集系统中获得了广泛的应用。

逐次逼近式 A/D 转换器的原理是建立在逐次逼近的基础上进行的,即把输入电压 V_i 和一组参考电压分层得到的量化电压进行比较,比较从最大的量化电压开始,由粗到细逐次进行,由每次比较的结果来确定相应的位是 1 还是 0,不断比较,不断逼近,直到两者的差别小于某一误差范围时即完成了一次转换。

这种逐次比较的过程与天平称量物体的过程很相似,它就像一架电子自动平衡天平。若要用天平称量一个实际质量为 27.4 g 的重物,天平具有 32 g、16 g、8 g、4 g、2 g 和 1 g 等 6 种砝码。称量时,先从最重的砝码试起,称量过程可用表 10.1 来说明。经过 6 步操作后,天平基本平衡。由于最小的砝码是 1 g,没有更小的砝码可用了,所以称量已经结束。结果为:
$$m = (0 \times 32 + 1 \times 16 + 1 \times 8 + 0 \times 4 + 1 \times 2 + 1 \times 1) g = 27 g$$

表 10.1 一个 27.4 g 重物的称量过程

次序	加砝码	天平指示	操作	记录
1	32 g	超重	去码	$X_5 = 0$
2	16 g	欠重	留码	$X_4 = 1$
3	8 g	欠重	留码	$X_3 = 1$
4	4 g	超重	去码	$X_2 = 0$
5	2 g	欠重	留码	$X_1 = 1$
6	1 g	平衡	留码	$X_0 = 1$

它与实际质量之间的误差为 0.4 g。由于砝码是以二进制加权分布的,因此也可用二进制编码 011011B 来表示该物体的质量。当然如果再增加 0.5 g、0.25 g 两种砝码,将使称量结果更精确。

10.3.2　典型的 A/D 转换器

ADC0808 和 ADC0809 除精度略有差别外(前者精度为±1/2LSB,后者为±1LSB),其余各方面完全相同。它们都是 CMOS 器件,不仅包括一个 8 位逐次逼近型的 ADC 部分,而且还提供一个 8 通道的模拟多路开关和通道寻址逻辑,因此有理由把它作为简单的"数据采集系统"。利用它可输入 8 个单端的模拟信号分时进行 A/D 转换,这在多点巡回检测和过程控制、机床控制中应用广泛。

1)主要特性

分辨率:8 位。

总的不可调误差:ADC0808 为±1/2LSB,ADC0809 为±1LSB。

转换时间:100 μs。

单一电源:+5 V。

模拟电压输入范围:在单电源+5 V 下,0 ~ 5 V。

具有可控的三态输出缓冲器。

启动转换控制为脉冲式(正脉冲),上升沿使所有内部寄存器清零,下降沿使 A/D 转换开始。

使用时无须进行零点和满刻度调节。

2)内部结构与外部引脚

ADC0809 是 CMOS 单片型逐次逼近式 A/D 转换器。它由 8 路模拟开关、地址锁存与译码器、比较器、8 位开关树型 D/A 转换器逐次逼近寄存器、8 位三态输出锁存器定时与控制等电路组成。ADC0809 可处理 8 路模拟量输入,具有三态输出能力,既可与各类微处理器直接相连,又可单独工作,输入输出均与 TTL 电平兼容。其内部结构如图 10.4 所示。

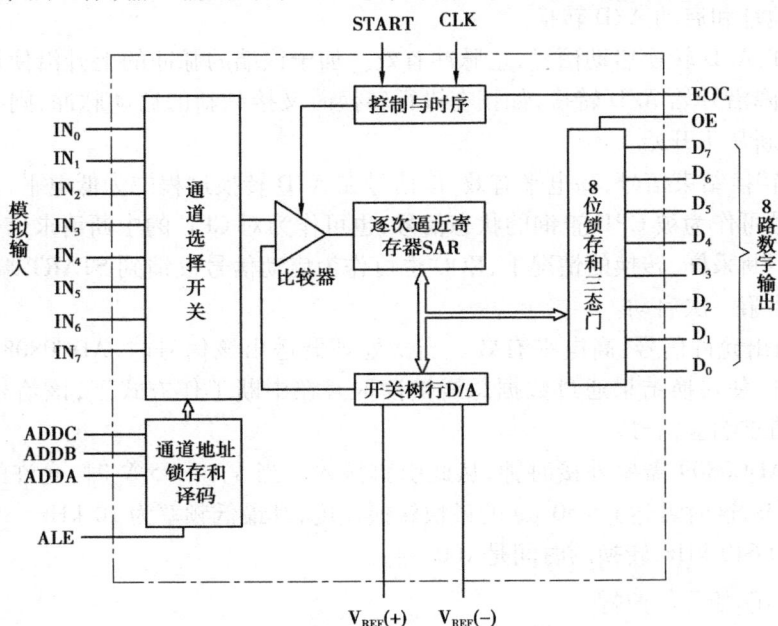

图 10.4　ADC0809 的内部结构

ADC0809 为 28 引脚双列直插式封装的 A/D 转换器,其各引脚功能说明如下:

- $IN_0 \sim IN_7$:8 通道模拟量输入端。
- $D_0 \sim D_7$:A/D 转换后的数据输出端为三态可控输出,可直接和微处理器数据线连接。
- ADDA、ADDB、ADDC:3 位地址输入线,用于选通 8 路模拟输入中的一路,见表 10.2。

表 10.2 地址线状态与所选通道的对应关系

ADDC	ADDB	ADDA	所选通道
0	0	0	IN_0
0	0	1	IN_1
0	1	0	IN_2
0	1	1	IN_3
1	0	0	IN_4
1	0	1	IN_5
1	1	0	IN_6
1	1	1	IN_7

- $V_{REF(+)}$ 和 $V_{REF(-)}$:正负参考电压输入端,用于提供片内 DAC 电阻网络的基准电压。通常将 $V_{REF(-)}$ 接模拟地,参考电压从 $V_{REF(+)}$ 引入。当 $V_{REF(+)}$ = +5 V 时,输入范围为 0 ~ +5 V。

- ALE:地址锁存允许信号,高电平有效。当此信号有效时,ADDA、ADDB 和 ADDC 3 位地址信号被锁存,译码选通对应模拟通道,在使用时,该信号常和 START 信号连在一起,以便同时锁存地址和启动 A/D 转换。

- START:A/D 转换启动信号,正脉冲有效。加于该端的脉冲的上升沿使用逐次逼近寄存器清零,下降沿开始 A/D 转换,如正在进行转换时又接到新的启动脉冲,则原来的转换进程被中止,重新从头开始。

- EOC:转换结束信号,高电平有效,该信号在 A/D 转换过程中为低电平,其余时间为高电平。该信号可作为被 CPU 查询的状态信号,也可作为对 CPU 的中断请求信号。在需要对某个模拟量不断采样、转换的情况下,EOC 也可作为启动信号反馈到 START 端,但在刚加电时须由外电路第一次启动。

- OE:输出允许信号,高电平有效。当微处理器送出该信号时,ADC0808/0809 的输出三态门被打开,使转换结果通过数据总线被读取。在中断工作方式下,该信号往往是 CPU 发出的中断请求响应信号。

- CLK:ADC0809 需要外接时钟,从此引脚接入。当 V_{CC} = +5 V 时,允许的最高时钟频率为 1 280 kHz,这时可达 t_c = 50 μs 的最快转换速度,其最低频率为 10 kHz。ADC0809 典型的时钟频率为 640 kHz,转换的时间是 100 μs。

3)工作时序和工作过程

ADC0809 的工作时序如图 10.5 所示。

ADC0809 的工作过程:当通道选择地址有效时,ALE 信号一出现,地址便马上被锁存,这时转换启动信号紧随 ALE 之后(或与 ALE 同时)出现。START 的上升沿将逐次逼近寄存器复位,在该上升沿之后的 2 μs 加 8 个时钟周期内(不定),EOC 信号将变为低电平,以指示转换操作正在进行中,直到转换完成后,EOC 再变为高电平。微处理器接到变为高电平的 EOC 信号后,便立刻送出 OE 信号,打开三态门,读取转换结果。

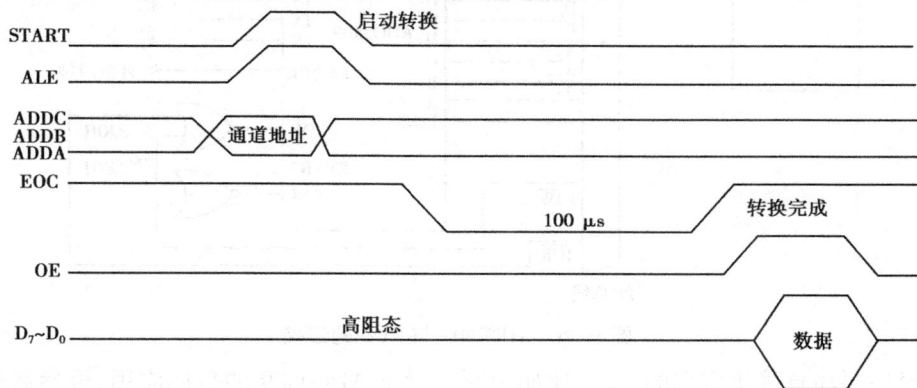

图 10.5 ADC0809 的工作时序

模拟输入通道的选择可相对于转换开始操作独立进行(当然,不能在转换过程中进行),通常是把通道选择和启动转换结合起来。这样可用一条写指令,既选择模拟通道又启动转换。在与微机接口时,输入通道的选择可有 2 种方法:一种是通过地址总线选择,另一种是数据总线选择。

4)A/D 转换器同微处理器的时间配合问题

ADC 同微处理器间的接口中,突出要解决的是时间配合问题。A/D 转换器从接口启动命令到完成转换结果数据总是需要一定的转换时间。通常最快的 A/D 转换时间都比大多数处理器的指令周期长。为了得到正确的转换结果,必须根据要求解决好启动转换和读取结果数据这两步操作时间配合问题,下面介绍解决这个问题最常用的 3 种方法。

(1)固定延时等待法

启动→软件延时等待→进行输入。(即无条件 I/O)

(2)中断响应法

启动→CPU 转去执行其他程序并等待 A/D 转换完毕发出中断请求→A/D 转换完毕CPU 提出中断请求→CPU 响应中断请求,并进行输入。(即中断 I/O)

(3)查询法

启动→CPU 对 EOC 进行状态采样,未准备好继续采样→进行 I/O。(即状态查询 I/O)

5)ADC0809 与 CPU 的连接

ADC0809 与 CPU 的连接如图 10.6 所示。

6)A/D 转换器的应用

在使用 ADC0809 进行数据采集时,要注意启动相应的通道进行模数转换,最典型的启动指令是:

```
MOV    DX,PORTn      ;PORTn 为 n 通道的端口地址
OUT    DX,AL         ;AL 中数据不重要,是一次虚写
```

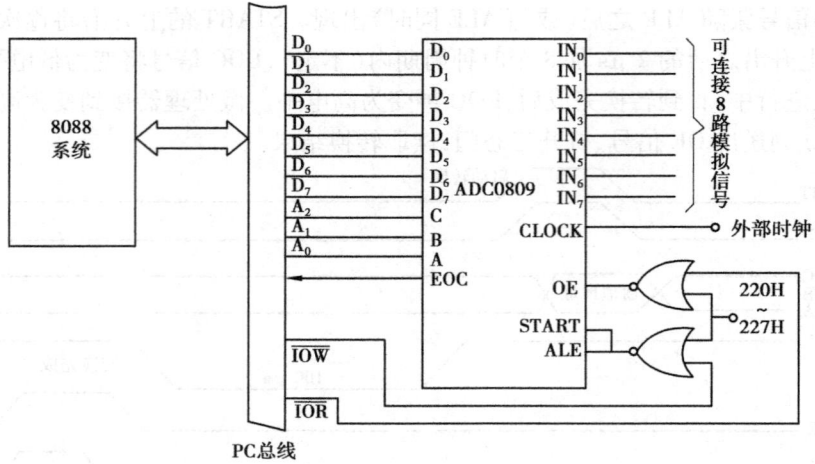

图 10.6　ADC0809 与 CPU 的连接

同时还要注意采集数据的方法,比如中断。对于 ADC0809 的具体应用,可参看第 12 章 A/D 转换实验中的相关内容。

习题与思考题

1. 简述 D/A 转换的基本原理。

2. 简述 A/D 转换的基本原理。

3. 利用 DAC0832 产生锯齿波,试画出硬件电路图,并编写有关程序。

4. 利用 ADC0809 和 8255A 设计一个病人血压监控系统,并编写汇编源程序,实现监控病人血压(用电压表示),当监测到血压超过 4 V 或低于 1 V 时,系统发出警报。

第11章
人机接口技术 ··○

外围设备即计算机系统中除主机外的其他设备,常把除 CPU 和内存储器以外的计算机系统部件都看作外围设备。外围设备通常分为 5 大类,即输入设备、输出设备、外存设备、通信设备、其他设备,如图 11.1 所示。当然,图中不可能列出所有的外设,而且,随着各种技术的发展,计算机外设会越来越丰富,并进一步向智能化、功能复合化方向发展。

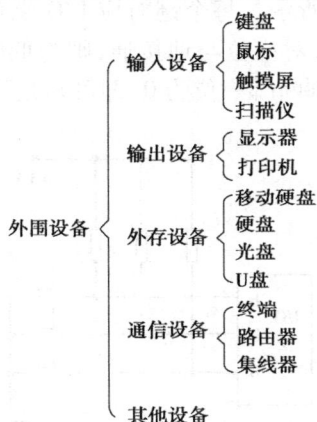

```
                        ┌ 键盘
                  输入设备 ┤ 鼠标
                        │ 触摸屏
                        └ 扫描仪
                  输出设备 ┬ 显示器
                        └ 打印机
                        ┌ 移动硬盘
         外围设备 ┤ 外存设备 ┤ 硬盘
                        │ 光盘
                        └ U盘
                        ┌ 终端
                  通信设备 ┤ 路由器
                        └ 集线器
                  其他设备
```

图 11.1　计算机系统外围设备分类

承担操作者与主机之间进行交互和信息交流的作用的外围设备,一般称作人机交互设备。本章主要介绍微机系统中常用的人机交互设备的工作原理与接口技术。

11.1　键　盘

键盘是人们向计算机输入命令、数据等信息的常规外围设备之一,通常叫作计算机系统的标准输入设备。

11.1.1　键盘的分类

计算机键盘有多种分类方法,这里列出常用的两种。

1)按制作工艺分类

按制作工艺可将键盘分为硬板键盘和软板键盘。

- 硬板键盘:带弹簧的按键焊接在印刷电路板上所做成的键盘。
- 软板键盘:以导电橡胶作为接触材料放在以聚酯薄膜作为基底的印刷电路上所形成的键盘。

2）按工作原理分类

按工作原理可将键盘分为编码键盘和非编码键盘。

- 编码键盘：主要用硬件实现对每个按键的定义与识别。
- 非编码键盘：主要用软件实现对每个按键的定义与识别。

计算机上的一个按键实际就是一个开关。这些开关种类不同，在灵敏程度、使用寿命及手感上都有差别。

11.1.2 键盘的工作原理

微机系统中最常用的键盘是非编码键盘，因此，本节以非编码键盘为例来介绍键盘的工作原理。非编码键盘又可分为线性键盘和矩阵键盘。

1）线性键盘

线性键盘的原理如图 11.2 所示。每个键对应 I/O 端口的一位，没有按键闭合时，各位均处于高电位；当某键被按下时，对应位与地接通，则为低电位，而其他仍为高电位。因此，CPU 通过读入 I/O 端口数据并判断哪一位为 0，即可知是哪一个键被按下，从而转到相应功能的处理程序去执行。

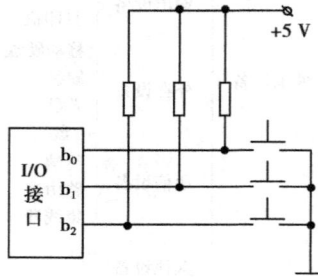

图 11.2 线性键盘原理图

可见，线性键盘软、硬件简单，但只适用于按键不多的情况。若按键太多（十几个或几十个），则占用 I/O 端口线过多，会造成系统硬件资源紧张。

2）矩阵键盘

矩阵键盘的原理如图 11.3 所示。把若干个按键排列成矩阵形式，每一行和每一列都各占用 I/O 端口的一位。为简单起见，这里只画了 4 行、3 列，共 12 个按键。图中行线为 $a_0 \sim a_3$，列线为 $b_0 \sim b_2$。

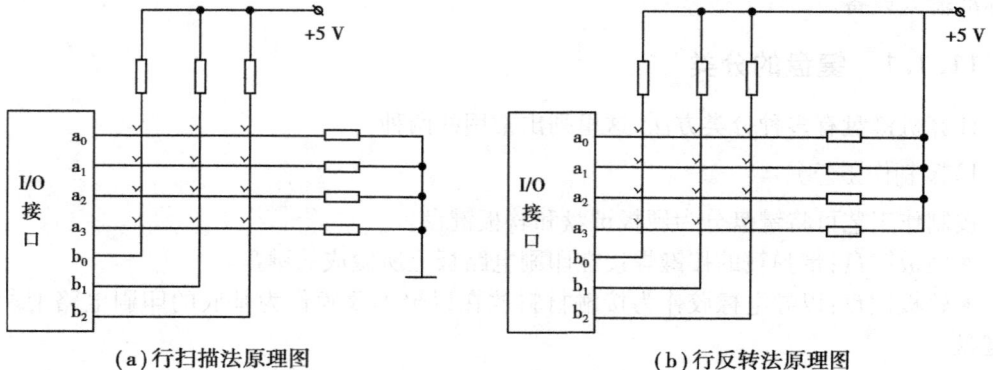

（a）行扫描法原理图　　　　　　　　（b）行反转法原理图

图 11.3 矩阵键盘原理图

对于矩阵键盘,按键的识别通常有 2 种方法。

(1)行扫描法

硬件连接如图 11.3(a)所示。在键盘扫描程序中,每次使某一行为 0,其余行为 1,读回列线状态,并判断。若列线全为 1,则无键按下;若列线不全为 1,则说明为 0 的列线与为 0 的行线相交处的键被按下。行扫描法的键盘扫描流程如图 11.4(a)所示。

(2)行反转法

硬件连接如图 11.3(b)所示。在键盘扫描程序中,首先使所有行线全输出 0,然后读取列线状态,并判断。若列线全为 1,则无键按下;若列线不全为 1,则将刚读回的列线状态从列线输出,并读取行线状态,则说明为 0 的列线与为 0 的行线相交处的键被按下。最后,CPU 根据行列编码所构成的键值转相应功能程序执行。行反转法的键盘扫描程序流程如图 11.4(b)所示。

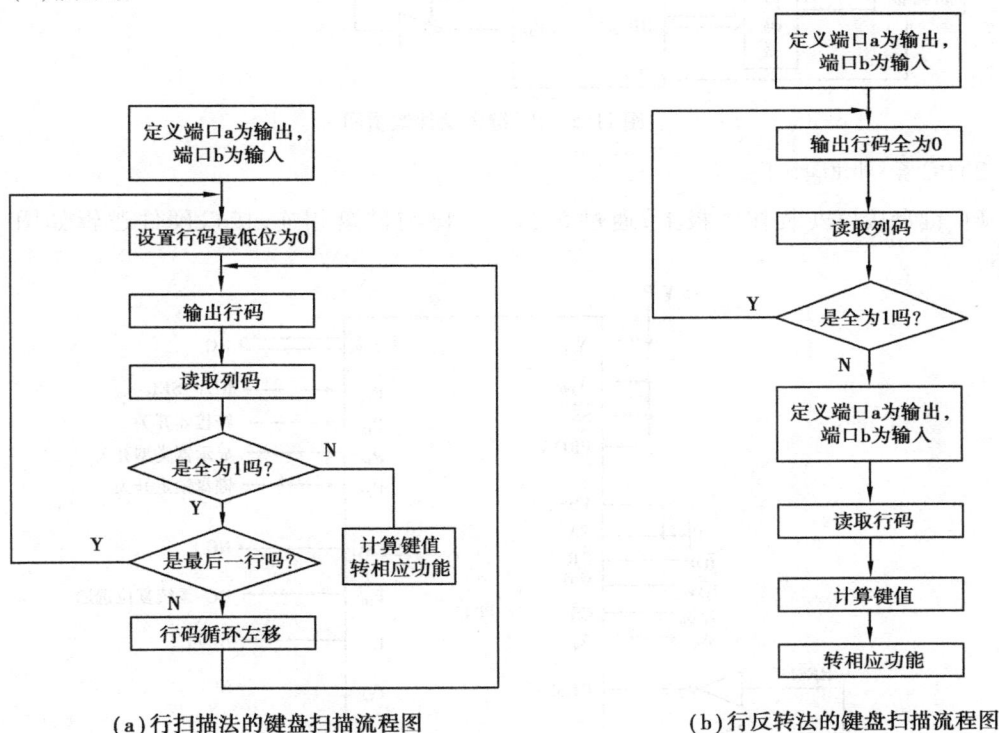

(a)行扫描法的键盘扫描流程图   (b)行反转法的键盘扫描流程图

图 11.4　矩阵键盘的键盘扫描程序流程图

11.1.3　PC 系列键盘

PC 系列键盘不是由硬件电路输出按键所对应的 ASCII 码值,而是由扫描程序识别按键的位置,因此,属于非编码键盘。

1)PC 系列键盘工作原理

PC 系列键盘主要由 8048 单片机、译码器和 16 行×8 列的键开关阵列组成,如图 11.5 所示。

8048 是有 40 个引脚的 8 位 CPU,内部有 1 024 K×8 位的 ROM、64 K×8 位的 RAM、8 位定时器/计数器等。8048 单片机承担了键盘扫描、消抖并生成扫描码、对扫描码进行并串转换,并将串行的键扫描码和时钟送到主机等任务。

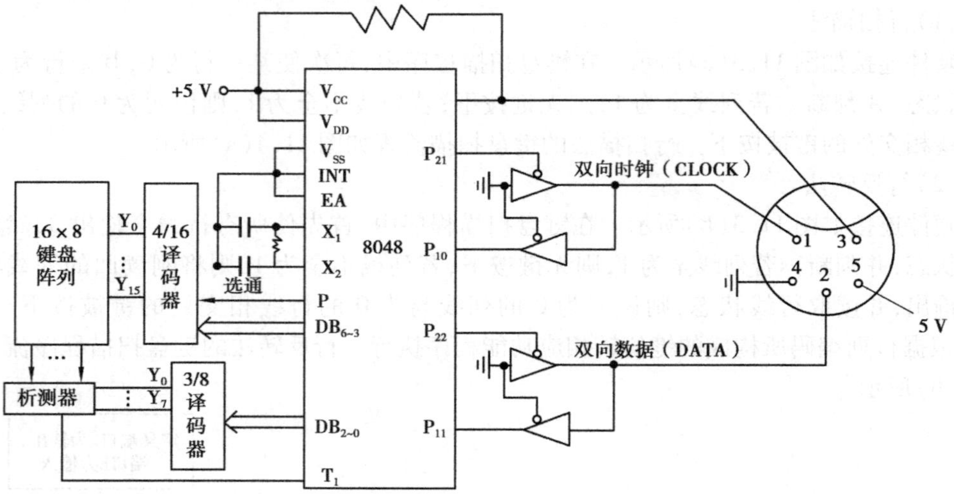

图 11.5　PC 键盘硬件逻辑图

2) PC 系列键盘接口

PC 键盘接口安装在主板上,通过 5 芯插头座与键盘相连,接口硬件逻辑如图 11.6 所示。

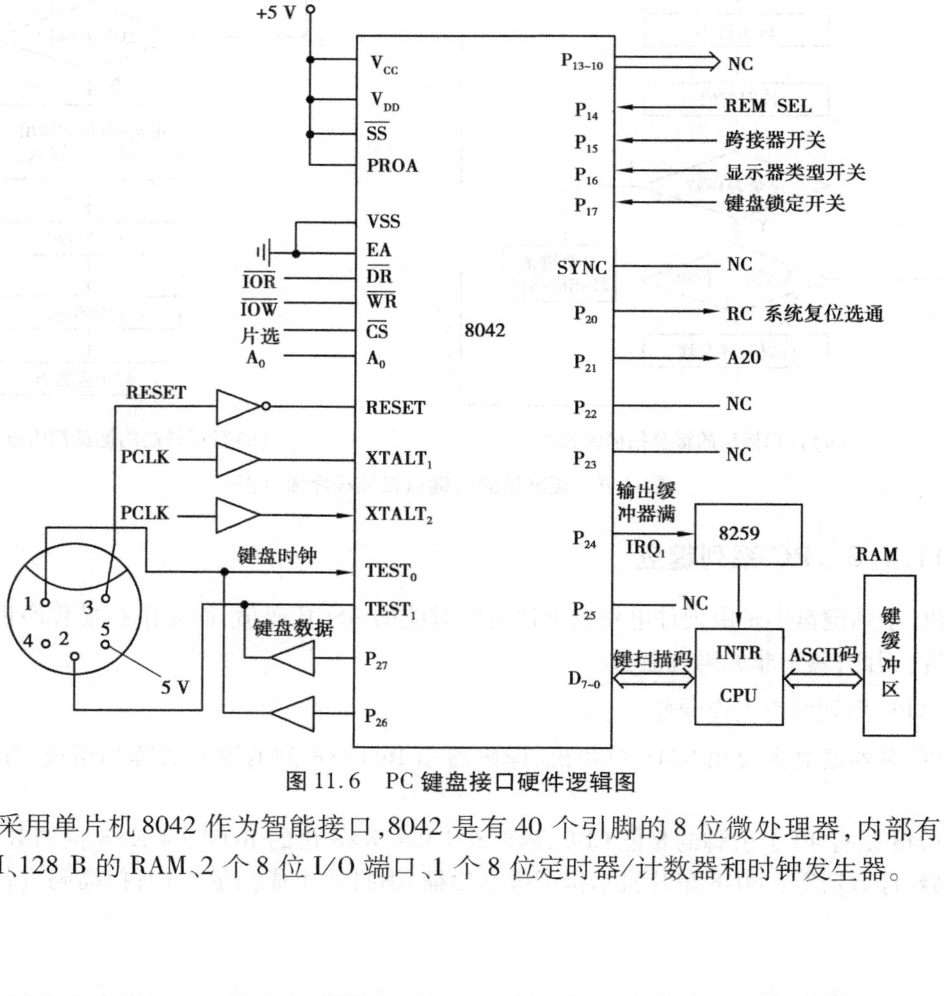

图 11.6　PC 键盘接口硬件逻辑图

它采用单片机 8042 作为智能接口,8042 是有 40 个引脚的 8 位微处理器,内部有 2 KB 的 ROM、128 B 的 RAM、2 个 8 位 I/O 端口、1 个 8 位定时器/计数器和时钟发生器。

键盘接口的功能有 3 个:接收键盘输出的键扫描码;输出缓冲器满时,产生键盘中断;接收并执行系统命令。

3)PC 系列键盘中断

计算机系统通过一个硬中断 09H 和一个软中断 16H 与键盘发生联系。

(1)9 号中断

9 号中断是由按键动作引发的硬件中断,对键盘所有的键给予定义。其对键盘上的 8 个特殊键、CTRL、ALT、SHIFT-L、SHIFT-R、NUM LOCK、SCROLL LOCK、CAPS LOCK、INS,只建立标志状态,控制后续键代码生成;对其他键均可完成把键扫描码转换为 2 个字节的 ASCII 码或扩展码,送到内存 BIOS 数据区中的键盘缓冲区。9 号中断完成 2 种转换:第一,把键扫描码转换为 ASCII 码,则低字节为 ASCII 码,高字节为系统的扫描码;第二,把键的扫描码转换为扩展码,低字节为 0,高字节对应值为 0~255。

(2)BIOS INT 16H

INT 16H 软中断是用于检查是否有键输入,并完成从键盘缓冲区取出键值的操作。16H 软中断共有 3 个子功能,见表 11.1。

表 11.1 INT 16H 功能表

功能号	入口参数	出口参数	说 明
0	AH＝0	AX 存放 ASCII 键或扩展码键符	从键盘读一个字符
1	AH＝1	ZF＝2 无键符	检测输入字符是否准备好
2	AH＝2	ZF＝0 有键符,存于 AX 中 AL＝KB_FLAG(键标志)	取当前特殊键的状态

(3)键盘缓冲区的作用

键盘缓冲区是由 16 个字节组成的先进先出循环队列,其作用如下:首先,可实现键盘实时输入要求,即用户按键完全是随机、实时的,与主机运行是异步的,开辟键盘缓冲区实现随机、实时键入的要求;其次,满足随机应用的要求,即应用程序需要时间不一定与按键同步,键盘缓冲区可事先存放应用程序所需的全部键符;此外,键盘缓冲区可满足快速操作员的键入要求。

11.2 显示器

11.2.1 LED 显示器的原理

许多微机应用系统都使用数码管显示字母和数字,因为它的工作原理和硬件连接都很简单,所以当系统不需显示图形且显示的信息不多时,选用发光二极管(LED)作为显示器可大大降低系统的造价,并能减小体积和重量等。一些工业测控系统甚至大系统的局部常用 LED 作为显示器。

1)LED 的工作原理

常用的 LED 器件有七段数码管和"米"字数码管,它们是由若干只 LED 组合在一起构成的,如图 11.7 所示。

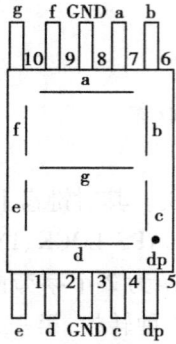

（a）七段数码管外形图　　　　　　　　　（b）"米"字数码管外形图

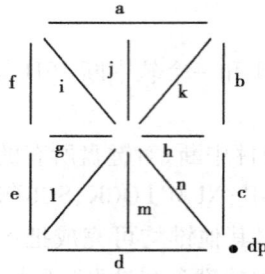

图 11.7　常用 LED 器件

以七段数码管为例,其组成原理图如图 11.8 所示。其中,图 11.8(a)称为共阴极 LED,图 11.8(b)为共阳极 LED。若要使 LED 显示信息,那么对于共阳极 LED,其公共端应接高电平(或+5 V),而对于共阴极 LED,其公共端应接地。

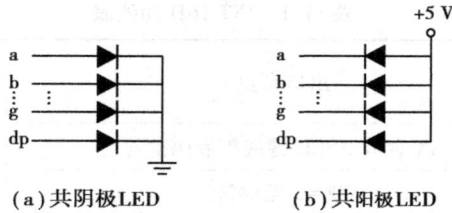

（a）共阴极LED　　　　　（b）共阳极LED

图 11.8　七段数码管原理图

给数码管的每个输入端(a,b,c,……,dp)提供适当电平,使某几段发光二极管亮,而另外几段不亮,则可显示出数字或字母。8 个输入端组成的二进制编码(简称段码或段选码)所对应的显示内容见表 11.2。

表 11.2　七段数码管字型码

显示字符	共阴极字型码	共阳极字型码	显示字符	共阴极字型码	共阳极字型码
0	3FH	C0H	C	39H	C6H
1	06H	F9H	D	5EH	A1H
2	5BH	A4H	E	79H	86H
3	4FH	B0H	F	71H	8EH
4	66H	99H	P	73H	8CH
5	6DH	92H	U	3EH	C1H
6	7DH	82H	F	31H	CEH
7	07H	F8H	Y	6EH	91H
8	7FH	80H	H	76H	89H
9	6FH	90H	L	38H	C7H

续表

显示字符	共阴极字型码	共阳极字型码	显示字符	共阴极字型码	共阳极字型码
A	77H	88H	LED 熄灭	00H	FFH
b	7CH	83H	…	…	…

2）LED 数码管在微机系统中的应用

由于 CPU 可向 LED 数码管输出任意二进制段码，故不像一般数字系统那样在 LED 前要接译码器，但在微机系统中 CPU 或接口的输出电流有限，不足以使 LED 发亮或亮度不够。因此，输出的段码需经过驱动器才能送给 LED。图 11.9 表示了 LED 在微机系统中及一般数字系统中的连接。

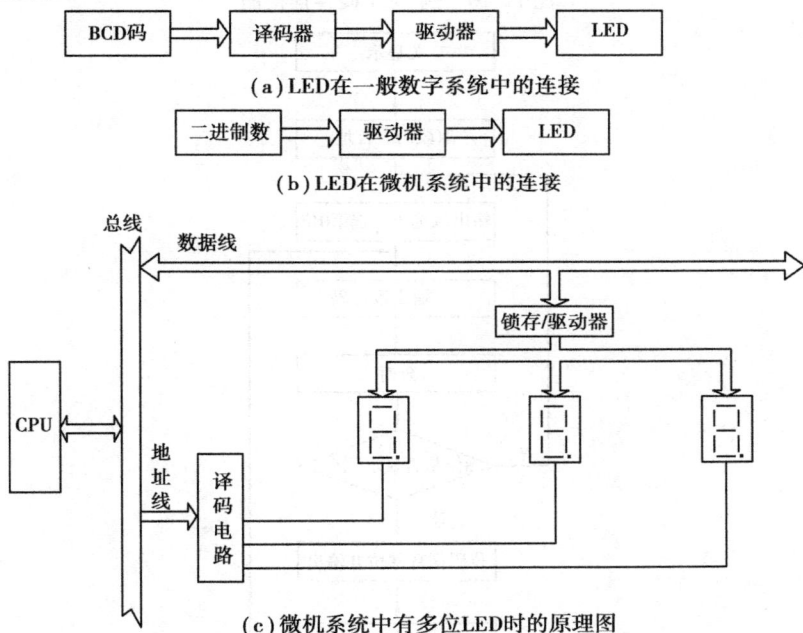

（a）LED在一般数字系统中的连接

（b）LED在微机系统中的连接

（c）微机系统中有多位LED时的原理图

图 11.9 LED 在系统中的连接

常用于 LED 的驱动器有 7407/7406 同向/反向驱动器、75452 二输入与非驱动器等。锁存器可用 74LS273/373、74LS244 等集成电路。

另外，系统中有多位 LED 时，每次只能使一位 LED 显示信息，每位 LED 上有一选通端（公共端）。需要哪位显示，就给其公共端提供有效电平（共阳极为 1，公阴极为 0），而其他位的公共端提供无效电平。这样构成的二进制编码称为位码或位选码。

还须注意，在多位 LED 显示中，要使每一位的显示信息有一个持续时间，可用循环延时程序实现，又要保证一遍一遍地进行循环显示时不出现闪烁，在软、硬件设计时就要考虑LED 的位数不能太多，显示的延时要适中。

［例 11.1］ 某 8088 系统中，使用 8 位 LED 显示时间，格式为时-分-秒，硬件连接如图11.10 所示，软件流程如图 11.11 所示。

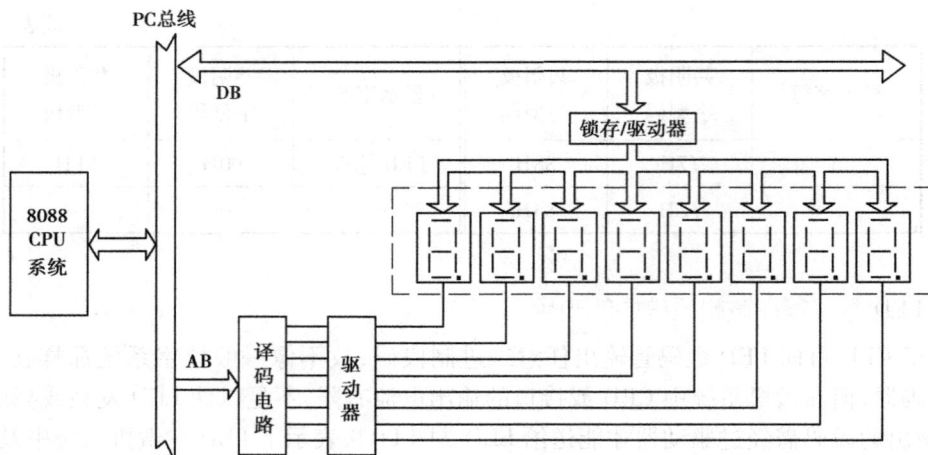

图 11.10 例 11.1 硬件连接图

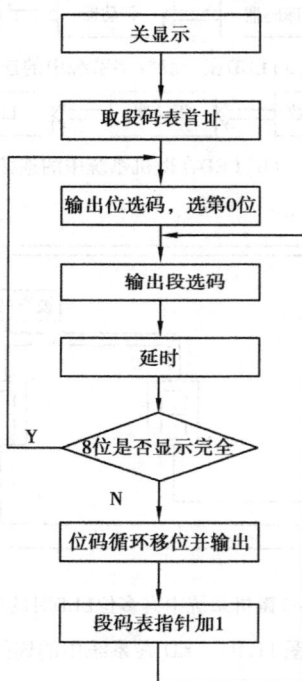

图 11.11 软件流程图

11.2.2 液晶显示器的原理

液晶显示器(LCD)是一种极低功耗显示器,作为一种"非发射型"显示器,较之阴极射线显像管(CRT 显示器)具有屏幕平板化、工作电压低(1.5～6 V)、无电磁辐射、能量消耗低、轻巧便携、使用寿命长、易于集成组装,以及可实现数字式接口等优点,已在个人计算机、智能手机、触摸屏显示、液晶电视以及公共信息服务显示等方面取得了广泛的应用。目前主流的 LCD 产品,是一种借助于薄膜晶体管(TFT)驱动的有源矩阵液晶显示器(AM-LCD),即薄膜晶体管液晶显示器(TFT-LCD)。

1）LCD 的基本结构

LCD 是一种采用液晶为材料的显示器。液晶（Liquid Crysta,LC）是一类介于固态和液态间的有机化合物,加热变为透明液态,冷却后变为结晶的混浊固态。在电场作用下,液晶分子会发生排列上的变化,从而影响入射光束透过液晶产生强度上的变化,这种光强度的变化,进一步通过偏光片的作用表现为明暗的变化。据此,通过对液晶电场的控制可实现光线的明暗变化,从而达到信息显示的目的。因此,液晶材料的作用类似于一个个小的"光阀"。由于在液晶材料周边存在控制电路和驱动电路。当 LCD 中的电极产生电场时,液晶分子就会发生扭曲,从而将穿越其中的光线进行有规则的折射（液晶材料的旋光性）,再经过第 2 层偏光片的过滤而显示在屏幕上。值得指出的是,液晶材料因为本身并不发光,所以 LCD 通常都需要为显示面板配置额外的光源,主要光源系统称为背光模组。LCD 主要由液晶面板和背光模组构成。

（1）液晶面板

液晶面板包括偏振膜、玻璃基板、黑色矩阵、彩色滤光片、保护膜、普通电极、校准层、液晶层（液晶、间隔、密封剂）、电容、显示电极、棱镜层、散光层。

（2）背光模组

LCD 产品是一种非主动发光电子器件,本身并不具有发光特性,必须依赖背光模组中光源的发射才能获得显示性能,因此 LCD 的亮度要由其背光模组决定。由此可见,背光模组的性能好坏直接影响液晶面板的显示品质。背光模组包括照明光源、反射板、导光板、扩散片、增亮膜（棱镜板）及框架等。目前 LCD 采用的背光模组可分为侧光式背光模组和直射式背光模组。手机、笔记本电脑与监视器主要采用侧光式背光模组,而液晶电视大多采用直射式背光模组光源。

2）LCD 的工作原理

（1）单色显示原理

LCD 是把液晶灌入 2 个列有细槽的平面之间。这 2 个平面上的槽互相垂直（相交成90°）。也就是说,若一个平面上的液晶分子南北向排列,则另一平面上的分子东西向排列,而位于 2 个平面之间的分子被强迫进入一种 90°扭转的状态。光线一般是顺着分子的排列方向传播,所以光线在经过液晶时也被扭转 90°。当液晶上加一个电压时,液晶分子便会转动而改变其透光率,从而实现多灰阶的显示。

LCD 通常由 2 个相互垂直的偏光片构成。偏光片的作用就像是栅栏一般,按照要求阻隔光波分量。例如阻隔掉与偏光片栅栏垂直的光波分量,而只准许与栅栏平行的光波分量通过。自然光线是朝四面八方随机发散的。2 个相互垂直的偏光片,在正常情况下应阻断所有试图穿透的自然光线。但是,由于 2 个偏光片之间充满了扭曲液晶,所以在光线穿出第 1 个偏光片后,会被液晶分子扭转 90°,最后从第 2 个偏光片中穿出。

（2）彩色显示原理

对于笔记本电脑或者桌面型的 LCD,需要采用更加复杂的彩色显示器。就彩色 LCD 而言,还需要具备专门处理彩色显示的色彩过滤层,即所谓的彩色滤光片,又称滤色膜。在彩色 LCD 面板中,每一个像素通常都是由 3 个液晶单元格构成,其中每一个单元格前面都分别有红色、绿色、蓝色（RGB）的三色滤光片。这样,通过不同单元格的光线就可以在屏幕上显示出不同的颜色。彩色滤光片与黑色矩阵和公共透明电极一般都沉积在显示屏的前玻璃基板上。彩色 LCD 能在高分辨率环境下创造色彩斑斓的画面。

（3）TFT 驱动原理

TFT 是指液晶面板玻璃基片上的晶体管阵列，让 LCD 每个像素都设有一个半导体开关。每个像素都可以通过点脉冲控制 2 片玻璃基板之间的液晶，即通过有源开关来实现对各个像素"点对点"的独立精确控制。因此，像素的每一个节点都是相对独立的，并且可以进行连续控制。TFT 阵列一般与透明像素电极、存储电容、栅线、信号线等，共同沉积在显示屏的后玻璃基板（距离显示屏较远的基板）上。这样一种晶体管阵列的配置，有助于提高液晶显示屏的反应速度，而且还可以控制显示灰度，从而保证 LCD 的影像色彩更为逼真、画面品质更为赏心悦目。因此，大多数 LCD、液晶电视及部分手机目前均采用 TFT 实施驱动，无论是采用窄视角扭曲向列（TN）模式的中小尺寸 LCD，还是采用宽视角的平行排列（IPS）等模式的大尺寸液晶电视（LCD-TV），都统称为 TFT-LCD。

11.3　打印机

11.3.1　打印机的分类

打印机是微型计算机系统的常用输出设备，打印机按印字原理可分为击打式和非击打式。击打式打印机是用活字或钢针击打色带实现印字的，如 24 针打印机 CR3240。非击打式打印机是利用静电感应、电灼式、热敏式等非机电手段实现印字的，如喷墨打印机、激光打印机等。

11.3.2　打印机的工作原理

微机系统中使用最普遍的打印机是点阵式打印机、喷墨打印机和激光打印机。本节主要对这 3 种打印机的工作原理作一介绍。

1）点阵式打印机

印字机构：点阵式打印机也称为针式打印机，它是通过一组钢针击打色带，透过色带在纸上印出由点阵构成的字符或图形来实现打印的。

打印进程：直流电机拖动着装有打印头的小车做往复运动，打印头上的磁铁被打印数据脉冲电流所驱动（数据为 1 的打印针出击，数据为 0 的打印针不出击），而磁铁又控制钢针击打色带，从而打出一行行的点阵，组成字符和图形。步进电机控制纸轴旋转，达到走纸的目的。

控制系统：针式打印机的控制系统如图 11.12 所示。

目前各种点阵式打印机的控制系统都以微处理器为核心。根据对打印机性能的不同要求，控制方式分为单一微处理器控制系统和主从微处理器控制系统。前者采用一个高性能的单片机和优化的控制程序完成打印机全部控制任务。后者则是采用主处理器完成打印数据/命令的传送和处理的主控任务，再有 1 个或 2 个从处理器负责横向往复运动、走纸、击打等动作的控制。

图 11.12 中，单片机的 ROM 存放监控程序和字库，RAM 作为数据工作区和行缓冲区，I/O 接口负责单片机数据/命令的传送；并行接口负责与系统板上的打印机适配器通信；驱动电路完成各种打印动作的驱动；操作面板提供开关状态，控制打印机联机/脱机、换页、换

行等操作。DIP 开关用来设置打印机参数(如打印格式、行距等);检测电路用来检测字车的初始位置、当前位置、机盖状态、缺纸及送纸调整杆位置等状态。

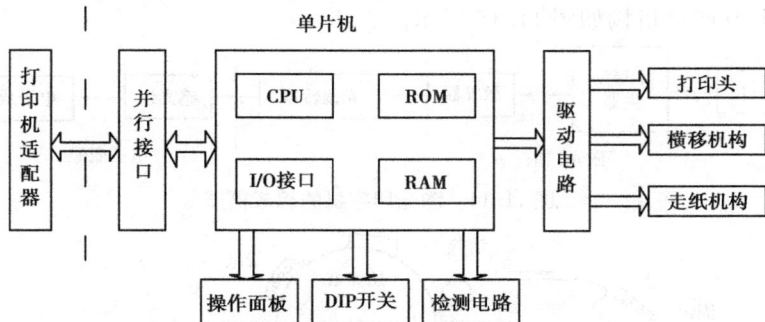

图 11.12 针式打印机基本控制电路

2) 喷墨打印机

喷墨打印机靠喷出的微小墨点在纸上组成图形、字符或汉字,其主要技术环节是墨滴的形成及其充电和偏转。墨滴的控制方式很多,有电荷控制式、静电发射式和脉冲控制式等,这里仅介绍电荷控制式喷墨打印机的工作原理。

电荷控制式喷墨打印机主要由喷墨头、字符发生器、充电电极、偏转电极、墨水供应与回收系统(包括墨水泵、墨水槽、过滤器、收集槽、回收器、管道等)以及相应的控制电路组成,如图 11.13 所示。

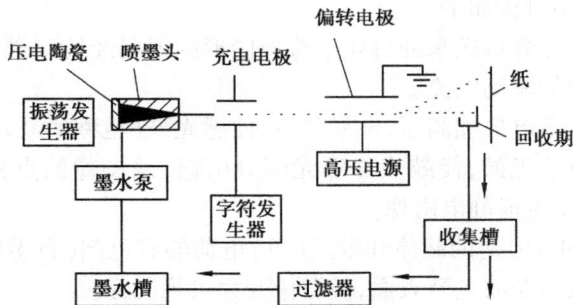

图 11.13 电荷控制式喷墨打印机原理

工作时,导电的墨水在墨水泵的高压力作用下进入喷嘴,通过喷嘴形成一束极细的高速射流。射流通过高频振荡发生器断裂成连续均匀的墨水滴流。在充电电极上,施加一个静电场给墨滴充电,所充电荷的多少随墨滴喷在纸上的位置而变。在充电电极上所加的电压越高,充电电荷就越多。电荷一直保持到墨滴落在纸上为止。带不同电荷的墨滴通过加有恒定偏转电极后垂直偏转到所需位置。若在垂直线段上某处不许喷点,则相应的墨滴不充电,这些墨滴在偏转电场中不发生偏转而按原定方向射入回收器中。当一列字符印完后,喷墨头以一定的速度沿水平方向由左向右移动一列距离。依次下去,即可印刷出一个字符,并由若干个字符加间隔构成字符行。

3) 激光打印机

激光打印机是一种高速度、低噪声的桌面印刷系统的输出设备,其打印质量比前两种都好。

激光打印机是用照相原理实现字符、图形和图像印刷的。因此,实际上应称为印字机,它主要由激光器和电子照相系统组成。由于目前半导体激光器成为印字机的主要光源,因此,这里主要讨论以半导体激光器为光源的激光印字机的工作原理。图 11.14 为激光印字机的组成框图,其印字机构如图 11.15 所示。

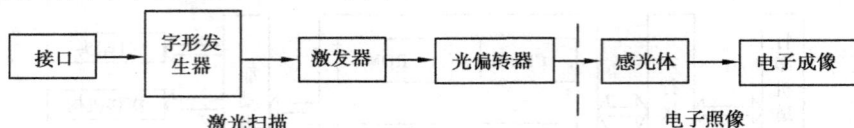

图 11.14 激光印字机的组成框图

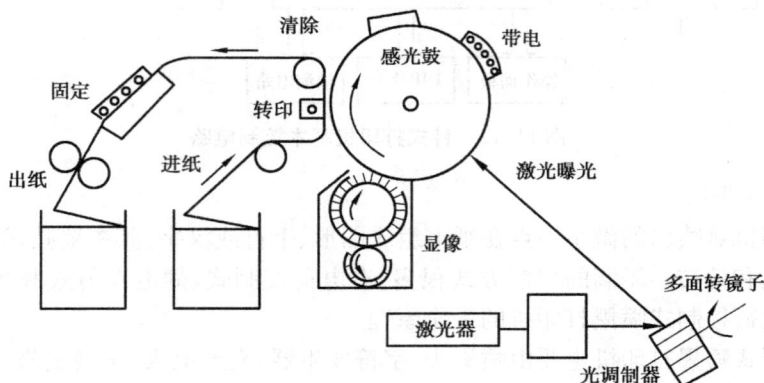

图 11.15 激光印字机的印字机构

激光印字机的印字过程如下:

①形成信息脉冲:计算机送来的打印字符或图形的编码经接口送字形发生器,取出字形信息脉冲,调制激光源的驱动电流。

②充电:向充电电晕电极加高压,电晕放电,使感光鼓(也称硒鼓)表面带正(负)电荷。

③曝光:激光照射感光鼓,使鼓表面曝光部分(即记录图像的点)电荷消失。感光鼓转动,不断曝光,在鼓表面生成静电潜像。

④显影:用带负(正)电荷的载体和带正(负)电荷的着色剂(石墨粉)对潜影着色。由于静电感应,着色剂被吸附在放电鼓表面,使潜像变为可视图像。

⑤转印:显影后的鼓面转动到转印电晕电极时,由于电晕电极使记录纸带负(正)电荷,鼓着色部分带正(负)电荷,这样显像后的图像就转印到纸上了。

⑥清洁:清除感光鼓表面的电荷和残留的着色剂。

⑦定影:利用加热或加压使图像固定在纸上。

⑧输出:由摩擦辊将打印结果输出。

11.4 鼠 标

随着图形用户界面的发展,鼠标已经成为微机系统中的标准硬件设备。鼠标用于控制屏幕上的光标移动,在多种系统软件的支持下可实现屏幕编辑、菜单选择、图形绘制等功能。目前常见的是光学鼠标。

11.4.1 光电鼠标的组成

光电鼠标通常由以下部分组成:光学感应器、光学透镜、发光二极管、控制芯片、轻触式按键、滚轮、连线、PS/2 或 USB 接口、外壳等。

1)光学感应器

光学感应器是光电鼠标的核心,目前能够生产光学感应器的厂家主要有安捷伦、微软和罗技等公司。其中,安捷伦公司的光学感应器使用十分广泛。

2)光学透镜组件

光学透镜组件被放在光电鼠标的底部位置,光学透镜组件由一个棱光镜和一个圆形透镜组成。其中,棱光镜负责将发光二极管发出的光线传送至鼠标的底部,并予以照亮。圆形透镜则相当于一台摄像机的镜头,这个镜头负责将已经被照亮的鼠标底部图像传送至光学感应器底部的小孔中。通过观看光电鼠标的背面外壳,可看出圆形透镜很像一个摄像头。通过试验,笔者得出结论:不管是阻断棱光镜还是圆形透镜的光路,均会立即导致光电鼠标"失明"。其结果就是光电鼠标无法进行定位,由此可见光学透镜组件的重要性。

3)发光二极管

光学感应器要对缺少光线的鼠标底部进行连续"摄像",自然少不了"摄影灯"的支援。否则,从鼠标底部摄到的图像将是一片黑暗,黑暗的图像无法进行比较,当然更无法进行光学定位。通常,光电鼠标采用的发光二极管是红色的(也有部分是蓝色的),且是高亮的(为了获得足够的光照度)。发光二极管发出的光线,一部分通过鼠标底部的光学透镜(即其中的棱镜)来照亮鼠标底部;另一部分则直接传到了光学感应器的正面。用一句话概括来说,发光二极管的作用就是产生光电鼠标工作时所需要的光源。

4)控制芯片

控制芯片负责协调光电鼠标中各元器件的工作,并与外部电路进行沟通(桥接)及各种信号的传送和收取。dpi 用来衡量鼠标每移动一英寸所能检测出的点数,dpi 越小,用来定位的点数就越少,定位精度就低;dpi 越大,用来定位点数就多,定位精度就高。通常情况下,传统机械式鼠标的扫描精度都在 200dpi 以下,而光电鼠标则能达到 400 甚至 800dpi,这就是为什么光电鼠标在定位精度上能够轻松超过机械式鼠标。

5)轻触式按键

没有按键的鼠标是难以想象的,再普通的光电鼠标至少也会有 2 个轻触式按键。方正光电鼠标的 PCB 上共焊有 3 个轻触式按键。除了左键、右键之外,中键被赋给了翻页滚轮。

11.4.2　光电鼠标的工作原理

光学鼠标底部的 LED 灯发光,灯光以约30°角射向桌面,照射粗糙的表面产生阴影,然后再通过平面的折射透过另外一块透镜反馈到传感器上。当鼠标移动时,成像传感器录得连续的图案,然后通过数字信号处理器(DSP)对每张图片的前后对比分析处理,以判断鼠标移动的方向以及位移,从而得出鼠标在屏幕上的坐标值,再通过 SPI 传给鼠标的微型控制单元(Micro Controller Unit)。鼠标的处理器对这些数值处理之后,传给电脑主机。

11.5　触摸屏

触摸屏(Touch Panel)又称为触控屏、触控面板,是一种可接收触头等输入信号的感应式液晶显示装置,当接触了屏幕上的图形按钮时,屏幕上的触觉反馈系统可根据预先编写的程序驱动各种连接装置,可用以取代机械式的按钮面板,并借由液晶显示画面制造出生动的影音效果。

从 1970 年世界上最早的电阻式触摸屏出现,至今已经形成了商业化的触摸屏技术,包括电阻技术触摸屏、电容技术触摸屏、红外线技术触摸屏、表面声波技术触摸屏等,并已广泛应用到了手机、平板电脑、零售业、公共信息查询、多媒体信息系统、医疗仪器、工业自动控制、娱乐与餐饮业、自动售票系统、教育系统等诸多领域。

触摸屏技术是人们最容易接受的计算机输入方式。利用这种技术,用户只要用手指轻轻地触碰计算机显示屏上的图符或文字就能实现对主机的操作,从而使人机交互更为直截了当。这种技术极大方便了用户,是极富吸引力的全新多媒体交互技术。触摸屏的本质是传感器,它由触摸检测部件和触摸屏控制器组成。触摸检测部件安装在显示器屏幕前面,用于检测用户触摸位置,接收后送至触摸屏控制器;触摸屏控制器的主要作用是从触摸点检测装置接收触摸信息,并将它转换成触点坐标送给中央处理器(CPU),同时能接收 CPU 发来的命令并加以执行。

习题与思考题

1. 非编码键盘分为哪几种形式?各有何特点?
2. 矩阵式键盘扫描方法分为哪两种?分别说明它们的工作原理。
3. 简述七段数码管的工作原理。

第12章
微机原理与接口技术实验 ·································· ○

12.1　32 位二进制数乘法

【实验内容】

用乘法指令实现 32 位二进制数的乘法运算。

【实验目的】

①熟悉指令。

②熟悉汇编语言的上机过程。

③掌握汇编语言顺序结构程序的设计方法。

【实验说明】

32 位二进制数为双字长数。设被乘数 2 个字用 a、b 表示，乘数用 c、d 表示。双字相乘的乘积是 64 位，即 4 字长。而乘法指令本身只能完成单字乘法。为了实现双字相乘，可按图 12.1 所示的处理过程编写程序。设 2 个乘数和乘积的低字存放在高地址，高字存放在低地址。

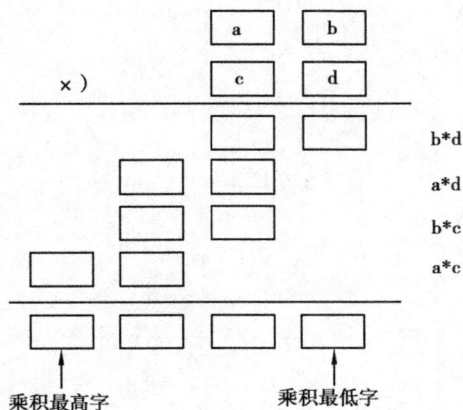

图 12.1　双字长数相乘示意图　　　　图 12.2　双字长数相乘流程图

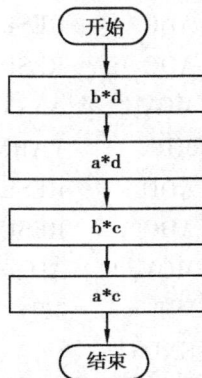

【流程图】

双字长数相乘流程图如图 12.2 所示。

【参考程序】

```
DATA      SEGMENT
          VARX      DW  42E5H,76F7H
          VARY      DW  851FH,0ACBEH
          RESULT    DW  4  DUP(0)        ;存放乘积
DATA      ENDS
CODE      SEGMENT
          ASSUME    CS:CODE,DS:DATA
BEGIN:    MOV       AX,DATA
          MOV       DS,AX
          MOV       AX,VARY+2
          MUL       VARX+2               ;完成 b*d
          MOV       RESULT+6,AX
          MOV       RESULT+4,DX
          MOV       AX,VARY+2
          MUL       VARX                 ;完成 a*d
          ADD       RESULT+4,AX
          ADC       RESULT+2,DX
          ADC       RESULT,0
          MOV       AX,VARY
          MUL       VARX+2               ;完成 b*c
          ADD       RESULT+4,AX
          ADC       RESULT+2,DX
          ADC       RESULT,0
          MOV       AX,VARY
          MUL       VARX                 ;完成 a*c
          ADD       RESULT+2,AX
          ADC       RESULT,DX
          MOV       AH,4CH
          INT       21H
CODE      ENDS
          END       BEGIN
```

12.2　折半查找算法

【实验内容】

在数据段中,从首地址 ARRAY 开始存放着一个按从小到大顺序排列的无符号整数数组,现要求在该数组中查找无符号整数 N,如果找到则输出"Find successfully!",否则输出"Find unsuccessfully!"。

【实验目的】

①掌握汇编语言分支结构程序的编写。

②掌握折半查找算法在汇编语言程序中实现的方法。

【实验说明】

说到查找,可能通常使用最多的是顺序查找,然而在本实验中,因为查找的是一个已经排好顺序的数组,所以可采用"折半查找算法"来提高查找的效率。具体实现过程如下:首先取有序数组的中间元素与查找值进行比较,如果相等,则表示查找成功;如果查找值小于中间元素,则再取低半部的中间元素与查找值进行比较;如果查找值大于中间元素,则再取高半部的中间元素与查找值进行比较;如此重复查找,直到成功或者失败! 对于长度为 n 的数组,顺序查找平均要作 n/2 次比较,而折半查找算法的平均比较次数为 $\log_2 n$。

【流程图】

折半查找算法的流程图如图 12.3 所示。

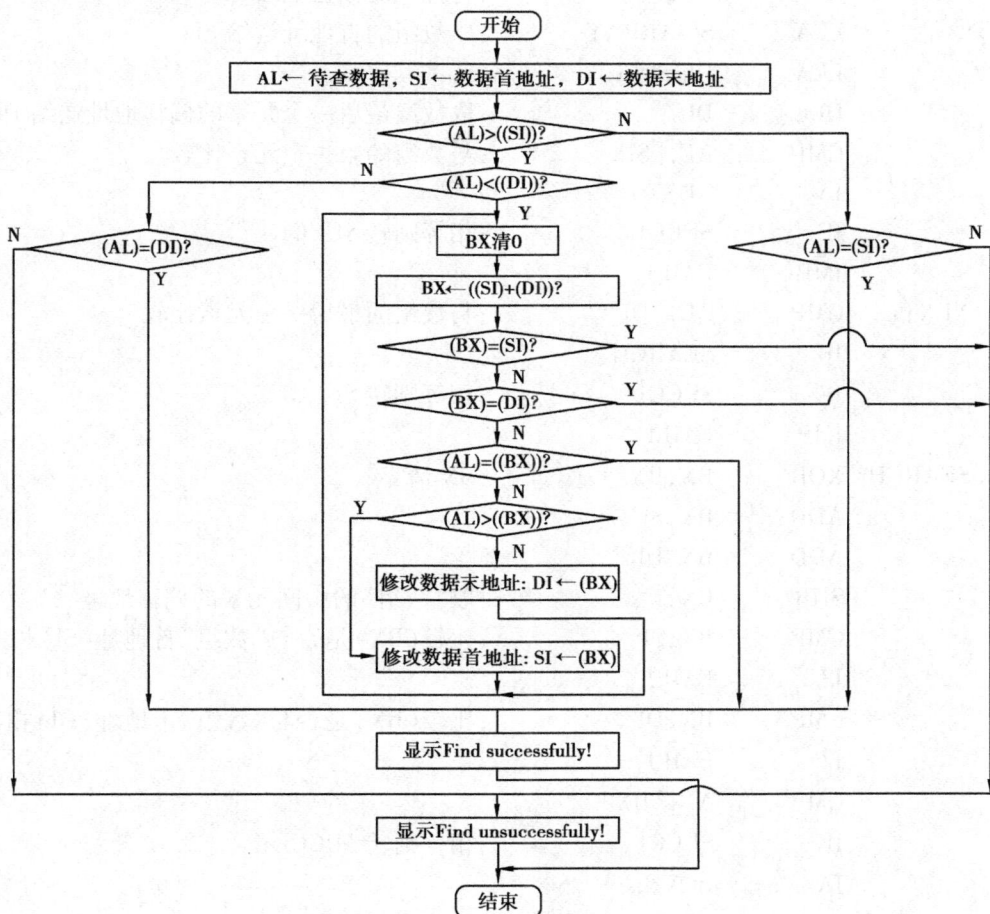

图 12.3　折半查找算法流程图

【参考程序】

```
DATA        SEGMENT
            ARRAY   DB      12,34,42,43,54,56,57,58,59,60,74,76,77,78,79,80
            SUCC    DB      "Find successfully!",0DH,0AH,"$"
            FAIL    DB      "Find unsuccessfully!",0DH,0AH,"$"
            N       EQU     79
DATA        ENDS
CODE        SEGMENT
            ASSUME  CS:CODE,DS:DATA
BEGIN:      MOV     AX,DATA
            MOV     DS,AX
            MOV     AL,N            ;将查找的数据送给 AL
            LEA     SI,ARRAY        ;取数组的首地址送给 SI
            LEA     DI,SUCC
            DEC     DI              ;取数组最后一个元素的偏移地址送给 DI
            CMP     AL,[SI]         ;与数组的第一个元素比较
            JA      NEXT
            JE      SUCC1           ;相等则转 SUCC1
            JMP     FAIL1
NEXT:       CMP     AL,[DI]         ;与数组的最后一个元素比较
            JB      SEARCH
            JE      SUCC1           ;相等则转 SUCC1
            JMP     FAIL1
SEARCH:     XOR     BX,BX           ;BX 清零
            ADD     BX,SI
            ADD     BX,DI
            SHR     BX,1            ;取"数组"的中间元素的偏移地址
            CMP     BX,SI           ;比较(BX)是否与"数组"首地址(SI)相等
            JZ      FAIL1
            CMP     BX,DI           ;比较(BX)是否与"数组"末地址(DI)相等
            JZ      FAIL1
            CMP     AL,[BX]
            JE      SUCC1           ;相等则转 SUCC1
            JA      BOVE
            MOV     DI,BX           ;修改"数组"的末地址
            JMP     SEARCH
BOVE:       MOV     SI,BX           ;修改"数组"的首地址
            JMP     SEARCH
```

```
SUCC1:    MOV    DX,OFFSET    SUCC    ;显示符号串"Find successfully!"
          MOV    AH,9
          INT    21H
          JMP    EXIT1
FAIL1:    MOV    DX,OFFSET    FAIL    ;显示符号串"Find unsuccessfully!"
          MOV    AH,9
          INT    21H
EXIT1:    MOV    AH,4CH                ;返回DOS
          INT    21H
CODE      ENDS
          END    BEGIN
```

12.3　冒泡排序算法

【实验内容】

在数据段中,有一个首地址为 ARRAY 开始的无序的无符号整型数组,试编程使该数组中的数据按从大到小的次序排列。

【实验目的】

①掌握汇编语言循环结构程序的编写方法。

②掌握冒泡排序算法在汇编语言程序中实现的方法。

【实验说明】

通常说到排序,可能首先就会想到的是冒泡排序算法。当然,在汇编语言的排序实验中也不例外。冒泡排序算法的实现过程如下:从第1个数据开始依次对相邻两个数据进行比较,如次序对则不做任何改变;如次序不对则使两个数据交换位置。

【流程图】

冒泡排序法的流程图如图 12.4 所示。

【参考程序】

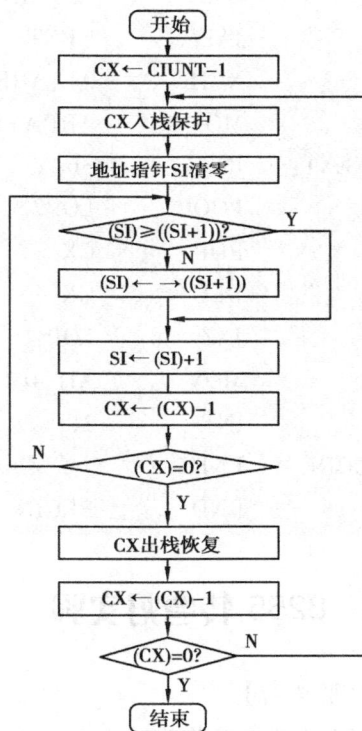

图 12.4　冒泡排序法流程图

```
DATA      SEGMENT
          ARRAY    DB    12H,23H,21H,54H,34H,60H,33H
          COUNT    EQU  $-ARRAY              ;数组元素个数
DATA      ENDS
```

```
STACK       SEGMENT   PARA   STACK
            DW   10H   DUP(?)
STACK       ENDS
CODE        SEGMENT
            ASSUME    CS:CODE,DS:DATA,SS:STACK
BEGIN:      MOV       AX,DATA
            MOV       DS,AX
            MOV       CX,COUNT-1              ;初始化初次比较次数
LOP1:       PUSH      CX
            XOR       SI,SI                   ;SI 清零
LOP2:       MOV       AL,ARRAY[SI]
            CMP       AL,ARRAY[SI+1]          ;相邻两个数据比较
            JAE       NEXT
            XCHG      AL,ARRAY[SI+1]          ;交换数据
            MOV       ARRAY[SI],AL
NEXT:       INC       SI                      ;修改地址指针 SI
            LOOP      LOP2                    ;循环比较
            POP       CX
            DEC       CX                      ;比较次数减 1
            JNZ       LOP1                    ;比较结束退出循环
            MOV       AH,4CH                  ;返回 DOS
            INT       21H
CODE        ENDS
            END       BEGIN
```

12.4 8255 转弯灯实验

【实验内容】

8255 的端口 C 作为输入口,PC_0、PC_1 分别接开关 K_1、K_2;端口 B 作为输出口,PB_0、PB_1 分别接发光二极管 L_4、L_5;K_1 作为左转弯开关,K_2 作为右转弯开关。L_4 作为左转弯灯,L_5 作为右转弯灯。要求编写程序实现如下功能:合上开关 K_1 时 L_4 以一定频率闪烁,合上开关 K_2 时 L_5 以一定频率闪烁,K_1、K_2 同时合上或断开,发光二极管熄灭。

【实验目的】

学习和掌握 8255 的编程原理。

【实验说明】

①根据实验的内容,可以确定 8255 的方式选择控制字,使 3 个端口均工作于方式 0,端口 C 输入,端口 B 输出。

②延时的实现问题。

实现延时的方法通常有硬件延时和软件延时。由于硬件延时内容将在后面的 8253 定时器实验中涉及,所以这里只简单介绍软件延时。软件延时的方法通常为编写延时子程序(即用指令循环来实现),CPU 通过执行它来达到延时的目的。对于延时子程序:

```
DELAY:      MOV      CX,0FFFFH
DELAY1:     LOOP     DELAY1
            RET
```

查指令表可知,上面的 MOV 指令需要执行 1 个时钟周期(即 1T),LOOP 指令需要执行 5 个时钟周期(即 5T),RET 指令需要执行 2 个时钟周期(即 2T),现假设本实验系统中 8088 的时钟频率为 4.77 MHz,则一个机器周期 $T=1\div(4.77\times10^6)$ s,则可写出下列等式:

延时子程序延迟的时间为: $t=T+5T\times65\ 535+2T$。

代入 T 的值,求出未知数 $t=0.069$ s。

③8255A 的端口 A 地址为 70H,端口 B 地址为 71H,端口 C 地址为 72H,控制端口地址为 73H。

④开关合上为高电平,反之为低电平;各 LED 共阴极,高电平使它点亮。

【实验原理图】

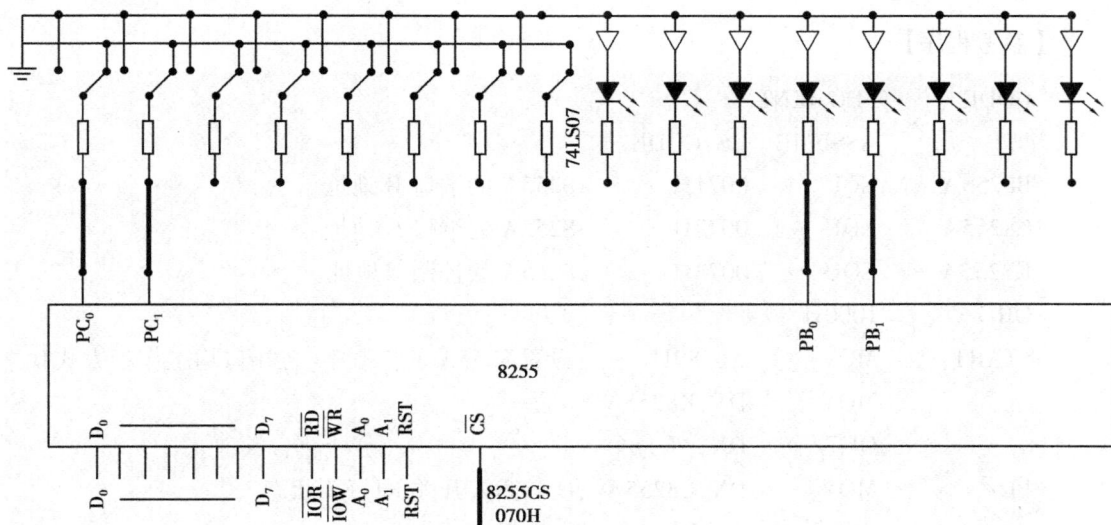

图 12.5　8255 转弯灯原理图

【实验连线】

①PC_0、PC_1 分别接 K_1、K_2;

②PB_0、PB_1 分别接发光二极管 L_4、L_5;

③8255CS 插孔接译码输出 Y7(070H—07FH)插孔。

【流程图】

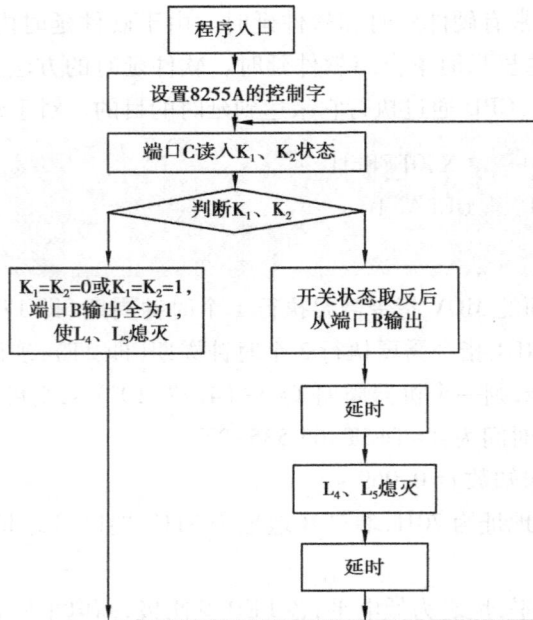

图 12.6　8255 转弯灯流程图

【参考程序】

```
CODE        SEGMENT
            ASSUME   CS:CODE
B8255A      EQU      0071H      ;8255A 的端口 B 地址
C8255A      EQU      0072H      ;8255A 的端口 C 地址
K8255A      EQU      0073H      ;8255A 的控制口地址
ORG         1000H
START:      MOV      AL,89H     ;设置 8255A 的控制字,各端口均工作于方式 0
            MOV      DX,K8255A
            OUT      DX,AL
LL:         MOV      DX,C8255A  ;C 口读入开关 K1、K2 状态
            IN       AL,DX
            AND      AL,03H
            CMP      AL,3       ;若为 3,则说明 K1、K2 均合上,转 LL1
            JZ       LL1
            CMP      AL,0       ;若为 0,则说明 K1、K2 均没有合上,转 LL1
            JZ       LL1
            NOT      AL         ;取反,以使开关合上时发光二极管亮
            MOV      DX,B8255A  ;端口 B 输出数据,控制发光二极管闪烁
            OUT      DX,AL
```

```
             CALL     DELAY       ;延时
             MOV      AL,0H       ;熄灭
             OUT      DX,AL
             CALL     DELAY       ;延时
             JMP      LL
LL1:         MOV      DX,B8255A
             MOV      AL,0FFH     ;熄灭
             OUT      DX,AL
             CALL     DELAY
             JMP      LL
DELAY        PROC     NEAR
             MOV      CX,0FFFFH   ;延时子程序
DELAY1:      LOOP     DELAY1
             RET
DELAY        ENDP
CODE         ENDS
             END      START
```

12.5 8259 中断实验

【实验内容】

每按一次 AN 按钮就产生一次中断,每中断一次,就让与 8255A 的端口 C 相连接的一个 LED 点亮,如果连续地按 AN 按钮,就能实现 $L_1 \sim L_8$ 循环点亮的效果。

【实验目的】

①掌握 8259 中断控制器的工作原理,熟悉实验中涉及中断屏蔽寄存器 IMR 和中断服务寄存器 ISR 的使用方法。

②掌握 8259 中断控制器的接口方法和初始化编程方法。

③掌握中断服务程序的编写方法。

【实验说明】

①本系统中有一片 8259 中断控制芯片,工作于主片方式,8 个中断请求输入端 $IR_0 \sim IR_7$ 对应的中断型号为 8 ~ F(即 $ICW_2 = 00001 \times \times \times$) ,IR_3 的中断类型号是 0BH,则它所对应的中断向量在中断向量表中的有效地址是 0BH×4 = 2CH。

②本系统中 8259 地址:偶地址   20H

奇地址   21H

③对 8259 进行初始化编程时,采用电平触发方式、单片使用、缓冲方式、一般嵌套、非自动中断结束方式、8086 模式。

④注意要使 8086 响应可屏蔽中断请求,首先要开放中断即 STI;要使它能响应 IR_3 申请

的中断,还得发操作命令字 OCW_1 来开放 IR_3 申请中断(实际上,在初始化命令写入以后,OCW_1 处于全开放状态)。

⑤编程时,要设置 IR_3 对应的中断向量,以便使它指向我们自己写的中断服务程序。

⑥该实验所涉及 8255 的实验原理图可参考硬件相关实验。

⑦8279 控制 LED 显示补充说明:

a. LED 数码管显示器有 2 种工作方式,即静态显示方式和动态显示方式。在静态显示方式下,每位数码管的 a~h 端与一个 8 位的 I/O 口相连。要在某一位数码管上显示字符时,只要从对应的 I/O 口输出并锁存其显示代码即可。其特点是,数码管中的发光二极管恒定导通或截止,直到显示字符改变为止。在动态显示方式下,各位数码管的 a~h 端并连在一起,与微机系统的一个 I/O 口相连,从该 I/O 口中输出显示代码。每位数码管的共阳极或共阴极则与另一个 I/O 口相连,控制被点亮的位。动态显示的特点是,每一时刻只能有一位数码管被点亮,各位依次被轮流点亮;对于每一位来说,每隔一段时间点亮一次。为了每位数码管能够充分被点亮,二极管应持续发光一段时间。利用发光二极管的余晖和人眼的驻留效应,通过适当地调整每位数码管被点亮的时间间隔,可以观察到稳定的显示输出。

b. 8279 命令/状态端口地址:00DFH;8279 数据端口地址:00DEH。

c. 用 8279 控制 LED 显示,通过实验原理图可以得到显示值和显示段码对照表(表 12.1)。

表 12.1　显示值与显示段码对照表

显示值	0	1	2	3	4	5	6	7
显示段码	3FH	06H	5BH	4FH	66H	6DH	7DH	07H
显示值	8	9	A	B	C	D	E	F
显示段码	7FH	6FH	77H	7CH	39H	5EH	79H	71H

8279 控制 LED 显示的原理图如图 12.7 所示。

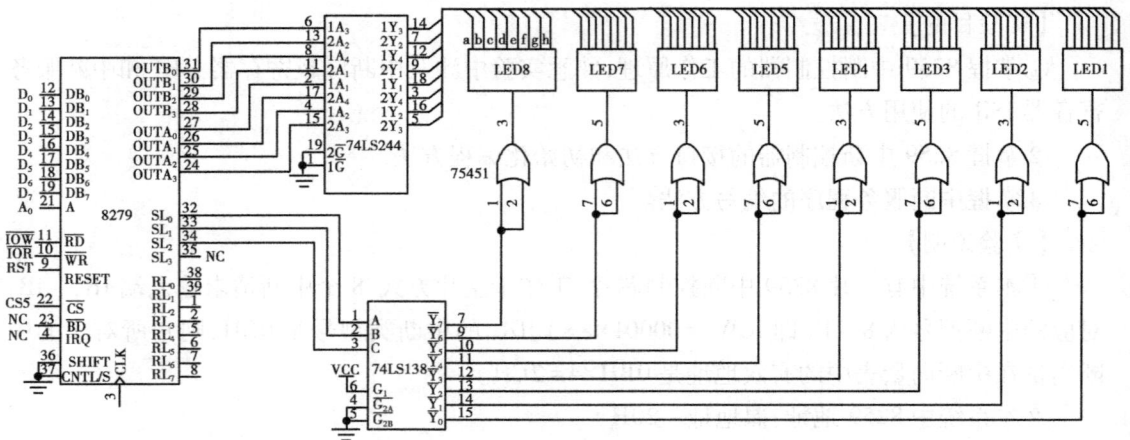

图 12.7　8279 控制 LED 显示实验原理图

在 DVCC 实验箱上 8279 控制 LED 显示的线全部已经连好,无须另外连线。8279 控制 LED 显示流程如图 12.8 所示。

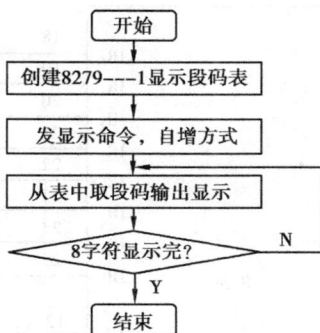

图 12.8 8279 控制 LED 显示实验流程图

CONT8279 控制 LED 显示参考代码如下：

```
CONT8279    EQU    00DFH              ;8279 命令/状态端口地址
DATA8279    EQU    00DEH              ;8279 数据端口地址
CODE        SEGMENT
            ASSUME     CS:CODE
            ORG    1000H
LED         DB     06H,40H,40H,40H,6FH,07H,5BH,7FH;8279---1 显示段码表
START:      MOV    AL,10010000B       ;写显示命令,自增方式
            MOV    DX,CONT8279
            OUT    DX,AL
            MOV    CX,8               ;显示 8 位字符
            MOV    BX,0
LOP1:       MOV    AL,CS:LED[BX];从表中取数据送至 8279
            MOV    DX,DATA8279
            OUT    DX,AL
            INC    BX
            LOOP   LOP1
            HLT                       ;停机
CODE        ENDS
            END    START
```

【实验原理图】

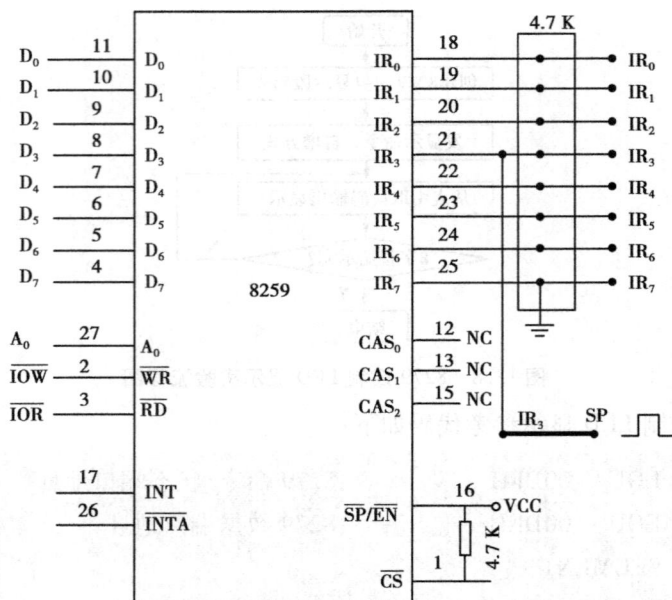

图 12.9　8259 中断实验原理图

【实验连线】

①8259 的 IR$_3$ 插孔和 SP 插孔相连。

②PC$_0$ ~ PC$_7$ 分别接发光二极管 L$_1$ ~ L$_8$。

③8255CS 插孔接译码输出 Y7(070H—07FH)插孔。

【流程图】

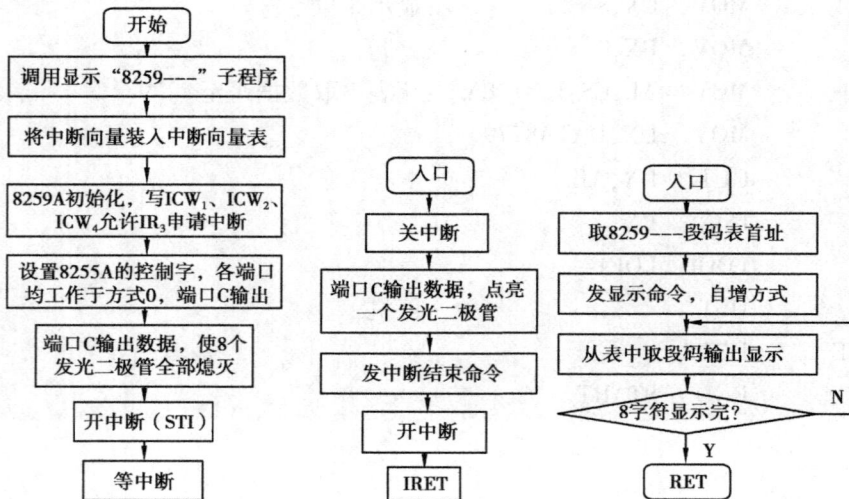

（a）主程序流程图　　（b）中断服务程序流程图　　（c）显示子程序流程图

图 12.10　8259 中断实验流程图

【参考程序】

```
CONT8279    EQU        00DFH              ;8279 命令/状态端口地址
DATA8279    EQU        00DEH              ;8279 数据端口地址
C8255A      EQU        0072H              ;8255A 的端口 C 地址
K8255A      EQU        0073H              ;8255A 的控制口地址
INT82590    EQU        0020H              ;8259A 的偶地址
INT82591    EQU        0021H              ;8259A 的奇地址
CODE        SEGMENT
            ASSUME  CS:CODE
            ORG        1000H
START:      CALL       LEDDISP            ;调用子程序显示 8259----
            CLD                           ;DF 标志位清零
            MOV        AX,0H
            MOV        ES,AX
            MOV        DI,002CH           ;IR3 中断向量地址 002CH(即 0BH×4)
            LEA        AX,INTERUPT        ;中断服务程序有效地址
            STOSW
            MOV        AX,CS              ;中断服务程序段地址
            STOSW
            ;8259A 初始化
            MOV        AL,13H             ;写 ICW1,电平触发方式、单片使用、需 ICW4
            MOV        DX,INT82590
            OUT        DX,AL
            MOV        AL,08H             ;写 ICW2,确定中断类型号的高 5 位
            MOV        DX,INT82591
            OUT        DX,AL
            MOV        AL,09H             ;写 ICW4,缓冲方式、一般嵌套、8086 模式
            OUT        DX,AL
            MOV        AL,0F7H            ;允许 8259A 的 IR3 中断
            OUT        DX,AL
            MOV        AL,80H             ;设置 8255A 的控制字,各端口均工作于方
                                          ; 式 0,端口 C 输出
            MOV        DX,K8255A
            OUT        DX,AL
            MOV        AL,0H              ;使 8 个发光二极管全部熄灭
            MOV        DX,C8255A
            OUT        DX,AL
            MOV        AL,80H             ;AL 赋初值,控制二极管亮和灭
            STI                           ;开中断
```

WATING:	JMP	WATING	;等中断
INTERUPT	PROC		
	CLI		
	ROL	AL,1	;AL 循环左移 1 位
	MOV	DX,C8255A	
	OUT	DX,AL	;端口 C 输出,点亮一个发光二极管
	PUSH	AX	;入栈
	MOV	AL,20H	;发中断结束命令
	MOV	DX,INT82590	
	OUT	DX,AL	
	POP	AX	;出栈
	STI		;开中断
	IRET		;中断返回
INTERUPT	ENDP		
LEDDISP	PROC		
	LEA	DI,LED	;取 8259----显示段码表首址
	MOV	AL,90H	;写显示命令,自增方式
	MOV	DX,CONT8279	
	OUT	DX,AL	
	MOV	CX,8	;显示 8 位字符
LOP1:	MOV	AL,CS:[DI]	;从表中取数据送 8279
	MOV	DX,DATA8279	
	OUT	DX,AL	
	INC	DI	
	LOOP	LOP1	
	RET		
LEDDISP	ENDP		
;8259----显示段码表			
LED	DB	40H,40H,40H,40H,6FH,6DH,5BH,7FH	
CODE	ENDS		
	END	START	

12.6 8253 定时器/计数器实验

【实验内容】

用 8253 定时器 2 对 1 MHz 的输入频率进行最大分频,输出约 15 Hz 的方波,并用示波器观察输出波形。

【实验目的】

掌握 8253 定时器/计数器的使用和编程方法。

【实验说明】

8253 定时/计数器各端口的地址分别如下：

- 定时器 0 的地址为:48H
- 定时器 1 的地址为:49H
- 定时器 2 的地址为:4AH
- 控制端口的地址为:4BH

【实验原理图】

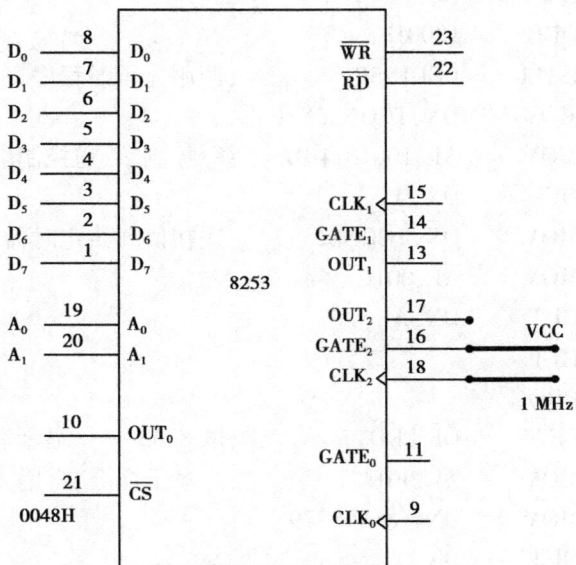

图 12.11　8253 定时器/计数器实验原理图

【实验连线】

①8253A 芯片的 CLK_2 引出插孔连分频输入插孔 1 MHz。

②8253A 的 $GATE_2$ 接+5 V。

【流程图】

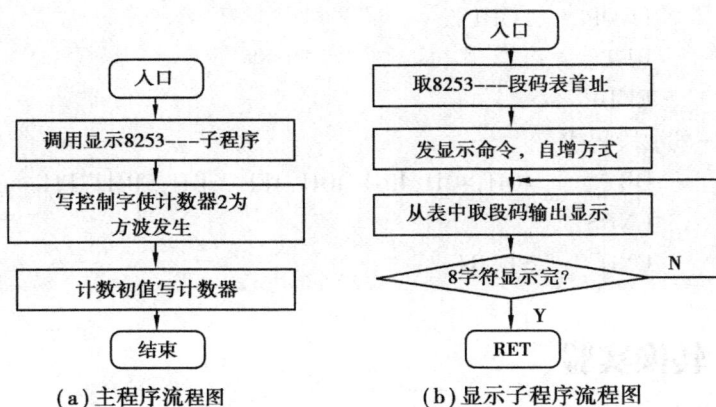

（a）主程序流程图　　　（b）显示子程序流程图

图 12.12　8253 定时器/计数器实验流程图

【参考程序】

```
CONT8279    EQU     00DFH           ;8279 命令/状态端口地址
DATA8279    EQU     00DEH           ;8279 数据端口地址
TCON8253C   EQU     004BH           ;8253 控制端口地址
TCON82532   EQU     004AH           ;8253 通道 2 端口地址
CODE        SEGMENT
            ASSUME  CS:CODE
            ORG     1800H
START:      CALL    LEDDISP         ;调用显示子程序
            MOV     DX,TCON8253C
            MOV     AL,10010110B    ;写控制字,送控制端口
            OUT     DX,AL
            MOV     DX,TCON82532    ;送初值 0 给定时器 2
            MOV     AL,00H
            OUT     DX,AL
            HLT
LEDDISP     PROC
            LEA     DI,LED          ;取 8253----显示段码表首址
            MOV     AL,90H          ;写显示命令,自增方式
            MOV     DX,CONT8279
            OUT     DX,AL
            MOV     CX,8            ;显示 8 位字符
LOP1:       MOV     AL,CS:[DI]      ;从表中取数据送 8279
            MOV     DX,DATA8279
            OUT     DX,AL
            INC     DI
            LOOP    LOP1
            RET
LEDDISP     ENDP
;8253----显示段码表
LED         DB      40H,40H,40H,40H,4FH,6DH,5BH,7FH
CODE        ENDS
            END     START
```

12.7 D/A 转换实验

【实验内容】

利用实验箱上的 DAC0832 芯片,完成 D/A 转换实验,从 AOUT 端输出正弦波。

【实验目的】

①了解 D/A 转换的基本原理以及它与 8088 的接口方法。

②掌握 DAC0832 的性能及编程方法。

③学习 8088 系统中扩展 D/A 转换的基本方法。

【实验说明】

①D/A 转换是把数字量转换成模拟量的变换,从 D/A 转换器输出的是模拟电压信号。要产生正弦波,较简单的方法是造一张正弦数字量表,取值范围是一个周期,采样点越多,精度越高。

②DAC0832 有 3 种工作方式:双缓冲方式、单缓冲方式、直通方式。在不同的实验系统中,线路接法不一样则导致工作方式不一样。

当它工作于双缓冲方式,一般内部的输入寄存器占偶地址端口 PORTIN,DAC 寄存器占较高的奇地址端口 PORTDAC。2 个寄存器均对数据独立进行锁存。因此,要把一个数据通过 0832 输出,需经过 2 次锁存。典型程序段如下:

```
MOV     DX,PORTIN           ;输入寄存器的端口地址
MOV     AL,DATA
OUT     DX,AL
MOV     DX,PORTDAC          ;DAC 寄存器的端口地址
OUT     DX,AL
```

其中第 2 次 I/O 写是一个虚拟写过程,其目的只是产生一个 WR 信号,启动 D/A 转换。

而在其计算机厂生产的 DVCC—8086JH 实验开发系统中,DAC0832 工作于单缓冲方式,它的 ILE 接+5 V,/CS 和/XFER 相接后作为 0832 芯片的片选 0832CS,所以对 DAC0832 执行一次写操作就把一个数据直接写入 DAC 寄存器,模拟量输出随之而变化。典型的程序段如下:

```
MOV     DX,PORTDAC          ;DAC 寄存器的端口地址
OUT     DX,AL
```

本实验针对的是后者进行的编程。

【实验原理图】

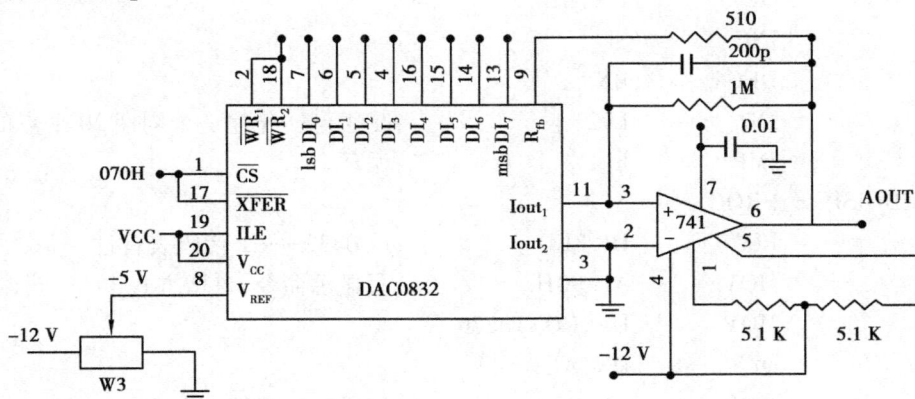

图 12.13　D/A 转换实验原理图

【实验连线】

将 0832 片选信号 0832CS 插孔与译码输出 Y7(070H—07FH)插孔相连。

【流程图】

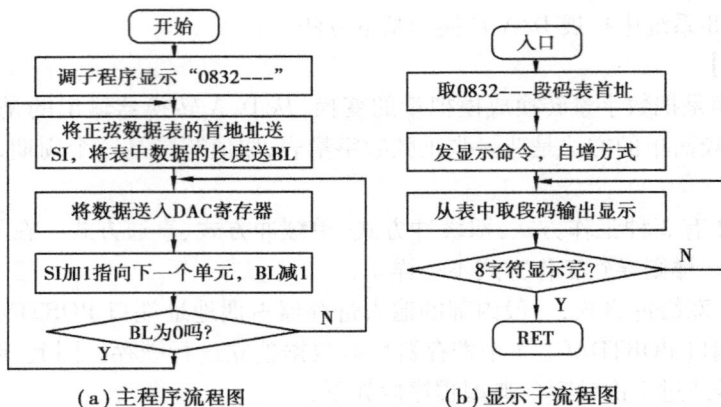

（a）主程序流程图　　　　　　　　　　（b）显示子流程图

图 12.14　D/A 转换实验流程图

【参考程序】

CODE	SEGMENT		
	ASSUME	CS:CODE	
DAC0832	EQU	0070H	;0832 的 DAC 寄存器地址
CONT8279	EQU	00DFH	;8279 命令/状态端口地址
DATA8279	EQU	00DEH	;8279 数据端口地址
COUNT	EQU	0014H	;正弦函数表中的数据个数
	ORG	1000H	
START:	CALL	LEDDISP	;调显示子程序
LL1:	LEA	SI,TAB	
	MOV	BX,COUNT	
LL2:	MOV	DX,DAC0832	;正弦波产生
	MOV	AL,CS:[SI]	
	OUT	DX,AL	
	INC	SI	
	DEC	BX	
	JNZ	LL2	;是否已转化完一个周期 20 个点的数据
	JMP	LL1	;循环
LEDDISP	PROC		
	LEA	DI,LED	;取 0832---1 代码表首址
	MOV	AL,90H	;写显示命令,自增方式
	MOV	DX,CONT8279	
	OUT	DX,AL	
	MOV	CX,8	;显示 8 位字符
	MOV	BX,0	

```
LL3:        MOV     AL,CS:[BX+DI]              ;从表中取数据送 8279
            MOV     DX,DATA8279
            OUT     DX,AL
            INC     BX
            LOOP    LL3
            RET
LEDDISP ENDP
;显示 0832---1 段码表
LED     DB      06H,40H,40H,40H,5BH,4FH,7FH,3FH
;产生正弦波的数据表
TAB     DB      80H,58H,35H,18H,6H,00H,6H,18H,35H,58H,80H
        DB      0A8H,0CBH,0E8H,0FAH,0FFH,0FAH,0E8H,0CBH,0A8H
CODE    ENDS
        END     START
```

12.8 A/D 转换实验

【实验内容】

利用实验箱上的 ADC0809 芯片完成 A/D 转换实验,实验箱上的电位器提供模拟量输入,编制程序,将模拟量转换为数字量,并用 LED 显示。

【实验目的】

①掌握 A/D 转换与 8088 的接口方法。

②掌握 ADC0809 转换性能及编程方法。

③通过实验了解 8088 如何进行数据采集。

【实验说明】

①A/D 转换器大致分为 3 类:一是双积分 A/D 转换器,优点是精度高,抗干扰性好,价格便宜,但速度慢;二是逐次逼近法 A/D 转换器,特点是精度、速度、价格适中;三是并行 A/D 转换器,特点是速度快,价格也昂贵。

本实验用的 ADC0809 属第 2 类,是 8 位 A/D 转换器。ADC0809 在 START 上升沿时,所有内部寄存器清零,在下降沿时,开始进行 A/D 转换,此期间 START 应保持低电平。需要注意的是,在 START 下降沿后 10 μs 左右,转换结束信号 EOC 变为低电平,EOC 为低电平时,表示正在转换,再变为高电平时,表示转换结束。所以用软件查询的方法采集数据。由于 START 端为 A/D 转换启动信号,ALE 端为通道选择地址的锁存信号。实验电路中将其相连,以便同时锁存通道地址并开始 A/D 采样转换,故启动 A/D 转换只需如下 3 条指令:

```
MOV     AX,0
MOV     DX,ADCPORT          ;ADC0809 某通道的端口地址
OUT     DX,AL
```

AL 中的内容是什么不重要,这只是一次虚拟写,目的就是启动 A/D 转换。

由于 A/D 转换结束后会自动产生 EOC 信号,所以用中断方式采集数据,将它与 8259A

的任意一个中断请求引脚($IR_0 \sim IR_7$)相接,作为中断请求信号。中断处理程序则可完成取数工作,并且可使用如下指令读取 A/D 转换结果:

```
MOV      DX,ADCPORT        ;ADC0809 某通道的端口地址
IN       AL,DX
```

②ADC0809 的 8 个通道端口地址分别为 60H、61H、62H、63H、64H、65H、66H、67H。本实验提供的参考程序分别采用了软件延时和中断方式采集数据。

【实验原理图】

在本实验原理图(图 12.15)中省略了 LED 显示部分的电路,不清楚这部分原理的可以参看 12.5 节中 8279 控制 LED 显示的内容;当用中断方式采集数据时,本实验原理图还少了 8259 管理中断部分的电路,不清楚该部分原理的可以参看 12.5 节 8259 中断实验。

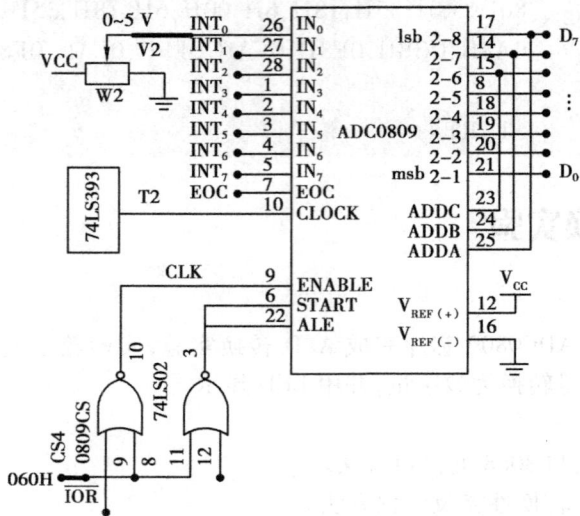

图 12.15 A/D 转换原理图

【实验连线】

①软件延时方式采集数据时:

- IN_0 插孔连 W_2 的输出 V_2 插孔;
- 0809CS 连译码输出 Y6(060H ~ 06FH)插孔。

②中断方式采集数据时:

- IN_0 插孔连 W_2 的输出 V_2 插孔;
- 0809CS 连译码输出 Y6(060H ~ 06FH)插孔;
- 0809 的 EOC 输出插孔连 8259A 的 IR3 插孔;
- CLK_0809 接 1 MHz。

【流程图】

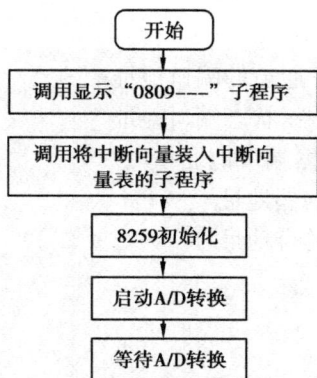

（a）中断方式主流程图

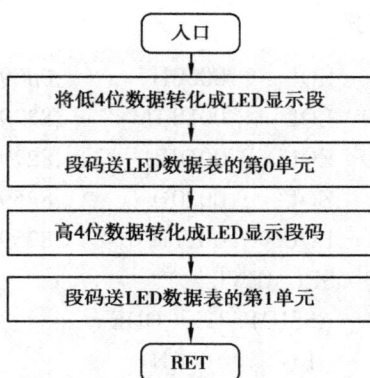

（b）转换数据子流程图

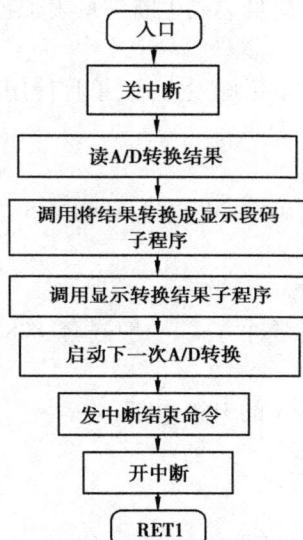

（c）中断服务程序子流程图

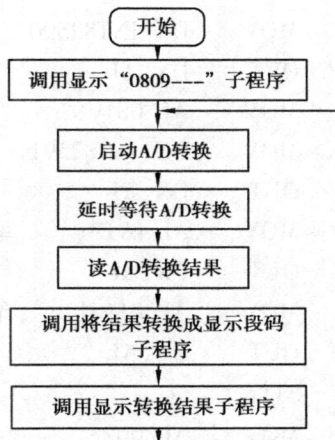

（d）延时方式主程序流程图

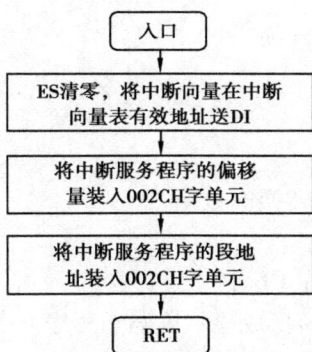

（e）装中断向量子流程图

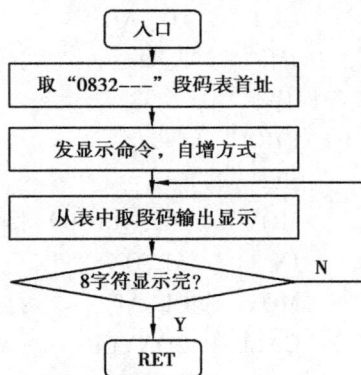

（f）显示子流程图

图 12.16 A/D 转换流程图

【参考程序】

（1）中断方式

```
AD0809      EQU        0060H          ;0809IN0 通道的端口地址
CONT8279    EQU        00DFH          ;8279 命令/状态端口地址
DATA8279    EQU        00DEH          ;8279 数据端口地址
INT82590    EQU        0020H          ;8259A 的偶地址
INT82591    EQU        0021H          ;8259A 的奇地址
CODE        SEGMENT
            ASSUME CS:CODE
            ORG        1000H
START:      CALL       LEDDISP        ;调用显示子程序
            CALL       ZRIR3          ;调用中断向量装入中断向量表子程序
;8259 初始化
            MOV        AL,13H         ;写 ICW1,电平触发方式、单片使用、需 ICW4
            MOV        DX,INT82590
            OUT        DX,AL
            MOV        AL,08H         ;写 ICW2,确定中断类型号的高 5 位
            MOV        DX,INT82591
            OUT        DX,AL
            MOV        AL,09H         ;写 ICW4,缓冲方式、一般嵌套、8088 模式
            OUT        DX,AL
            MOV        AL,0F7H        ;允许 8259A 的 IR3 中断
            OUT        DX,AL
            STI
            MOV        AL,00          ;启动 A/D 转换
            MOV        DX,AD0809
            OUT        DX,AL
A_D:        JMP        A_D            ;等待 A/D 转换
;中断服务程序
INTERUPT  PROC
            CLI
            MOV        DX,AD0809      ;采集 A/D 转换的数据
            IN         AL,DX
            MOV        CL,AL          ;数据暂存在 CL 中
            CALL       CONVER         ;调用数据转换成显示段码子程序
            CALL       LEDDISP        ;调用显示子程序
            MOV        AL,00          ;启动下一次 A/D 转换
            MOV        DX,AD0809
            OUT        DX,AL
```

```
        MOV      AL,20H          ;发中断结束命令
        MOV      DX,INT82590
        OUT      DX,AL
        STI                      ;开中断
        IRET                     ;中断返回命令
INTERUPT ENDP
;数据转换成 LED 显示段码子程序
CONVER  PROC
        CLD                      ;DF 标志位清零
        LEA      DI,LED          ;取 0809----显示段码表首址
        MOV      AX,CS           ;将 ES 指向代码段
        MOV      ES,AX
        MOV      AL,CL           ;将低 4 位数据转化成 LED 显示段码
        AND      AL,0FH
        XOR      BH,BH
        MOV      BL,AL
        MOV      AL,CS:TAB[BX]
        STOSB                    ;段码送 LED 数据表的第 0 单元
        MOV      AL,CL           ;将高 4 位数据转化成 LED 显示段码
        MOV      CL,04H
        SHR      AL,CL
        MOV      BL,AL
        MOV      AL,CS:TAB[BX]
        STOSB                    ;段码送 LED 数据表的第 1 单元
        RET                      ;子程序返回
CONVER  ENDP
;中断向量装入中断向量表子程序
ZRIR3   PROC
        CLD
        MOV      AX,0H
        MOV      ES,AX
        MOV      DI,002CH        ;IR3 中断向量地址 002CH(即 0BH×4)
        LEA      AX,INTERUPT     ;中断服务程序偏移量
        STOSW
        MOV      AX,CS           ;中断服务程序段地址
        STOSW
        RET
ZRIR3   ENDP
;显示子程序
```

```
LEDDISP    PROC
           LEA      DI,LED              ;取0809----显示段码表首址
           MOV      AL,90H              ;写显示命令,自增方式
           MOV      DX,CONT8279
           OUT      DX,AL
           MOV      CX,8                ;显示8位字符
LOP1:      MOV      AL,CS:[DI]          ;从表中取数据送8279
           MOV      DX,DATA8279
           OUT      DX,AL
           INC      DI
           LOOP     LOP1
           RET
LEDDISP    ENDP
;0809----显示段码表
LED        DB       40H,40H,40H,40H,6FH,3FH,7FH,3FH
;置0-F字符显示代码表
TAB        DB       3FH,06H,5BH,4FH,66H,6DH,7DH,07H
           DB       7FH,6FH,77H,7CH,39H,5EH,79H,71H
CODE       ENDS
           END      START
```

（2）查询方式

```
AD0809     EQU      0060H               ;0809IN0通道的端口地址
CONT8279   EQU      00DFH               ;8279命令/状态端口地址
DATA8279   EQU      00DEH               ;8279数据端口地址
CODE       SEGMENT
           ASSUME CS:CODE
           ORG      1000H
START:     CALL     LEDDISP             ;调用显示子程序
A_D:       MOV      AL,00               ;启动A/D转换
           MOV      DX,AD0809
           OUT      DX,AL
           MOV      CX,0060H            ;延时等待A/D转换结束
DELAY:     LOOP     DELAY
           MOV      DX,AD0809
           IN       AL,DX               ;采集A/D转换结果
           MOV      CL,AL
           CALL     CONVER
           CALL     LEDDISP
           JMP      A_D
```

```
;数据转换成 LED 显示段码子程序
CONVER:     CLD                             ;DF 标志位清零
            LEA         DI,LED              ;取 0809----显示段码表首址
            MOV         AX,CS              ;将 ES 指向代码段
            MOV         ES,AX
            MOV         AL,CL              ;将低 4 位数据转化成 LED 显示段码
            AND         AL,0FH
            XOR         BH,BH
            MOV         BL,AL
            MOV         AL,CS:TAB[BX]
            STOSB                           ;段码送 LED 数据表的第 0 单元
            MOV         AL,CL              ;将高 4 位数据转化成 LED 显示段码
            MOV         CL,04H
            SHR         AL,CL
            MOV         BL,AL
            MOV         AL,CS:TAB[BX]
            STOSB                           ;段码送 LED 数据表的第 1 单元
            RET                             ;子程序返回
LEDDISP:    LEA         DI,LED              ;取 0809----显示段码表首址
            MOV         AL,90H             ;写显示命令,自增方式
            MOV         DX,CONT8279
            OUT         DX,AL
            MOV         CX,8               ;显示 8 位字符
LOP1:       MOV         AL,CS:[DI]         ;从表中取数据送 8279
            MOV         DX,DATA8279
            OUT         DX,AL
            INC         DI
            LOOP        LOP1
            RET
;0809----显示段码表
LED         DB          40H,40H,40H,40H,6FH,3FH,7FH,3FH
;置 0-F 字符显示代码表
TAB         DB          3FH,06H,5BH,4FH,66H,6DH,7DH,07H
            DB          7FH,6FH,77H,7CH,39H,5EH,79H,71H
CODE        ENDS
            END         START
```

参考文献

[1] 雷航,王茜. 现代微处理器及总线技术[M]. 北京:国防工业出版社,2006.

[2] 欧青立,曾照福. 微机原理与接口技术[M]. 2版. 北京:电子工业出版社,2023.

[3] 顾晖,陈越,梁惺彦. 微机原理与接口技术——基于8086和Proteus仿真[M]. 3版. 北京:电子工业出版社,2019.

[4] 彭虎,周佩玲,傅忠谦. 微机原理与接口技术[M]. 3版. 北京:电子工业出版社,2011.

[5] 陈启美,吴守兵,周洋,等. 微机原理·外设·接口[M]. 北京:清华大学出版社,2002.

[6] 史新富,冯萍. 32位微型计算机原理、接口技术及应用[M]. 北京:清华大学出版社,2006.

[7] 雷金辉. 汇编语言程序设计[M]. 重庆:重庆大学出版社,2001.

[8] 王正智. 8086/8088宏汇编语言程序设计教程[M]. 北京:电子工业出版社,2002.

[9] 郑初华. 汇编语言、微机原理及接口技术[M]. 北京:电子工业出版社,2003.

[10] 周明德. 微型计算机系统原理及应用[M]. 6版. 北京:清华大学出版社,2018.

[11] 周荷琴,吴秀清. 微型计算机原理与接口技术[M]. 3版. 合肥:中国科学技术大学出版社,2004.

[12] 贾金玲. 微型计算机原理及应用——理论、实验、课程设计[M]. 2版. 重庆:重庆大学出版社,2016.

[13] 沈美明,温冬婵. IBM-PC汇编语言程序设计[M]. 2版. 北京:清华大学出版社,2007.

[14] 朱庆保. 微型系统原理与接口[M]. 南京:南京大学出版社,2003.

[15] 戴梅萼,史嘉权. 微型计算机技术及应用——从16位到32位[M]. 2版. 北京:清华大学出版社,1996.